普通高等教育"十二五"规划教材

环境评价概论

陈学民　主编

陈学民　张乐群　孙雷军　韩建峰　编

化学工业出版社

·北 京·

本书系统地介绍了环境评价的基本理论、基本程序和技术方法，主要内容包括环境评价的法律法规和评价标准；环境评价的内容和程序；污染源评价与工程分析；环境质量现状评价与环境影响预测方法，其中对大气、地表水、噪声、生态、固体废物等环境要素进行了详细的阐述，对规划环境影响评价、区域环境影响评价、环境风险评价也做了必要的介绍。本书在内容体系与结构编排上充分考虑了环境评价工作的特点，体现了国家环境政策的要求，具有内容全面、体系完整、结构合理、层次分明等特点。

本书可作为高等院校环境科学、环境工程等专业师生的教材，也可供环境影响评价工作者和参加环境影响评价工程师职业资格考试的人员参考。

图书在版编目（CIP）数据

环境评价概论/陈学民主编. —北京：化学工业出版社，2011.2（2023.8重印）
普通高等教育“十二五”规划教材
ISBN 978-7-122-10402-1

Ⅰ. 环…　Ⅱ. 陈…　Ⅲ. 环境质量-评价-高等学校-教材　Ⅳ. X82

中国版本图书馆CIP数据核字（2011）第007811号

责任编辑：满悦芝　　文字编辑：荣世芳
责任校对：周梦华　　装帧设计：尹琳琳

出版发行：化学工业出版社（北京市东城区青年湖南街13号　邮政编码100011）
印　　装：北京天宇星印刷厂
787mm×1092mm　1/16　印张14¾　字数388千字　2023年8月北京第1版第6次印刷

购书咨询：010-64518888　　售后服务：010-64518899
网　　址：http://www.cip.com.cn
凡购买本书，如有缺损质量问题，本社销售中心负责调换。

定　　价：28.00元　

前　言

环境是人类赖以生存和发展的基本条件和物质基础，但自20世纪50年代以来，随着工业化的快速发展，不断扩大和加深的环境危机已经严重影响到人类的正常发展。进入21世纪，由环境污染和生态破坏造成的环境危机仍然是困扰人类生存和社会经济可持续发展的重大问题之一。为了促进人类与环境的和谐共存和经济社会的可持续发展，各国学者、科学家不断探索保护环境和解决环境问题的方法与途径，环境科学便应运而生，并得到了不断的发展和完善。环境评价是环境科学的一个重要分支，它从环境质量的基本概念出发，依据环境价值的基本原理，运用各种方法和手段，研究、评价人类活动对环境的影响以及环境质量变化对人类社会行为、生存与发展的影响。这门学科对整个环境科学的发展以及经济建设、社会进步都有极其重要的理论意义和实践价值，特别是环境影响评价已成为我国环境保护和管理工作中的一项基本制度，并作为环境保护法律明确规定下来。目前高等院校的环境科学与环境工程专业都把环境评价作为必修的专业课。

本书在编写过程中遵循以下原则：一是力求适应新的人才培养需求，体现教材的科学性和先进性；二是紧扣我国环境评价的最新政策、法律法规、技术标准和技术导则，既涵盖了环境评价的基本理论、基本方法，又体现了教学内容的更新；三是既体现综合教材的优点，又结合了环境影响评价工程师考试的内容，具有较强的实用性。

本书共分为十二章。其中，陈学民编写了第一、第六、第七、第十章，并任主编；张乐群编写了第二、第三章；孙雷军编写了第四、第九、第十二章；韩建峰编写了第五、第八、第十一章。本书在编写过程中引用了环境影响评价技术导则、国家标准和法律法规，参考了原国家环保总局环境影响评价管理司编写的环境影响评价岗位培训教材、原国家环境保护总局环境工程评估中心编写的环境影响评价工程师职业资格考试系列教材以及许多专家学者的著作和研究成果，在此深表谢意。

环境评价是一门不断发展的学科，加上编写者理论水平和实践经验的局限，书中疏漏之处在所难免，敬请各位读者不吝批评指正。

编　者

2011年1月

前言

[illegible]

2011年1月

目　录

第一章 概　　论

第一节 基本概念

一、环境

从哲学的角度，环境是与某一中心或主体相对的客体。当中心或主体不同的时候，相应的客体即环境的含义也有所不同。环境一词的英语 environment 来自法语 envirommer，意为“环绕”或“包围”。

在环境科学中，环境一般是指：①一个生物个体或生物群体的周围的自然状况或物质条件；②影响个体和群体的复杂的社会、文化条件。人类生存在自然环境里，也生存在技术化、社会化的人文环境中，这些都是环境的重要组成部分。以人类为中心来看待环境的观点叫做“人类中心主义”(anthropocentrism)，它与以生物为中心的环境观以及与以生物与非生物为中心的环境观有着重大的区别，不同的观点对人们对待环境的态度和行为会产生重要的影响。

在实际工作中，人们往往从工作需要出发给环境做出定义。例如，在我国的环境保护法中指出，“本法所指的环境是指大气、水、土地、矿藏、森林、草原、野生动物、野生植物、水生植物、名胜古迹、风景游览区、温泉、疗养区、自然保护区、生活居住区等”。这是用枚举的方法罗列环境保护的对象。又如，在环境管理体系标准 ISO 14001 中对环境的定义是“组织活动的外部存在，包括空气、水、土地、自然资源、植物、动物、人以及它们之间的相互关系”。在这一意义上，外部存在从组织内部延伸到全球系统。这里的组织是指具有自身职能和行政管理的公司、集团公司、商场、企业、政府机构和社团，或是上述单位的部分或结合体。

二、环境质量

环境质量是指环境对人类社会生存和发展的适宜性。人类和地球上的所有生物，在长期的进化过程中与环境形成了一种互相作用和互相依存的平衡关系。但是，人类的活动，尤其是自工业革命以来的工业化生产，剧烈地改变了环境的结构和功能。例如，在第一次冰河期结束时据估计地球大气中的 CO_2 浓度为 280ppm（$1ppm=1cm^3/m^3$）左右。工业革命以来，由于大量燃烧化石燃料和森林的减少，地球大气中的 CO_2 浓度不断增高，1914 年增加到 300ppm，1988 年增至 350ppm，目前仍以每年 1～1.5ppm 的速度增长。大气中 CO_2 浓度增高会产生温室效应而导致全球气候变化，使环境变得不适宜人类的生存与发展。

环境质量既指环境的总体质量（综合质量），也指环境要素的质量，如大气环境质量、水环境质量、土壤环境质量和生物环境质量。每一个环境要素可以用多个环境质量参数或者因素加以定性或定量地描述。环境质量参数通常用环境介质中的物质的浓度来加以表征。如大气环境质量用二氧化硫（SO_2）、一氧化碳（CO）、二氧化氮（NO_2）、臭氧（O_3）、铅（Pb）的浓度来表征等。

应当指出，环境质量是相对的和动态变化的。在不同的地方、不同的历史时期人类对环境适宜性的要求是不同的。在我国，人们对环境适宜性的要求随着收入的增加在迅速提高。

三、环境评价

（一）环境评价的定义

环境评价是按照一定的评价标准和评价方法评估环境质量的优劣，预测环境质量的发展趋势和评价人类活动的环境影响的学科。

环境质量是环境的工具价值的外在体现，所以，环境质量评价的是环境的工具价值，而不是环境的内在价值。

（二）环境评价的分类

按照所评价的环境质量的时间属性，环境评价可以分成回顾评价、现状评价和影响评价三种类型。

1. 环境质量回顾评价

是对某一区域某一历史阶段的环境质量的历史变化的评价，评价的资料为历史数据。这种评价可以预测环境质量的变化发展趋势。例如在使用含铅汽油的时候，公路两侧表层土壤中铅的浓度会随时间而逐步积累。利用历年监测数据，可以对土壤铅含量的变化做出评价，可以预测其发展趋势。

2. 环境质量现状评价

这种评价是利用近期的环境监测数据，反映的是区域环境质量的现状，从图 1-1 中可以看出，环境质量现状评价是区域环境综合整治和区域环境规划的基础。

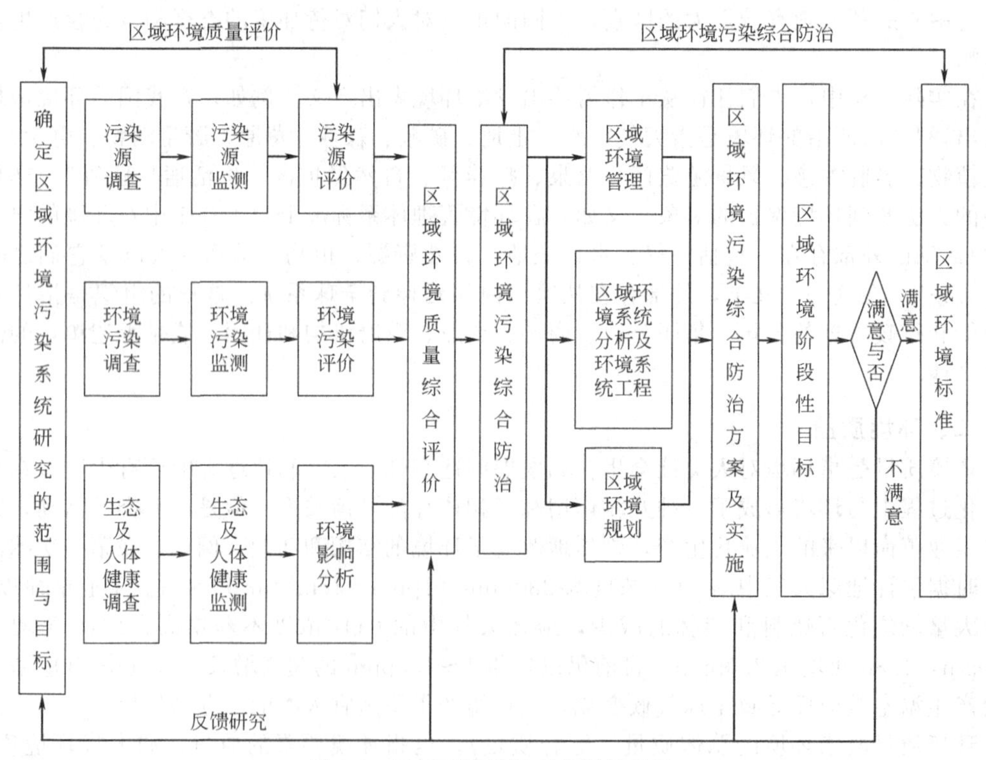

图 1-1 区域环境质量现状评价程序

3. 环境影响评价

这种评价是对拟议中的重要决策或开发活动可能对环境产生的物理性、化学性或生物性作用及其造成的环境变化和对人类健康和福利的可能影响进行的系统分析和评估，并提出减免这些影响的对策和措施。环境影响评价是目前开展得最多的环境评价。

按照评价所涉及的环境要素，可以将环境评价分为综合评价（涉及区域所有重要环境要素）和单要素评价，如大气环境质量评价、水环境质量评价、土壤环境质量评价等。按评价的区域类型，环境评价可分为行政区域评价（如北京市环境评价）和自然地理区域评价（如长江中上游水环境质量评价）。按照自然地理区域进行环境评价有利于揭示污染物的迁移转化规律，按照行政区域进行环境评价易于获取监测数据等原始资料，也有利于环境评价提出的措施和建议的采纳。

第二节　环境评价的法律法规与标准体系

一、环境评价的法律法规体系

环境影响评价制度是把环境影响评价工作以法律、法规和行政规章的形式确定下来从而必须遵守的制度。环境影响评价只是一种评价方法、评价技术，而环境影响评价制度却是进行评价的法律依据。

我国的环境影响评价制度融于环境保护的法律法规体系之中，该体系以《中华人民共和国宪法》关于保护环境的规定为基础，以综合性环境基本法为核心，以相关法律关于保护环境的规定为补充，是由若干相互联系协调的环境保护法律、法规、规章、标准及国际条约所组成的一个完整而又相对独立的法律法规体系。

（一）法律

《中华人民共和国环境保护法》（1989 年颁布）用法律确立和规范了我国的环境影响评价制度。《中华人民共和国环境影响评价法》（2002 年颁布）把环境影响评价从项目环境影响评价拓展到规划环境影响评价。

（二）行政法规

《建设项目环境保护管理条例》（1998 年国务院 253 号令颁布）规定了对建设项目实行分类管理，对建设项目环评单位实施资质管理，规定了有关单位和人员的法律责任。

（三）部门规章和地方法规、规章

依据《环境影响评价法》和《建设项目环境保护管理条例》，原国家环境保护总局和国务院有关部委及各省、自治区、直辖市人大、政府和有关部门陆续颁布了一系列行政规章和地方法规、规章。

（四）标准和技术规范

①《环境影响评价技术导则——总纲》（HJ/T 2.1—93）；
②《环境影响评价技术导则——大气环境》（HJ 2.2—2008）；
③《环境影响评价技术导则——地面水环境》（HJ/T 2.3—93）；
④《环境影响评价技术导则——声环境》（HJ 2.4—2009）；
⑤《环境影响评价技术导则——非污染生态影响》（HJ/T 19—1997）；
⑥《规划环境影响评价技术导则（试行）》（HJ/T 130—2003）；
⑦《开发区区域环境影响评价技术导则（试行）》（HJ/T 131—2003）。

二、环境标准体系

根据《中华人民共和国环境保护标准管理办法》，环境保护标准是指：“为保护人群健康、社会物质财富和维持生态平衡，对大气、水、土壤等环境质量，对污染源、监测方法以及其它需要所制订的标准的总称，简称为环保标准。”环境保护标准也被简称为环境标准。

环境标准是相联系的统一整体，这个统一的整体就叫环境标准体系。环境标准体系不是一成不变的，它随一定时期的技术经济水平以及人类对环境质量的要求而不断地发展和完善。

（一）环境标准体系的分类与分级

根据《中华人民共和国标准化法》和《中华人民共和国标准化实施条例》的有关规定，国务院环境保护主管部门组织草拟、审批环境保护的国家标准。对没有环境保护国家标准而又需要在全国某个行业范围内统一的环保技术要求，由国务院环境保护主管部门制定环境保护行业标准。行业标准在相应的国家标准实施后自行废止。国家标准和行业标准分为强制性标准和推荐性标准。

《中华人民共和国环境保护标准管理办法》中规定，“环保标准包括环境质量标准、污染物排放标准、环境基础标准和环境方法标准。环境质量标准和污染物排放标准分国家标准和地方标准两级，环境基础标准和环境方法标准只有国家标准。”

国家环境标准是由国家环境保护行政主管部门制订并在全国范围内或特定区城内适用的标准。地方环境标准，是由省、自治区、直辖市人民政府批准颁布的，在特定行政区内适用。对国家环境质量标准中未规定的项目，可制订地方环境质量补充标准；当地方执行国家污染物排放标准不适用于当地环境特点和要求时，省、自治区、直辖市人民政府可制订地方污染物排放标准。

概括起来，中国目前的环境保护工作中执行四类和两级的环境标准。四类是环境质量标准、污染物排放标准、方法标准和环境保护行业标准；两级是国家标准与地方标准，同时还有一些行业标准。

（二）环境标准概述

1. 环境质量标准

环境质量标准是指为了保障人群健康和社会物质财富、维护生态平衡而对环境中有害物质和因素所做的限制性规定，它往往是对污染物质的最高允许含量的要求。环境质量标准是以国家的环境保护法规为政策依据，以保护环境和改善环境质量为目标制定的。环境质量标准是国家经济、技术等多种因素的综合反映，是一定时期内评价环境质量的尺度和进行环境规划、评价和管理的依据。环境质量标准依环境要素分为水环境质量标准、大气影响标准等。

2. 污染物排放标准

为了实现环境质量要求，对污染源产生排入环境的污染物质或有害因素所做的限制性规定。污染物排放标准是以环境质量标准为基础，为实现环境质量标准目标，以污染防治的技术、经济可行性为依据而制订的。污染物排放标准是对污染排放行为进行直接监督管理，实现环境质量标准水平的基本途径手段。

依污染物所影响的环境要素，污染物排放标准可划分为大气污染物排放标准、水污染物排放标准、固体废物、噪声控制标准等。排放标准可分为国家和地方两个层次。对于国家污染物排放标准，又可划分为一般综合性的污染物排放标准和行业性污染物排放标准。对重点污染行业和特殊行业，结合其生产工艺、产污特点和污染控制技术、费用，制订相应的行业性国家排放标准，实行重点管理；对于一般污染的管理，制订综合性国家排放标准，解决广大非重点源和非特殊污染行业的排放管理。在实际工作中，常用到污染物排放标准、浓度控制标准和总量控制标准等。

3. 环境基础标准

环境基础标准是对环境标准中具有指导意义的有关词汇、术语、图式、原则、导则、量纲单位所做的统一技术规定。在环境标准体系中，基础标准是制订其它各类环保标准的基础。

4. 环境方法标准

环境方法标准是指对环境保护领域内以采样、分析、测定、试验、统计等方法为对象所制订的统一技术规定。目前的环境方法标准中，制订的主要是分析方法和测定方法标准。统一的环境方法标准，对于规范环境监测、统计等数据的准确性、可靠性和一致性具有重要的作用。

（三）环境质量标准与环境基准

环境基准是指环境中污染物或有害因素对特定对象（一般为人和生物）不产生有害影响的最大剂量或水平，一般可用剂量-效应关系表示。例如大气中 SO_2 年平均浓度超过 0.115mg/m^3 时，对人体健康就会产生有害影响，这个值就是大气中 SO_2 的卫生基准，亦即保护人类健康的环境质量的基本水准。此外，还有保护鱼类的渔业基准以及保护其它动植物和物种的有关基准，例如六价铬在浓度大于 16mg/L 时，大马哈鱼生长速度减慢。

环境基准是依据科学实验的结果制定的，并没有考虑到社会、经济等条件的影响。环境标准则是环境管理部门根据环境基准，考虑到社会、政治、经济和技术条件等许多方面的因素制定的切实可行的技术规定。它是环境保护政策的决策结果，是环保法规的执法依据。因此，环境标准与环境基准完全不同。

（四）我国主要的环境标准

1. 大气环境标准体系

① 环境空气质量标准（GB 3095—1996）。

② 大气污染物综合排放标准（GB 16297—1996）以及水泥厂、工业炉窑、火车焦炉、火电厂、锅炉、摩托车、汽车等行业大气污染物行业排放标准和污染物排放标准。

③ 监测方法。

2. 水环境标准体系

（1）水环境质量标准

①《地表水环境质量标准》（GB 3838—2002）。

②《海水水质标准》（GB 3097—1997）。

③《渔业水质标准》（GB 11607—92）。

④《景观娱乐用水水质标准》（GB 12941—91）。

⑤《农田灌溉水质标准》（GB 5084—2005）。

⑥《地下水质量标准》（GB/T 14848—93）。

（2）污染物排放标准　污水综合排放标准（GB 8978—1996）、烧碱聚氯乙烯、磷肥、航天推进剂、兵器、合成氨、肉类加工、钢铁、造纸、纺织染整、海水石油、船舶、船舶污染物等行业污染物排放标准。

（3）基础标准

①《水质词汇第一部分和第二部分》（GB 6816—86）。

②《水质词汇第三部分～第七部分》（GB 11915—89）。

③《环境保护图形标志　排放口（源）》（GB 15562.1—95）。

3. 部分其它环境标准

①《电磁辐射防护规定》（GB 8702—88）。

②《辐射防护规定》（GB 8703—88）。

③《工业企业厂界噪声标准》（GB 12348—2008）。

④《建筑施工场界噪声标准》（GB 12523—90）。

⑤《声环境质量标准》（GB 3096—2008）。

⑥《土壤环境质量标准》（GB 15618—95）。

第三节 环境影响评价

一、我国的环境影响评价制度

（一）环境影响评价制度的建立和发展

用法律的形式规定环境影响评价是一个必须遵守的制度，叫“环境影响评价制度”。1976年，《美国国家环境政策法》（NEPA）首次提出：所有联邦政府机构在提交每一项对人类环境质量有重大影响的立法提案、报告以及其它重要的联邦行动之前，均应由负责官员提供一份环境影响的报告书（EIS）。这份报告书应清楚阐述以下内容。

① 拟议中的行动会对环境产生的影响。

② 如果计划付诸实施对环境不可避免的损害。

③ 该行动的替代方案。

④ 地方对环境的短期利用与长期维护及促进生产力之间的关系。

⑤ 计划实施所造成的不可逆或不可恢复的资源损失。

美国各州政府也颁布了类似的法规，通常用“环境影响报告”（EIR）来代替“环境影响报告书”（EIS）。30多年来，美国环境影响评价的方法和程序有了许多变化，对环境影响评价的要求也从联邦和州扩大到私人企业。

瑞典（1970年）、前苏联（1972年）、加拿大（1973年）、澳大利亚（1974年）、马来西亚（1974年）、德国（1976年）、菲律宾（1979年）、泰国（1979年）、中国（1979年）等国家也相继建立了环境影响评价制度。1992年，联合国在里约热内卢召开的环境与发展大会通过的《里约环境与发展宣言》写道：对于拟议中可能对环境产生重大不利影响的活动，应进行环境影响的评价。环境影响评价作为一种国家手段应由国家当局做出决定。据统计，全世界已有100多个国家建立了环境影响评价制度。

在环境影响评价制度为越来越多的国家所接受的同时，环境影响评价的内容也在不断深化，评价的对象从建设项目逐步转移到了区域开发，再由区域开发逐步转移到公共政策。对累积性影响、非污染生态影响、风险性评价和环境影响的经济评价的工作也在逐步深入。

（二）中国的环境影响评价制度

20世纪70年代初，我国就已开展一些零星环境质量评价的探索工作。我国的环境影响评价制度的建立应该以1979年9月颁布的《中华人民共和国环境保护法（试行）》为标志。该法以法律的形式正式规定了我国实施环境影响评价的制度。1989年颁布的《中华人民共和国环境保护法》第三条规定：“建设污染环境的项目，必须遵守国家有关建设项目环境管理的规定”。该法还规定“建设项目的环境影响报告书，必须对建设项目产生的污染和对环境的影响做出评价，规定防治措施，经项目主管部门预审，并依照规定的程序报环境保护行政主管部门批准。环境影响报告书经批准后，计划部门方可批准建设项目设计任务书。”

目前，我国已形成比较完善的环境影响评价的法律体系，它由法律、行政法规、部门行政规章和地方性法规组成。

我国陆续颁布的重要环境保护法律有《中华人民共和国环境保护法》（1989年）、《中华人民共和国海洋环境保护法》（1999年修订）、《中华人民共和国水污染防治法》（2008年修订）、《中华人民共和国大气污染防治法》（2000年修订）、《中华人民共和国固体废物污染防治法》（2004年修订）、《中华人民共和国野生动物保护法》（2004年修订）等。

1986年3月颁布的《基本建设项目环境保护管理办法》，明确把环境影响评价制度纳入到基本建设项目审批程序中；国务院环境保护委员会、国家计委、国家经贸委1986年颁布的《基本建设项目环境保护管理办法》，对建设项目环境影响评价的范围、程序、审批和报告书（表）编制格式都做了明确规定；原国家环保总局1986年颁布的《建设项目环境影响评价证书管理办法（试行）》，开始了对从事环境影响评价的单位的资质审查。国家环保总局陆续颁布了《关于建设项目环境管理问题的若干意见》（1988年）、《关于重审核设施环境影响报告书审批权限问题的通知》（1989年）、《建设项目环境影响评价证书管理办法》（1989年）、《关于颁发建设项目环境影响评价收费标准的原则与方法（试行）的通知》（1989年）等一系列文件。

与此同时，各地方根据《建设项目环境保护管理办法》制订了以适用于本地的建设项目环境管理办法的实施细则为主体的地方环境影响评价行政法规，各行业主管部门也陆续制订了建设项目环境保护管理的行业行政规章，初步形成了国家、地方、行业相配套的建设项目环境影响评价的多层次法规体系。

1998年国务院发布实施的《建设项目环境保护条例》对环境影响评价做出了明确的规定。为了贯彻落实该法规，原国家环保总局陆续公布了《建设项目环境影响评价资格证书管理办法》、《关于公布建设项目环境保护分类管理名录（试行）的通知》、《关于执行建设项目环境评价制度有关问题的通知》等。2002年10月28日，第九届全国人大常委会通过了《中华人民共和国环境影响评价法》，并于2003年9月1日起正式实施。环境影响评价范畴从项目环境影响评价扩展到规划环境影响评价，是环境影响评价制度的最新发展。

（三）中国环境影响评价制度的特点

1. 具有法律强制性

如前所述，现行的重要环境保护法律对环境影响评价做了明确的要求，具有不可违抗的强制性。

2. 纳入基本建设程序和规划的编制、审批、实施过程

无论是1986年发布的《建设项目环境保护管理办法》或是1990年发布的《建设项目环境保护管理程序》，还是1998年公布执行的《建设项目环境保护管理条例》，都明确规定了对未经环境保护主管部门批准环境影响报告书的建设项目，计划部门不办理设计任务书的审批手续，土地部门不办理征地手续，银行不予贷款。这样就更加具体地把环境影响评价制度结合到基本建设的程序中去，使其成为建设程序中不可缺少的环节。因此，环境影响评价制度在项目前期工作中有较大的约束力。

《中华人民共和国环境影响评价法》规定，土地利用的有关规划，区域、流域、海域的建设开发利用规划（称为“一地”“三域”规划），以及工业、农业、畜牧业、林业、能源、水利、交通、城市建设、旅游、自然资源开发规划（“十个专项”规划）中的指导性规划，应当在规划的编制过程中进行环境影响评价，编制该规划有关环境影响的篇章或说明，并将其作为规划草案的一部分一并报送规划审批机关；对“十个专项”中的非指导性规划，在上报审批前要进行环境影响评价，并编制环境影响报告书。

3. 分类管理

对造成不同程度环境影响的建设项目实行分类管理。①对环境有重大影响的项目必须编写环境影响报告书。②对环境影响较小的项目应编写环境影响报告表。③对环境影响很小的项目，可只填报环境影响登记表。评价工作的重点也各有侧重：新建项目的评价重点主要是合理布局、优化选址和总量控制；扩建和技术改造项目的评价重点是工程实施前后可能对环境造成的影响及“以新带老”。

4. 评价以工程项目和污染影响为主

长期以来我国的环境影响评价以工程项目为主，较少对区域开发和公共政策进行环境影响的评价，同时评价的重点往往是污染影响，而不是非污染生态影响，对经济和社会的影响评价就进行得更少。

5. 资质审查和持证评价制度

持证评价是中国环境影响评价制度的一个重要特点。为确保环境影响评价工作的质量，自1989年起，国家建立了环境影响评价的资质审查制度，强调评价机构必须具有法人资格，具有与评价内容相适应的固定在编的各专业人员和配套测试手段，能够对评价结果负法律责任。评价资格经审核认定后，颁发环境影响评价资格证书。评价资格证书分为甲、乙两个等级。承担环境影响评价的单位，按照证书中规定的资质和范围开展环境影响评价工作，并对结论负责，这在《中华人民共和国环境影响评价法》第十九条和《建设项目环境保护管理条例》第十三条有明确规定。从2004年起，国家开始实行环境影响评价工程师职业资格制度，要求凡从事环境影响评价、技术评估、环境保护验收的单位，应配备环境影响评价工程师。

6. 公众参与制度

《中华人民共和国环境影响评价法》第五条规定："国家鼓励有关单位、专家和公众以适当方式参与环境影响评价"。鼓励公众参与的主体即有关单位、专家和公众以适当方式参与环境影响评价，是决策民主化的体现，也是决策科学化的必要环节。因此，不仅针对建设项目，对涉及国民经济发展的有关规划的环境影响评价实行公众参与更有必要。

7. 跟踪评价和后评价

环境影响跟踪评价和后评价是指拟定的开发建设规划或者具体的建设项目实施后，对规划或建设项目给环境实际造成和将可能进一步造成的影响进行跟踪评价或后评价，通过检查、分析、评估等对原环境影响评价结论的客观性及规定的环境保护对策和措施的有效性进行验证性评价，并提出需补救、完善或者调整的方案、对策、措施的方法和制度。

二、环境影响评价的目的、分类和意义

（一）环境影响评价的目的

按照ISO 14001标准的定义，环境影响是"全部或部分组织的活动、产品或服务给环境造成的任何有益或有害的变化"。广义的理解，环境影响是人类活动给环境造成任何有益或有害的变化，但是人们更关心的是负面的影响，即有害的变化。环境影响评价的目的，是在开发活动或决策之前全面地评估人类活动给环境造成的显著变化，并提出减免措施，从而起到"防患于未然"的作用。环境影响评价应做到以下几个方面。

① 基本上适应所有可能给环境造成显著影响的项目，并且应当识别和评估这些影响。

② 对各种替代方案、管理技术及减免措施进行比较。

③ 编写出清楚的环境影响的报告书，使专家和非专家都可以了解影响的特征及重要性。

④ 应有广泛的公众参与和严格的行政审查。

⑤ 能够为决策提供信息。

（二）环境影响评价的分类

按照环境影响评价的层次和性质的不同，可以分为三类。

1. 战略性环境影响评价

战略性环境影响评价是一个国家或地区在拟定立法议案、重大方针、战略发展规划和采取战略行动前开展的环境影响评价。

2. 区域环境影响评价

区域环境影响评价所指区域的范围比国家和地区小。以区域为单元进行整体性规划和开发是近代世界各国发展的重要方式。在一个区域内，将容纳许多建设项目。要协调好区域发展与建设和环境保护的关系，必须按照一定的发展战略制订全面的环境规划，而区域环境规划的基础工作是区域环境影响评价。近年来，区域环境影响评价已在我国普遍开展。

3. 建设项目环境影响评价

拟议建设项目的环境影响评价是为其合理布局和选址、确定生产类型和规模以及拟采取的环保措施等决策服务的。这类环境影响评价的种类最多，数量最大。通常我们所说的环境影响评价就是指建设项目的环境影响评价。

（三）环境影响评价的意义

环境影响评价是管理工作的重要组成部分，它具有不可代替的预知功能、导向作用和调控作用。对开发项目而言，它可以保证建设项目的选址和布局的合理性，同时也可以提出各种减免措施和评价各种减免措施的技术经济可行性，从而为污染治理工程提供依据。区域环境影响评价和公共政策的环境影响评价，可以在更好的层次上保证区域开发和公共决策对环境的负面影响降低到最少或人们可以接受的程度。

三、环境影响评价程序

（一）中国环境影响评价的管理程序

1. 建设项目的分类筛选

根据《建设项目环境保护管理条例》第七条和原国家环境保护总局“分类管理名录”规定，建设项目应编制环境影响报告书、环境影响报告表或填报环境影响登记表。

① 编写环境影响报告书的项目，是指对环境可能造成重大的影响，这些影响可能是敏感的、不可逆的、综合的或以往尚未有过的，对这类项目产生的污染和对环境的影响应进行全面、详细的评价。

② 编写环境影响报告表的项目，是指可能对环境产生轻度的不利影响，这些影响是较小的或者容易采取措施减免的，通过规定控制或补救措施可以减免对环境的不利影响。这类项目应编写环境影响报告表，对其中个别环境要素或污染因子需要进一步分析的，可附单项环境影响评价专题报告。

③ 填报环境保护管理登记表的项目，不对环境产生不利影响或影响极小的建设项目，这类项目不需要开展环境影响评价，只需填写环境影响的登记表。对需要进行环境影响评价的项目，建设单位要委托有相应评价资格证书的单位来承担。

2. 评价大纲的审查

编制环境影响报告书之前，评价单位应编制评价大纲。评价大纲是环境影响报告书的总体设计。评价大纲由建设单位向负责审批的环境保护部门申报，并抄送行业主管部门。环境保护部门根据情况确定评审方式提出审查意见，评价单位依据经过审批的大纲开展环境影响的评价工作。

3. 环境影响评价报告书的审批

评价单位编制的环境影响报告书由建设单位负责报主管部门预审，主管部门提出预审批意见后转报负责审批的环境保护部门，环保部门一般组织专家对报告书进行评审。在专家审查中若有修改意见，评价单位应对报告书进行修改，审查通过后的环境影响报告书由环保主管部门批准后实施。

各级主管部门和环保部门在审批环境报告书时应重点审查该项目是否符合有关要求。

① 是否符合国家产业政策。

② 是否符合区域发展规划与环境功能规划。

③ 是否符合清洁生产的原则，采用了最佳可行技术来控制环境污染。

④ 是否做到污染物达标排放。

⑤ 是否满足国家和地方规定的污染物总量控制指标。

⑥ 建成后是否能维持地区环境质量。

(二) 环境影响评价的工作程序 (图 1-2)

《环境影响评价技术导则》总纲规定，环境影响评价工作大体分为三个阶段：第一阶段为准备阶段，主要工作为研究有关文件，进行初步的工程分析和环境现状调查，筛选重点评价项目，确定各单项环境影响评价的工作等级，编制评价大纲；第二阶段为正式工作阶段，其主要工作为详细的工程分析和环境现状调查，并进行环境影响预测和评价环境影响；第三阶段为报告书编制阶段，其主要工作为汇总、分析第二阶段工作所得的各种资料、数据，给出结论，完成环境影响报告书的编制。

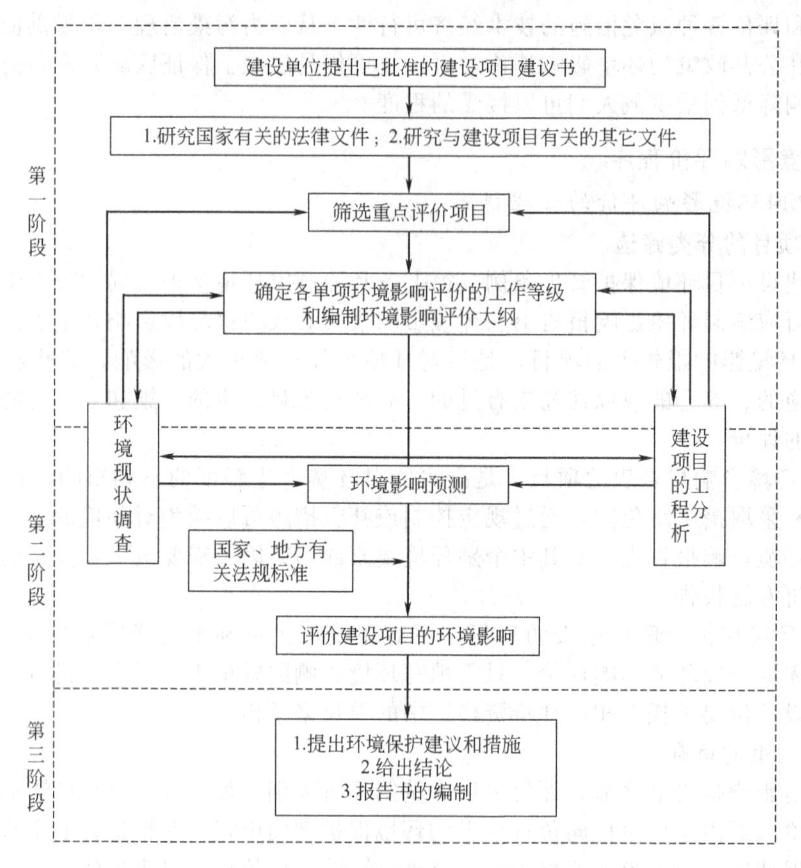

图 1-2 环境影响评价的工作程序

第四节 建设项目环境影响评价

一、建设项目环境影响评价的特点

环境影响评价是一项技术，是强化环境管理的有效手段，对确定经济发展方向和保护环境等一系列重大决策都有重要作用。建设项目的环境影响评价是针对某一较小的地域或范围内拟建的一个或几个建设项目，对其建设可能对周围环境造成的影响或后果进行影响预测和评价，提出保护措施或缓解环境影响的方案。建设项目环境影响评价一般具有以下几个特点：

① 评价范围较小，评价对象单一。

② 评价介入时间早，一般与建设项目的可行性研究同时进行。

③ 评价任务明确，评价精度要求高。建设项目环境影响评价要根据建设项目的性质、

规模和所在地区的自然、社会、环境质量状况，通过调查分析和预测，给出项目建设对环境的影响程度，在此基础上做出项目建设的可行性结论，提出污染防治的具体对策和建议。因评价的对象为确定的建设项目，评价的精度要求比较高，预测计算的结果要求准确。

④ 评价指标为对拟建项目有直接或间接影响的水、大气、噪声、生态、土壤、固体废物等明确的环境质量指标，评价的指标和标准具有唯一性。

二、建设项目环境影响评价报告书的内容

建设项目环境影响报告书应根据环境和工程的特点及评价工作等级，选择下列全部或部分内容进行编制。

1. 总则

按照环境影响评价技术导则的要求，根据环境和工程的特点及评价工作的等级，可以选择下列内容编写环境影响报告书。

① 结合评价项目的特点阐述编制环境影响报告书的目的。

② 编制依据。包括项目建议书、评价大纲及其审查意见、建设项目可行性研究报告等。

③ 采用标准。包括国家标准、地方标准或拟参照的国外有关标准（参照的国外标准应按国家环境保护部规定的程序报有关部门批准）。

④ 控制污染与保护环境的目标。

2. 建设项目概况

① 建设项目的名称、地点及建设性质。

② 建设规模（扩建项目应说明原有规模）、占地面积及厂区平面布置（应附平面图）。

③ 土地利用情况和发展规划。

④ 产品方案和主要工艺方法。

⑤ 职工人数和生活区布局。

3. 工程分析

报告书应对建设项目的下列情况进行说明，并做出分析。

① 主要原料、燃料及其来源和储运，物料平衡，水的用量与平衡，水的回用情况。

② 工艺过程（附工艺流程图）。

③ 废水、废气、废渣、放射性废物等的种类、排放量和排放方式以及其中所含污染物的种类、性质、排放浓度，产生的噪声、振动的特性及数值等。

④ 废弃物的回收利用、综合利用和处理、处置方案。

⑤ 交通运输情况及厂地的开发利用。

4. 建设项目周围地区的环境现状

① 地理位置（应附平面图）。

② 地质、地形、地貌和土壤情况，河流、湖泊（水库）、海湾的水文情况，气候与气象情况。

③ 大气、地面水、地下水和土壤的环境质量状况。

④ 矿藏、森林、草原、水产和野生动物、野生植物、农作物等情况。

⑤ 自然保护区、风景游览区、名胜古迹、温泉、疗养区以及重要的政治文化设施的情况。

⑥ 社会经济情况。包括现有工矿企业和生活居住区的分布情况、人口密度、农业概况、土地利用情况、交通运输情况及其它社会经济活动情况。

⑦ 人群健康状况和地方病情况。

⑧ 其它环境污染、环境破坏的现状资料。

5. 环境影响预测

① 预测环境影响的时段。

② 预测范围。

③ 预测内容及预测方法。

④ 预测结果及其分析和说明。

6. 评价建设项目的环境影响

① 建设项目环境影响的特征。

② 建设项目环境影响的范围、程度和性质。

③ 如要进行多个厂址的优选时，应综合评价每个厂址的环境影响并进行比较和分析。

7. 环境保护措施

评述及技术经济论证，提出各项措施的投资估算（列表）。

8. 环境影响经济损益分析

9. 环境监测制度及环境管理、环境规划的建议

10. 环境影响评价结论

三、建设项目的环境影响后评价

《中华人民共和国环境影响评价法》第二十七条规定："在项目建设、运行过程中产生不符合经审批的环境影响评价文件的情形的，建设单位应当组织环境影响的后评价，采取改进措施，并报原环境影响评价文件审批部门和建设项目审批部门备案；原环境影响评价文件审批部门也可以责成建设单位进行环境影响的后评价，采取改进措施。"

《中华人民共和国环境影响评价法》中所指建设项目环境影响后评价，是指对正在进行建设或已经投入生产或使用的建设项目，在建设过程中或投产运行后由于建设方案的变化或运行、生产方案的变化，导致实际情况与评价文件的情形不符。《中华人民共和国环境影响评价法》第二十七条规定中所说的"产生不符合经审批的环境影响评价文件的情形"，一般包括以下几种情况。

① 在建设、运行过程中，产品方案、主要工艺、主要原料或污染处理设施和生态保护措施发生重大变化，致使污染物种类、污染物的排放强度或生态影响与环境影响评价预测情况相比较有较大变化的。

② 在建设、运行过程中，建设项目的选址、选线发生较大变化或运行方式发生较大变化，可能对新的环境敏感目标产生影响或可能产生新的重大生态影响的。

③ 在建设、运行过程中，当地人民政府对项目所涉及区域的环境功能做出重大调整，要求建设单位进行后评价的。

④ 跨行政区域、存在争议或存在重大环境风险的。

开展环境影响后评价有两方面的目的：一是对环境影响评价的结论、环境保护对策措施的有效性进行验证；另一个是对项目建设中或运行后发现或产生的新问题进行分析，提出补救或改进方案。组织环境影响后评价的是建设单位，可以是在原环境影响评价文件审批部门要求下组织的，也可以是自主组织的。环境影响后评价要对存在的有关问题采取改进措施，报原环境影响文件审批部门和项目审批部门备案。

第五节 规划环境影响评价

一、规划环境影响评价的目的和意义

《中华人民共和国环境保护法》中规定："一切企业、事业单位选址、设计、建设和生产，都必须注意防止对环境的污染和破坏。在进行新建、改建和扩建工程中，必须提出对环

境影响的报告书，经环境保护部门和其它有关部门审查批准后才能进行设计”。把环境影响评价作为环境管理的一项重要制度确定下来，建设项目的环境影响评价在我国的环境影响评价制度的建立和发展、为我国的经济建设和环境保护的健康协调发展中发挥了积极的作用。

但是，在包括众多建设项目的规划开发建设中，如果仅分别对各建设项目进行环境影响评价，则不能准确地预测规划开发活动造成的环境变化，不能整体说明规划开发建设的环境影响，难以在规划开发建设中合理发展经济、合理开发利用自然资源、合理采取环境保护综合防治对策，难以以较少的投入获得最大的经济效益、环境效益和社会效益，难以使区域或流域环境质量达到预期的目标。

因此，将规划开发建设作为一个整体，考虑所有开发建设行为，遵循生态学和可持续发展的观点，从区域自然、社会、经济和环境现状出发，整体上考虑规划拟开展的各项社会经济行为对环境的影响，找出其影响途径和规律，论证规划建设项目的布局、结构合理性，提出环境影响最小的整体优化方案和合理的环境保护综合防治对策措施，为规划和专项规划的环境管理提供科学依据的“规划开发建设活动的环境影响分析和环境保护方案、对策研究”的过程，称为规划环境影响评价。

（一）规划环境影响评价的目的

规划环境影响评价的目的是在规划区环境质量现状调查的基础上，依据有关环境保护的法律、法规和标准，通过对规划开发活动的环境影响评价，识别影响环境的主要因子，提出规划开发建设活动中可能出现的主要环境问题，完善开发活动的规划，保证规划建设和环境保护的协调发展。规划环境影响评价的对象是规划中的拟开发建设行为，而开发建设行为又是在规划方案的指导下进行的。事实上，规划环境影响评价是对规划方案进行评价、论证，提出修改意见，对修改后的规划方案再进行环境影响分析论证，减少或避免环境问题的出现，最终帮助形成可持续发展的规划、专项和环境保护的对策和措施。因此，规划环境影响评价工作和规划方案相互交错，是规划方案用于考虑环境因素的主要工具之一，对于有效地控制区域性环境污染、总量控制，实现规划区环境目标具有积极的作用。

鉴于规划开发建设对环境的影响和规划环境影响评价在规划方案中的重要作用，规划环境影响评价受到了政府和环境保护专家的高度重视，现已被逐步运用于城市（城镇）规划、开发区规划、工业园区开发规划的区域开发建设项目中。

（二）规划环境影响评价的重要意义

根据规划环境影响评价在规划建设中的地位和作用，规划环境影响评价在规划开发活动中具有重要的意义。

① 规划环境影响评价可从宏观的角度论证规划方案的经济建设与环境协调发展的问题，避免规划开发建设项目在选址、规模、性质上的重大失误，最大限度地减少对自然生态环境的破坏，实现对资源的合理开发利用。通过规划环境影响评价工作合理地制订规划方案，以协调经济发展和环境保护的关系，运用经济、技术、法律的手段规范开发活动，达到既发展经济又保护好环境的目的。

② 规划环境影响评价的分析、论证，可为规划建设项目布局的合理调整、规划区内建设项目的选择和筛选提供科学的依据。

③ 规划环境影响评价，对规划方案的修改建议可减少或规避规划区内建设项目相互间的影响、规划区开发建设对规划区外环境的影响或规划区外环境对规划区内开发建设项目的影响。

④ 规划环境影响评价，有助于了解规划区环境现状、存在的环境问题以及规划开发建设可能产生的新的环境问题，所提出的环境保护综合防治规划建议可以帮助实现规划区污染

物总量控制、建立相应的环境保护规划、达到预定的环境质量目标，以实现区域社会经济的可持续发展。

⑤ 规划环境影响评价可作为进入规划区开发建设单个建设项目的审批依据，从项目的性质、功能区的要求、与相邻建设项目的相容性、区域环境的承载力等方面确定项目建设的可行性。同时，规划环境影响评价的基础性工作可减少单个建设项目环境影响评价工作的内容，缩短工作周期，并使单个建设项目环境影响评价能兼顾区域环境的宏观特征，更具有科学性、可靠性、可信性。

二、规划环境影响评价的特点和原则

（一）规划环境影响评价的特点

规划开发建设活动具有建设规模大、开发强度高及经济密度高于一般地区的特点，往往使规划区域内的自然、社会、经济、人口和生态环境在短期内发生巨大变化。因此，规划开发建设活动的环境影响评价涉及因素多，层次复杂，相对于建设项目的环境影响评价具有以下特点。

1. 广泛性和复杂性

规划环境影响评价范围广，内容复杂，其范围在地域上、空间上、时间上均远远超过单个建设项目对环境的影响，一般小至几十平方千米，大至一个地区、一个流域，其影响评价涉及包括区域内所有规划开发建设项目以及这些开发活动对规划区内外的自然、社会、经济和生态的全面影响。

2. 战略性

规划环境影响评价涉及区域发展规模、性质、产业布局、产业结构及功能布局等区域规划方案。要从土地利用规划、污染物总量控制、污染综合治理等方面论述环境保护和经济发展的战略性对策。

3. 不确定性

规划开发建设活动是逐步建设和发展的过程，规划方案只能确定拟开发活动的基本规模、性质，而具体建设项目、污染源种类、污染物排放量等不确定因素较多。因此，规划环境影响评价具有一定的不确定性。

4. 评价时间的超前性

规划环境影响评价应在开发建设活动详细规划以前进行，它是规划决策不可缺少的参考依据。只有在超前的规划环境影响评价工作的基础上，才能制定出实现规划合理的开发建设活动，以较小的经济投资取得最大的环境效益、社会效益、经济效益的规划方案。

5. 评价方法的多样性

由于规划开发建设活动往往涉及较大的地域、较多的人口，对区域的社会、经济发展和自然生态环境有较大影响。它可以包括对规划所涉及的社会和自然生态环境保护、修复和塑造环境的过程，因此社会和生态环境影响评价是规划环境影响评价的重要内容。而社会和生态环境的评价大多采用定性或定性定量相结合的评价方法。

（二）规划环境影响评价的原则

1. 科学、客观、公正原则

规划环境影响评价必须科学、客观、公正，综合考虑规划实施后对各种环境要素及其所构成的生态系统可能造成的影响，为决策提供科学依据。

2. 早期介入原则

规划环境影响评价应尽可能在规划编制的初期介入，并将对环境的考虑充分融入到规划中。

3. 整体性原则

一项规划的环境影响评价应当把与该规划相关的政策、规划、计划以及相应的项目联系起来，做整体性考虑。

4. 公众参与原则

在规划环境影响评价过程中鼓励和支持公众参与，充分考虑社会各方面的利益和主张。

5. 一致性原则

规划环境影响评价的工作深度应当与规划的层次、详尽程度相一致。

6. 可操作性原则

应当尽可能选择简单、实用、经过实践检验可行的评价方法，评价结论应具有可操作性。

三、规划环境影响评价的范围及评价要求

（一）规划环境影响评价的适用范围

1. 需进行环境影响评价的规划类别

我国《环境影响评价法》规定，国务院有关部门、设区的市级以上地方人民政府及其有关部门，对其组织编制的土地利用的有关规划，区域、流域、海域的建设、开发利用规划，应当在规划编制过程中组织进行环境影响评价，编写该规划有关环境影响的篇章或者说明。

《环境影响评价法》同时规定，国务院有关部门、设区的市级以上地方人民政府及其有关部门，对其编制的工业、农业、畜牧业、林业、能源、水利、交通、城市建设、旅游、自然资源开发的规划（以下简称专项规划），应当在该专项规划草案上报审批前，组织进行环境影响评价，并向审批该专项规划的机关提出环境影响报告书。

专项规划中的指导性规划，应当编写该规划有关环境影响的篇章或者说明。

上述部门编制的规划不是全部进行环境影响评价，《中华人民共和国环境影响评价法》中只规定对“一地”、“三域”规划和“十个专项”规划组织进行环境影响评价。

《中华人民共和国环境影响评价法》第三十六条规定：“省、自治区、直辖市人民政府可以根据本地的实际情况，要求对本辖区的县级人民政府编制的规划进行环境影响评价。具体办法由省、自治区、直辖市参照本法第二章的规定制定。”对县级（含县级市）人民政府组织编制的规划是否应进行环境影响评价，法律没有强求一律。至于县级人民政府所属部门及乡、镇级人民政府组织编制的规划，法律没有要求进行环境影响评价。

2. 编制规划环境影响评价的具体范围

经国务院批准，原国家环保总局2004年7月3日颁布了《关于印发〈编制环境影响报告书的规划的具体范围（试行）〉和〈编制环境影响篇章或说明的规划的具体范围（试行）〉的通知》（环发［2004］98号文件），对编制环境影响报告书的规划和编制环境影响篇章或说明的规划规定了具体范围。

（1）编制环境影响报告书的规划的具体范围　①工业的有关专项规划。如省级及设区的市级工业各行业规划。②农业的有关专项规划。如设区的市级以上种植业发展规划，省级及设区的市级渔业发展规划，省级及设区的市级乡镇企业发展规划。③畜牧业的有关专项规划。如省级及设区的市级畜牧业发展规划，省级及设区的市级草原建设、利用规划。④能源的有关专项规划。如油（气）田总体开发方案，设区的市级以上流域水电规划。⑤水利的有关专项规划。如流域、区域涉及江河、湖泊开发利用的水资源开发利用综合规划和供水、水力发电等专项规划；设区的市级以上跨流域调水规划；设区的市级以上地下水资源开发利用规划。⑥交通的有关专项规划。如流域（区域）、省级内河航运规划，国道网、省道网及设区的市级交通规划，主要港口和地区性重要港口总体规划，城际铁路网建设规划，集装箱中

心站布点规划，地方铁路建设规划。⑦城市建设的有关专项规划。如直辖市及设区的市级城市专项规划。⑧旅游的有关专项规划。如省级及设区的市级旅游区的发展总体规划。⑨自然资源开发的有关专项规划。如对矿产资源，设区的市级以上矿产资源开发利用规划；对土地资源，设区的市级以上土地开发整体规划；对海洋资源，设区的市级以上海洋自然资源开发利用规划；对气候资源开发利用规划。

（2）编制环境影响篇章或说明的规划的具体范围　①土地利用的有关专项规划。如设区的市级以上土地利用总体规划。②区域的建设、开发利用规划。如国家经济区规划。③流域的建设、开发利用规划。如全国水资源战略规划，全国防洪规划，设区的市级以上防洪、治涝、灌溉规划。④海域的建设、开发利用规划。如设区的市级以上海域建设、开发利用规划。⑤工业指导性专项规划。如全国工业有关行业发展规划。⑥农业指导性发展规划。如设区的市级以上农业发展规划，全国乡镇企业发展规划，全国渔业发展规划。⑦畜牧业指导性发展规划。如全国畜牧业发展规划，全国草原建设、利用规划。⑧林业指导性专项规划。如设区的市级以上商品林造林规划（暂行），设区的市级以上森林公园开发规划。⑨能源指导性专项规划。如设区的市级以上能源重点专项规划，设区的市级以上电力发展规划（流域水电规划除外），设区的市级以上煤炭发展规划、油（气）发展规划。⑩交通指导性专项规划。如全国铁路建设规划、港口布局规划、民用机场总体规划。

另外，还有城市建设指导性专项规划、旅游指导性专项规划、自然资源开发指导性专项规划等。

（二）规划环境影响评价的评价要求

规划有关环境影响的篇章或说明应当包括对规划实施后可能造成的环境影响做出分析、预测和评估，提出预防或者减轻不良环境影响的对策和措施。篇章或说明作为规划草案的组成部分一并报送规划审批机关。

专项规划的环境影响报告书应当包括：实施该规划对环境可能造成影响的分析、预测和评估；预防或者减轻不良环境影响的对策和措施；环境影响评价的结论。

上述分别介绍了规划有关环境影响的篇章或者说明及专项规划环境影响报告书的法定内容要求。无论是篇章或说明还是环境影响报告书，都要求对规划实施后可能造成的环境影响做出分析、预测和评估，并且提出预防或者减轻不良环境影响的对策和措施，同时在专项规划的环境影响报告书中，还必须有环境影响评价的明确结论。

第六节　区域环境影响评价

一、区域环境影响评价的目的和意义

（一）区域环境影响评价的目的

区域开发活动是在一定地域内有计划地进行一系列开发建设活动，因此区域环境影响评价的对象是区域内所有的拟开发建设行为，其目的是通过区域开发活动环境影响评价以完善区域开发活动规划，保证区域开发的可持续发展。

（二）区域环境影响评价的意义

通常情况下，区域环境影响评价发生在区域开发规划纲要编制之后和区域开发规划方案之前。在实际工作中，区域开发规划设计方案编制和环境影响报告书（EIS）编制是一个交互过程，环境影响评价在区域开发规划的一开始就介入，从区域环境特征等因素出发，考虑区域开发性质、规划和布局，帮助制定区域开发规划方案，并对形成的每一个方案进行评价，提出修改意见，对修改后的方案进行环境影响分析，直至帮助最终形成区域经济发展与

区域环境保护协调的区域开发规划和区域环境管理规划，促进整个区域开发的可持续性。

所以，从某种意义上讲，区域环境影响评价的对象可以说是区域开发规划方案，但同时区域环境影响评价实际上也是区域开发规划方案制定的重要参考依据。

根据区域环境影响评价在区域开发规划与环境管理中的地位和作用，该评价具有如下重要意义：

① 区域环境影响评价从宏观角度对区域开发活动的选址、规模、性质的可行性进行论证，避免重大决策失误，最大限度地减少对区域自然生态环境和资源的破坏。

② 通过区域环境影响评价，可为区域开发各功能的合理布局、入区项目的筛选提供决策依据。

③ 通过区域环境影响评价，有助于了解区域的环境状况和区域开发带来的环境问题，从而有助于区域环境污染总量控制规划的制定和区域环境保护管理体系的建立，促进区域的可持续发展。

④ 区域环境影响评价可以作为单项入区项目的审批依据和区域内单项工程评价的基础和依据，减少各单项工程环境影响评价的工作内容，也使单项工程的环境影响评价兼顾区域宏观特征，使其更具科学性、指导性，同时缩短其工作周期。

二、区域环境影响评价的特点和原则

（一）区域环境影响评价的特点

1. 广泛性和复杂性

区域环境影响评价包括多个行业、多个项目及较大范围的社会经济活动内容。其影响涉及面包括区域内所有开发行为及其对自然、社会、经济和生态的全面影响，所涉及的环境、生态系统及资源问题也都大大复杂化。

2. 战略性

区域环境影响评价是从区域发展的规模、性质、产业布局、产业结构及功能布局、土地利用规划、污染物总量控制、污染物综合治理等方面，论述区域环境保护和经济发展的战略规划；从较大的空间范围和较长的时间尺度上预测区域开发建设导致的环境变化和提出相应的环境保护措施，以防止区域污染和保护区域生态环境功能，保障区域可持续发展的资源和环境基础。区域环境影响评价的结论和措施具有更多的指导性。因此，区域环境影响评价具有较强的战略性，主要表现在其具有超前性、主动性和宏观性。

3. 不确定性

区域开发一般是逐步、滚动发展的，在开发初期只能确定开发活动的基本规律、性质，而具体入区项目、污染源种类、污染物排放量等不确定因素较多。

4. 评价时间的超前性

区域环境影响评价一般要在制定区域环境规划、区域开发活动详细规划之前进行，以作为区域开发活动决策不可缺少的参考依据，只有在超前的区域环境影响评价的基础上才能真正实现区域内未来项目的合理布局，以最小的环境损失获得最佳社会、经济和生态效益。

5. 评价方法多样性

由于区域开发活动往往涉及较大的区域、较多的人口，对区域的社会经济有较大的影响，因此区域环境影响评价内容多，可能涉及社会经济影响评价、环境影响评价和景观影响评价等，评价的方法也应随区域开发的性质和评价内容的不同而有所不同。

6. 更加强调社会、生态和环境影响评价

区域开发活动涉及的地域范围较广，人口较多，对区域社会、经济发展影响较大，同时区域开发活动是破坏一个旧的生态系统、建立一个新的生态系统的过程，因此，社会、生态与环境影响评价应是区域影响评价的重点。

（二）区域环境影响评价的原则

区域环境影响评价的基本原则是：评价必须符合客观实际，技术可行，经济合理，社会满意。要做到这一点应注意以下几个原则问题。

1. 同一性原则

区域环境影响评价的目的性决定了它与区域环境规划的同一性原则。要把区域环境影响评价纳入环境规划之中，应该在制订环境规划的同时开展区域环境影响评价工作。

2. 整体性原则

区域环境影响评价的多元性决定了评价的整体性原则。区域环境影响评价涉及协调和解决开发建设活动中产生的各种环境问题，包括所有产生污染和生态破坏的部门、地区和建设单位。从系统观点来看，环境问题的产生、发展和解决过程仅仅是区域发展在环境问题这一侧面上的具体体现。所以认识、解决环境问题必须从整体考虑。

3. 综合性原则

区域环境影响评价地域、空间的广泛性决定了评价的综合性原则。在广大的地区和空间范围内，评价工作不仅要考虑社会环境，而且要考虑自然环境以及各种环境要素。因此，在评价的分析工作中必须强调采用综合的方法，以期得到正确的评价结论。

4. 动态性原则

区域环境影响评价中各种建设项目的不确定性决定了评价成果的动态性原则。在进行评价时应该考虑随着时间推移，区域发展规划会有适当的调整甚至发生较大的改变。所以原来预测的环境质量与客观现实总有一定差异。但是诸如环境目标、环境标准以及对策、方案应该在实践活动中基本兑现。

5. 必要性原则

区域环境影响评价基础资料的准确、全面、连续性决定了必须充分利用现有资料和与当地例行监测工作相结合的必要性原则。基础资料主要包括评价区域内及其周围的环境影响报告书、有关研究成果等。在提高评价质量、降低评价费用的前提下，应该把当地例行的大气监测点和水体监测断面纳入评价方案。

三、区域环境影响评价的范围及评价要求

（一）评价范围的确定

《开发区区域环境影响评价技术导则》（HJ/T 131—2003）中规定，区域环境影响评价适用于经济技术开发区、高新技术产业开发区、保税区、边境经济合作区、旅游度假区等区域开发以及工业园区等类似区域。

区域环境影响评价的范围应按不同环境要素和区域开发建设可能影响的范围来确定。环境影响评价范围应包括开发区、开发区周边地域以及开发建设直接影响涉及的区域（或设施）。区域开发建设涉及的环境敏感区等重要区域必须纳入环境影响评价的范围，应保持环境功能区的完整性。

确定各环境要素的评价范围应体现表 1-1 所列的基本原则，具体数值参照有关环境影响评价技术导则。

（二）评价的基本要求

区域环境影响评价要按照开发区的性质、规模、建设内容、阶段目标和环境保护规划，结合当地的社会、经济发展总体规划、环境保护规划和环境功能区规划等，调查主要敏感环境保护目标、环境资源、环境质量现状，分析现有环境问题和发展趋势，识别开发区规划可能导致的主要环境影响，初步判定主要环境问题、影响程度以及主要环境制约因素，确定主

表 1-1　确定评价范围的基本原则

评价要素	评价范围
陆地生态	开发区及周边地域，参考 HJ/T 19—1997“非污染生态影响”
空气	可能受到区内和区外大气污染影响的，根据所在区域现状大气污染源、拟建大气污染源和当地气象、地形等条件而定
地表水（海域）	与开发区建设相关的重要水体/水域（如水源地、水源保护区）和水污染物受纳水体，根据废水特征、排放量、排放方式、受纳水体特征而定
地下水	根据开发区所在区域地下水补给、径流、排泄条件，地下水开采利用状况及其与开发区建设活动的关系确定
声环境	开发区与相邻区域噪声适用区划
固体废物管理	收集、贮存及处置场所周围

要评价因子。评价时还应注意以下几点：

① 主要从宏观角度进行自然环境、社会经济两方面的环境影响识别。

② 一般或小规模开发区主要考虑对区外环境的影响，重污染或大规模（大于 $10km^2$）的开发区还应识别区外经济活动对区内的环境影响。

③ 突出与土地开发、能源和水资源利用相关的主要环境影响的识别分析，说明各类环境影响因子、环境影响属性（如可逆影响、不可逆影响），判断影响程度、影响范围和影响时间等。

思考题与习题

1. 什么是环境、环境质量、环境评价？
2. 什么是环境标准？环境标准如何分类？
3. 环境标准和环境基准有何区别？
4. 简述环境影响评价的工作程序？
5. 什么是环境影响后评价？
6. 试述规划环境影响评价的特点？
7. 为什么要进行区域环境影响评价？
8. 试述区域环境影响评价的特点和原则？

第二章 污染源调查与工程分析

第一节 污染源调查

要了解环境污染的历史和现状，预测环境污染的发展趋势，污染源调查是一项必不可少的工作，它是环境评价工作的基础。通过调查，掌握污染源的类型、数量及其分布，各类污染源排放的污染物的种类、数量及其随时间变化的状况。通过评价，确定一个区域的主要污染物和主要污染源，然后提出切实可行的污染物控制和治理方案。应根据建设项目的特点和当地环境状况，确定污染源调查的主要对象，如大气污染源、水污染源或固体废物等。其次应根据各专项环境影响评价技术导则确定的环境影响评价工作等级，确定污染源调查的范围。应选择建设项目等标排放量较大的污染因子、评价区已造成严重污染的污染因子以及拟建项目的特殊污染因子作为主要污染因子，注意点源与非点源的分类调查。

一、污染物及其分类

在开发建设和生产过程中，凡以不适当的浓度、数量、速率、形态进入环境系统而产生污染或降低环境质量的物质和能量，称为环境污染物，简称污染物。

污染物按其物理、化学、生物特性可分为物理污染物、化学污染物、生物污染物、综合污染物。

按环境要素分类，可分为水环境污染物、大气污染物、土壤污染物等。大气污染物可通过降水转变为水污染物和土壤污染物；水污染物可通过灌溉转变为土壤污染物，进而可通过蒸发或挥发转变为大气污染物；土壤污染物可通过扬尘转变为大气污染物，可通过径流转变为水污染物。因此，这三者是可以相互转化的。

二、污染源及其分类

污染源是指对环境产生污染影响的污染物的来源，包括能够产生环境污染物的场所、设备和装置。

根据污染物的来源、特征、污染源结构、形态和调查研究目的的不同，污染源可分为不同的类型。污染源的类型不同，对环境的影响方式和程度也不同。

① 根据污染物的主要来源，可将污染源分为自然污染源和人为污染源。自然污染源分为生物污染源和非生物污染源。人为污染源分为生产性污染源和生活污染源。

② 按对环境要素的影响，可将污染源分为大气污染源、水体污染源（地表水污染源、地下水污染源、海洋污染源）、土壤污染源和噪声污染源等。

③ 按污染源几何形状，可分为点源、线源和面源。

④ 按污染物的运动特征，可分为固定源和移动源。

三、污染源调查的一般方法

1. 区域污染源调查

对于区域污染源调查，可采用点面结合的方法，分为详查和普查两种。重点污染源调查称为详查；对区域内所有的污染源进行全面调查称为普查。各类污染源都应有自己的侧重点。同类污染源中，应选择污染物排放量大、影响范围广泛、危害程度大的污染源作为重点污染源，进行详查。一般来说，重点污染源排放的主要污染物占调查区域内总排放量的60%以上。重点污染源对一地区的污染影响较大，要认真做好调查。对详查单位应派调查小组蹲点进行调查和开展监测，详查的工作内容从广度和深度上都超过普查。

普查工作一般多由主管部门发放调查表，以填表的方式对每个单位的规模、性质、排污情况进行概略的调查。对于调查表格，可以根据特定的调查目的自行制定表格。进行一个地区的污染源调查时，要统一调查时间、调查项目、方法、标准和计算方法等。

2. 具体项目的污染源调查

具体项目的调查方法类似详查，应该在调查基础上进行项目剖析，其包括以下内容。

(1) 排放方式、排放规律　对废气要调查其排放高度，对废水要了解其有无排放管道，是否做到清污分流等；要了解废渣是直接排入河道还是堆放待处理以及堆放的方式等。此外，还要了解其排放规律（连续还是间歇，均匀还是不均匀，夜间排放还是白天排放等）。

(2) 污染物的物理、化学及生物特性　在重点调查中，要搞清重点污染源所排放的污染物特性并根据其对环境影响和排放量的大小提出需要进行评价的主要污染物。

(3) 对主要污染物进行追踪分析　对代表重点污染源特征的主要污染物进行追踪分析，以弄清其在生产工艺中的流失原因及重点发生源。

(4) 污染物流失原因的分析　从生产管理、能耗、水耗、原材料消耗量定额来分析，根据工艺条件计算理论消耗量，调查国内、国际同类型的先进工厂的消耗量，与该重点污染源的实际消耗量进行比较，找出差距，分析原因，另外还要进行设备分析、生产工艺分析等，查找污染物流失的原因并计算各类原因影响的比重。

四、污染源调查内容

污染源排放的污染物的种类、数量、排放方式、途径及污染源的类型和位置，直接关系到其影响对象、范围和程度。污染源调查就是要了解、掌握上述情况及其它有关问题。

1. 工业污染源的调查

(1) 企业概况　企业名称、厂址、主管机关名称、企业性质、企业规模、厂区占地面积、职工构成、固定资产、投产年代、产品、产量、产值、利润、生产水平、企业环境保护机构名称、辅助设施、配套工程、运输和储存方式等。

(2) 工艺调查　工艺原理、工艺流程、工艺水平、设备水平、环保设施。

(3) 能源、水源、原辅材料情况　能源构成、产地、成分、单耗、总耗；水源类型、供水方式、供水量、循环水量、循环利用率、水平衡；原辅材料种类、产地、成分及含量、消耗定额、总消耗量。

(4) 生产布局调查　企业总体布局、原料和燃料堆放场、车间、办公室、厂区、居民区、堆渣区、污染源位置、绿化带等。

(5) 管理调查　管理体制、编制、生产制度、管理水平及经济指标；环境保护管理机构编制、环境管理水平。

(6) 污染物治理调查　工艺改革、综合利用、管理措施、治理方法、治理工艺、投资、效果、运行费用、副产品的成本及销路、存在问题、改进措施、今后治理规划或设想。

(7) 污染物排放情况调查　污染物种类、数量、成分、性质；排放方式、规律、途径、排放浓度、排放量；排放口位置、类型、数量、控制方法；排放去向、历史情况、事故排放情况。

(8) 污染危害调查　人体健康危害调查、动植物危害调查、污染物危害造成的经济损失调查、危害生态系统情况调查。

（9）发展规划调查　生产发展方向、规模、指标、“三同时”措施，预期效果及存在问题。

2. 农业污染源调查

农业常常是环境污染的主要受害者，同时，由于施用农药、化肥，当使用不合理时也产生环境污染。此外，农业废弃物等也可能造成环境污染。

（1）农药使用情况的调查　农药品种、使用剂量、方式、时间，施用总量、年限，有效成分含量，稳定性等。

（2）化肥使用情况的调查　使用化肥的品种、数量、方式、时间，每亩平均施用量。

（3）农药废弃物调查　农作物秸秆、牲畜粪便、农用机油渣。

（4）农业机械使用情况调查　汽车、拖拉机台数、耗油量，行驶范围和路线，其它机械的使用情况等。

3. 生活污染源的调查

生活污染源主要指住宅、学校、医院、商业及其它公共设施，排放的主要污染物有污水、粪便、垃圾、污泥、烟尘及废气等。

（1）城市居民人口调查　总人数、总户数、流动人口、人口构成、人口分布、密度、居住环境。

（2）城市居民用水和排水调查　用水类型，人均用水量，办公楼、旅馆、商店、医院及其它单位的用水量，下水道设置情况，机关、学校、商店、医院有无化粪池及小型污水处理设施。

（3）民用燃料调查　燃料构成、燃料来源、成分、供应方式、燃料消耗量及人均燃料消耗量。

（4）城市垃圾及处理方法调查　垃圾种类、成分、构成、数量及人均垃圾量，垃圾场的分布、运输方式、处置方式，处理站自然环境、处理效果，投资、运行费用，管理人员、管理水平。

4. 交通污染源调查

汽车、飞机、船舶等也是造成环境污染的一类污染源。其造成环境污染原因有三：一是交通工具在运行中发生的噪声；二是运载有毒、有害物质的泄漏或清扫车体、船体时的扬尘或污水；三是汽油、柴油等燃料燃烧时排出的废气。交通污染源调查内容如下。

（1）噪声调查　车辆种类、数量、车流量、车速、路面状况、绿化状况、噪声分布。

（2）汽车尾气调查　汽车的种类、数量、用油量、燃油构成、排气量、排放浓度等。

除上述污染源调查外，还有其它污染源的调查。在进行一个地区的污染源调查时，都应同时进行自然环境背景调查和社会背景调查。自然背景调查包括地质、地貌、气象、水文、土壤、生物等；社会背景调查包括居民区、水源区、风景区、名胜古迹、工业区、农业区、林业区等。

五、污染物排放量的确定方法

污染物排放量的确定是污染源调查的核心问题。确定污染物排放量的方法有三种：物料衡算法、经验计算法（排放系数、排污系数法）和实测法。

1. 物料衡算法

根据物质守恒定律，在生产过程中，投入的物料量应等于产品所含这种物料的量与这种物料流失量的总和。如果物料的流失量全部由烟囱排放或由排水排放或进入固体废物，则污染物排放量就等于物料流失量。

2. 经验计算法

根据生产过程中单位产品的排污系数进行计算，求得污染物排放量的计算方法称为经验计算法。计算公式为：

$$Q=KW \tag{2-1}$$

式中，Q 为单位时间污染物排放量，kg/h；K 为单位产品经验排放系数，kg/t；W 为单位产品的单位时间产量，t/h。

各种污染物的排放系数，国内外文献中给出很多，它们都是在特定的条件下产生的。由于生产技术和污染治理措施不同，污染物排放系数和实际排放系数可能有很大差距。因此，在选择时应根据实际情况加以修正。

3. 实测法

实测法是通过对某个污染源现场测定，得到污染物的排放浓度和流量，然后计算出排放量，计算公式为：

$$Q=CL \tag{2-2}$$

式中，C 为实测的污染物算术平均浓度，mg/m^3；L 为烟气或废水的流量，m^3/h。

这种方法只适用于已投产的污染源且一定要充分掌握取样的代表性，否则用污染源实测结果统计污染源排放量就会有很大误差。

在实际工作中，经常是物料衡算法、经验法、实测法三种方法互相校正、互相补充，取得可靠的污染物排放量结果。

4. 燃烧过程主要污染物的计算

（1）二氧化硫排放量的计算　煤中的硫有三种储存形态：有机硫、硫铁矿和硫酸盐。煤燃烧时，只有有机硫和硫铁矿中的硫可以转化为二氧化硫，硫酸盐则以灰分的形式进入灰渣中。一般情况下，可燃硫占全硫量的80%左右。燃煤产生的二氧化硫的计算公式如下：

$$G=BS\times D\times 2\times(1-\eta) \tag{2-3}$$

式中，G 为二氧化硫的产生量，kg/h；B 为燃煤量，kg/h；S 为煤的含硫量，%；D 为可燃硫占全硫量的百分比，%；η 为脱硫设施的二氧化硫去除率。

（2）燃煤烟尘排放量的计算　燃煤烟尘包括黑烟和飞灰两部分，黑烟是未完全燃烧的炭粒，飞灰是烟气中不可燃烧的矿物微粒，是煤的灰分的一部分，烟尘的排放量与炉型和燃烧状况有关，燃烧越不完全，烟气中黑烟浓度越大，飞灰的量与煤的灰分和炉型有关。一般根据耗煤量、煤的灰分和除尘效率来计算燃烧产生的烟尘量。

$$Y=B\times A\times D\times(1-\eta) \tag{2-4}$$

式中，Y 为烟尘排放量，kg/h；B 为燃煤量，kg/h；A 为煤的灰分含量，%；D 为烟气中烟尘占灰分量的百分数（其值与燃烧方式有关），%；η 为除尘器的总效率，%。

各种除尘器的效率不同，可参照有关除尘器的说明书。若安装了二级除尘器，则除尘器系统的总效率为：

$$\eta=1-(1-\eta_1)(1-\eta_2) \tag{2-5}$$

式中，η_1 为一级除尘器的除尘效率，%；η_2 为二级除尘器的除尘效率，%。

六、污染源评价

1. 评价目的

污染源评价的主要目的是通过分析比较，确定主要污染物和主要污染源，为污染治理和区域治理规划提供依据。各种污染物具有不同的特性和环境效应，要对污染源和污染物做综合评价，必须考虑到排污量与污染物危害性两方面的因素。为了便于分析比较，需要把这两个因素综合到一起，形成一个可把各种污染物或污染源进行比较的（量纲统一的）指标。其主要目的就是使各种不同的污染物和污染源能够相互比较，以确定其对环境影响大小的顺序。

污染源评价是污染源调查的继续和深入，是该项综合工作中的一个主要组成部分。

2. 评价标准

原则上要求对各地区污染源排放出来的大多数种类的污染物都进行评价，但考虑到区域环境中污染源和污染物数量大、种类多，目前困难较大，因此在评价项目选择时，应保证本区域引起污染的主要污染源和污染物进入评价。

为了消除不同污染源和污染物，因毒性和计量单位的不统一，评价标准的选择就成为衡量污染源评价结果合理性、科学性的关键问题之一。在选择标准进行标准化处理时，一要考虑所选标准制定的合理性，二要考虑到各标准能否反映出污染源在区域环境中可能造成的危害，同时还要使应选的标准至少包括本区域所有污染物的80%以上。

3. 评价方法

统一采用等标污染负荷法（亦称等标排放量法）分别对水、大气污染源进行评价。

（1）评价公式

① 等标污染负荷。某污染物的等标污染负荷（P_{ij}）定义为

$$P_{ij}=\frac{C_{ij}}{C_{oj}}Q_{ij} \tag{2-6}$$

式中，P_{ij}为第j个污染源中的第i种污染物的等标污染负荷；C_{ij}为第j个污染源中第i种污染物的排放浓度；C_{oj}为第i种污染物的评价标准；Q_{ij}为第j个污染源中第i种污染物的排放流量。

应注意等标污染负荷是有量纲的数，它的量纲与计算流量的量纲一致。

若第j个污染源中有n种污染物参与评价，则该污染源的总等标污染负荷为

$$P_j=\sum_{i=1}^{n}P_{ij}=\sum_{i=1}^{n}\frac{C_{ij}}{C_{oj}}Q_{ij} \tag{2-7}$$

若评价区域内有m个污染源含第i种污染物，则该种污染物在评价区内的总等标污染负荷为

$$P_i=\sum_{j=1}^{m}P_{ij}=\sum_{j=1}^{m}\frac{C_{ij}}{C_{oj}}Q_{ij} \tag{2-8}$$

该区域的总等标污染负荷为

$$P=\sum_{i=1}^{n}P_i=\sum_{j=1}^{m}P_j \tag{2-9}$$

② 等标污染负荷比。等标污染负荷比的计算公式为

$$K_{ij}=P_{ij}/P_j \tag{2-10}$$

K_{ij}是一个无量纲的数，用来确定第j个污染源内各污染物的排序。K_{ij}较大者对环境贡献较大，K_{ij}最大者就是第j个污染源中最主要的污染物。

评价区内第i种污染物的等标污染负荷比K_i为

$$K_i=P_i/P \tag{2-11}$$

评价区内第j个污染源的等标污染负荷比K_j为

$$K_j=P_j/P \tag{2-12}$$

（2）主要污染物和主要污染源的确定　按照调查区内污染物的等标污染负荷比K_i排序，分别计算累计百分比，将累计百分比大于80%左右的污染物列为该区域的主要污染物。同样地，按照调查区域内污染源的等标污染负荷比K_j排序，分别计算累计百分比，将累计百分比大于80%左右的污染源列为该区域的主要污染源。

采用等标污染负荷法处理容易造成一些毒性大、流量小、在环境中易于积累的污染物排不到主要污染物中去，然而对这些污染物的排放控制又是必要的，所以通过计算后，还应做

全面考虑和分析，最后确定出主要污染物和主要污染源。

【例 2-1】 某地区建有毛巾厂、农机厂和家用电器厂，其污水排放量与污染物监测结果见表 2-1，试确定该地区的主要污染物和主要污染源（其它污染源与污染物不考虑）。

表 2-1　三厂污水排放量及其浓度

项　目	毛巾厂	农机厂	家用电器厂
污水量/($\times10^4 m^3/a$)	3.45	3.21	3.20
COD_{Cr}/(mg/L)	428	186	76
悬浮物/(mg/L)	20	62	73
挥发酚/(mg/L)	0.017	0.003	0.007
六价铬/(mg/L)	0.14	0.44	0.15

评价标准采用国家污染源评价标准。根据等标污染负荷和等标污染负荷比公式计算，计算值见表 2-2。

表 2-2　三厂等标污染负荷和污染物顺序

项　目	毛巾厂		农机厂		家用电器厂		P_i	K_i	污染物顺序
	P_{ij}	K_{ij}	P_{ij}	K_{ij}	P_{ij}	K_{ij}			
COD_{Cr}	168.36	0.91	59.71	0.64	24.32	0.59	252.39	0.79	1
悬浮物	1.38	0.01	3.98	0.04	4.80	0.12	10.16	0.03	3
挥发酚	5.87	0.03	0.96	0.01	2.24	0.05	9.07	0.03	4
六价铬	9.66	0.05	28.25	0.31	9.60	0.24	47.51	0.15	2
P_j	185.27		92.90		40.96		319.1(P)		
K_j	0.58		0.29		0.13				
污染源顺序	1		2		3				

COD_{Cr}的等标污染负荷比为 0.79，即累计百分比为 79%。该地区主要污染源为毛巾厂和农机厂，两厂的等标污染负荷比之和为 0.87，即累计百分比为 87%。应注意毛巾厂的污染物排序与该地区的污染物排序是不同的，说明有的情况下污染源内主要污染物与地区的主要污染物是不同的，在区域治理规划时要重视两者之间的区别。

第二节　污染型项目工程分析

一、工程分析的作用

1. 工程分析是项目决策的主要依据之一

在一般情况下，对以环境污染为主的项目，工程分析从环保角度对项目建设性质、产品结构、生产规模、原料路线、工艺技术、设备选型、能源结构和排放状况、技术经济指标、总图布置方案等给出定量分析意见。

2. 为各专题预测评价提供基础数据

在环境影响评价工作中，需对各个生产工艺的产污环节进行详细分析，对各个产污环节的排污源强仔细核算，从而为水、气、固体废物和噪声的环境影响预测、污染防治对策及污染物排放总量控制提供可靠的基础数据。

3. 为环保设计提供优化建议

建设项目的环保设计需要环境影响评价作为指导，尤其是改、扩建项目，工艺设备一般都比较落后，污染水平较高，要想使项目在改、扩建中通过“以新带老”把历史上积累下来的环保“欠账”加以解决，就需要工程分析从环保全局要求和环保技术方面提出具体意见。工程分析应力求对生产工艺进行优化论证，并提出符合清洁生产要求的清洁生产工艺建议，指出工艺设计上应该重点考虑的防污减污问题。此外，工程分析对环保措施方案中拟选工艺、设备及其先进性、可靠性、实用性所提出的剖析意见也是优化环保设计不可缺少的资料。

4. 为项目的环境管理提供建议指标和科学数据

工程分析筛选的主要污染因子是日常管理的对象，为保护环境所核定的污染物排放总量是开发建设活动进行控制的建议指标。

二、工程分析的重点与阶段划分

工程分析应以工艺过程为重点，并不可忽略污染物的不正常排放。资源、能源的储运、交通运输及土地开发利用是否分析及分析的深度应根据工程、环境的特点及评价工作等级决定。

根据实施过程的不同阶段可将建设项目分为建设期、生产运营期、服务期满后三个阶段进行工程分析。

所有建设项目均应分析生产运行阶段所带来的环境影响。生产运行阶段要分析正常排放和不正常排放两种情况。对随着时间的推移环境影响有可能增加较大的建设项目，同时它的评价工作等级、环境保护要求均较高时，可将生产运行阶段分为运行初期和运行中后期，并分别按正常排放和不正常排放进行分析，运行中期和运行中后期的划分应视具体工程特性而定。

个别建设项目在建设阶段和服务期满后的影响不容忽视，也应对这类项目的这些阶段进行工程分析。

三、工程分析的方法

当建设项目的规划、可行性研究和设计等技术文件不能满足评价要求时，应根据具体情况选用适当的方法进行工程分析。目前采用较多的工程分析方法有类比分析法、物料平衡计算法、查阅参考资料分析法等。

1. 类比分析法

类比分析法是利用与拟建项目类型相同的现有项目的设计资料或实测数据进行工程分析的常用方法。要求时间长，工作量大，所得结果较准确。在评价时间允许，评价工作等级较高，又有可资参考的相同或相似的现有工程时，应采用此法。采用此法时，应充分注意分析对象与类比对象之间的相似性，如：

① 工程一般特征的相似性。包括建设项目的性质、建设规模、车间组成、产品结构、工艺路线、生产方法、原料和燃料来源与成分、用水量和设备类型等。

② 污染物排放特征的相似性。包括污染物排放类型、浓度、强度与数量、排放方式与去向以及污染方式与途径等。

③ 环境特征的相似性。包括气象条件、地貌状况、生态特点、环境功能以及区域污染情况等方面的相似性。因为在生产建设中常会遇到这种情况，即某污染物在甲地是主要污染因素，在乙地则可能是次要因素，甚至是可被忽略的因素。

类比法也常用单位产品的经验排污系数去计算污染物排放量，但是采用此法必须注意，一定要根据生产规模等工程特征和生产管理等实际情况进行必要的修正。

经验排污系数法公式为：

$$A = \mathrm{AD} \times M \tag{2-13}$$

$$\mathrm{AD} = \mathrm{BD} - (\mathrm{aD} + \mathrm{bD} + \mathrm{cD} + \mathrm{dD}) \tag{2-14}$$

式中，A 为某污染物的排放总量；AD 为单位产品某污染物的排放定额；M 为产品总产量；BD 为单位产品投入或生成的某污染物的量；aD 为单位产品中某污染物的量；bD 为单位产品所生成的副产品、回收品中某污染物的量；cD 为单位产品分解转化掉的污染物量；

dD 为单位产品被净化处理掉的污染物量。

2. 物料平衡计算法

物料平衡计算法以理论计算为基础，比较简单。此法的基本原则是遵守质量守恒定律，即在生产过程中投入系统的物料总量必须等于产出的产品量和物料流失量之和。其计算通式如下：

$$\sum M_{投入}=\sum M_{产品}+\sum M_{流失} \tag{2-15}$$

式中，$\sum M_{投入}$为投入系统的物料总量；$\sum M_{产品}$为产出产品总量；$\sum M_{流失}$为物料流失总量。

当投入的物料总量在生产过程中发生化学反应时，可按下列总量法或定额法公式进行衡算：

$$\sum G_{排放}=\sum G_{投入}-\sum G_{回收}-\sum G_{处理}-\sum G_{转化}-\sum G_{产品} \tag{2-16}$$

式中，$\sum G_{投入}$为投入物料中的某污染物总量；$\sum G_{产品}$为进入产品结构中的某污染物总量；$\sum G_{回收}$为进入回收产品中的某污染物总量；$\sum G_{处理}$为经净化处理掉的某污染物总量；$\sum G_{转化}$为生产过程中被分解、转化的某污染物总量；$\sum G_{排放}$为某污染物的排放量。

采用物料平衡计算法计算污染物排放量时，必须对生产工艺、化学反应、副反应和管理等情况进行全面了解，掌握原料、辅助材料、燃料的成分和消耗定额。

3. 查阅参考资料分析法

查阅参考资料分析法是利用同类工程已有的环境影响报告书或可行性研究报告等资料进行工程分析的方法。虽然此法较为简便，但所得数据的准确性很难保证。当评价时间短且评价工作等级较低时，或在无法采用以上两种方法的情况下，可采用此方法，此方法还可以作为以上两种方法的补充。

四、工程分析的主要工作内容

对于环境影响以污染因素为主的建设项目来说，工程分析的工作内容原则上应根据建设项目的工程特性，包括建设项目的类型、性质、规模、开发建设方式与强度、能源与资源用量、污染物排放特征以及项目所在地的环境条件来确定。其工作内容通常包括六部分，详见表 2-3。

表 2-3　工程分析基本工作内容

工程分析项目	工　作　内　容
1. 工程概况	工程一般特征简介 物料与能源消耗定额 项目组成
2. 工艺流程及产污环节分析	工艺流程及污染物产生环节
3. 污染物分析	污染源分析及污染物源强核算 物料平衡与水平衡 无组织排放源强统计及分析 非正常排放源强统计及分析 污染物排放总量建议指标
4. 清洁生产水平分析	清洁生产水平分析
5. 环保措施方案分析	分析环保措施方案及所选工艺及设备的先进水平和可靠程度 分析与处理工艺有关技术经济参数的合理性 分析环保设施投资构成及其在总投资中占有的比例
6. 总图布置方案分析	分析厂区与周围的保护目标之间所定防护距离的安全性 根据气象、水文等自然条件分析工厂和车间布置的合理性 分析环境敏感点(保护目标)处置措施的可行性

1. 工程概况

首先对工程概况、工程一般特征做简介，通过项目组成分析找出项目建设存在的主要环境问题，列出项目组成表（表 2-4），为项目产生的环境影响分析和提出合适的污染防治措施奠定基础。根据工程组成和工艺，给出主要原料与辅料的名称、单位产品消耗量、年总耗量和来源（表 2-5）。对于含有毒有害物质的原料、辅料还应给出组分。

对于分期建设项目，则应按不同建设期分别说明建设规模。改扩建项目应列出现有工程，说明依托关系。

表 2-4 建设项目项目组成

项目名称			建设规模
主体工程	1		
	2		
	…		
辅助工程	1		
	2		
	…		
公用工程	1		
	2		
	…		
环保工程	1		
	2		
	…		
办公室及生活设施	1		
	2		
	…		
储运工程	1		
	2		
	…		

表 2-5 建设项目原、辅材料消耗

序号	名称	单位产品耗量	年耗量	来源
1				
2				
…				

2. 工艺流程及产污环节分析

一般情况下，工艺流程应在设计单位或建设单位的可研或设计文件基础上，根据工艺过程的描述及同类项目生产的实际情况进行绘制。环境影响评价工艺流程图有别于工程设计工艺流程图，环境影响评价关心的是工艺过程中产生污染物的具体部位、污染物的种类和数量。所以绘制污染工艺流程应包括产生污染物的装置和工艺过程，不产生污染物的过程和装置可以简化，有化学反应发生的工序要列出主要化学反应和副反应式，并在总平面布置图上标出污染源的准确位置，以便为其它专题评价提供可靠的污染源资料。

3. 污染源源强分析和核算

（1）污染物分布及污染物源强核算 污染源分布和污染物类型及排放量是各专题评价的基础资料，必须按建设过程、运营过程两个时期详细核算和统计。根据项目评价需要，一些项目还应对服务期满后（退役期）的影响源强进行核算，力求完善。因此，对于污染源分布应根据已经绘制的污染流程图并按排放点标明污染物排放部位，然后列表逐点统计各种污染物的排放强度、浓度及数量。对于最终排入环境的污染物，确定其是否达标排放，达标排放必须以项目的最大负荷核算。比如燃煤锅炉二氧化硫、烟尘排放量，必须要以锅炉最大产汽量时所耗的燃煤量为基础进行核算。

对于废气可按点源、面源、线源进行核算，说明源强、排放方式和排放高度及存在的有关问题。废水应说明种类、成分、浓度、排放方式、排放去向。按《中华人民共和国固体废物污染环境防治法》对废物进行分类，废液应说明种类、成分、浓度、是否属于危险废物、处置方式和去向等有关问题；废渣应说明有害成分、溶出物浓度、是否属于危险废物、排放量、处理和处置方式和贮存方法；噪声和放射性应列表说明源强、剂量及分布。

污染物的源强统计可参照表 2-6 进行，分别列废水、废气、固废排放表，噪声统计比较简单，可单列。

表 2-6 污染源强

序号	污染源	污染因子	产生量	治理措施	排放量	排放方式	排放去向	达标分析

① 对于新建项目污染物排放量统计，须按废水和废气污染物分别统计各种污染物排放总量，固体废物按我国规定统计一般固体废物和危险废物，并应算清“两本账”，即生产过程中的污染物产生量和实现污染防治措施后的污染物削减量，二者之差为污染物最终排放量，参见表 2-7。

统计时应以车间或工段为核算单元，对于泄漏和放散量部分，原则上要求实测，实测有困难时，可以利用年均消耗定额的数据进行物料平衡推算。

表 2-7 新建项目污染物排放量统计

类　别	污染物名称	产生量	治理削减量	排放量
废气				
废水				
固体废物				

② 技改扩建项目污染物源强。在统计污染物排放量的过程中，应算清新老污染源三本账：即技改扩建前企业污染物排放量、技改扩建项目污染物排放量、技改扩建项目完成后污染物排放量（包括“以新带老”削减量），其相互关系为：

技改前企业污染物排放量-“以新带老”企业污染物削减量＋技改扩建项目污染物排放量＝技改扩建项目完成后企业污染物排放量。

可以用表2-8列出。

表2-8 技改扩建项目污染物排放量统计

类别	污染物	现有工程排放量	拟建项目排放量	"以新带老"削减量	技改工程完成后总排放量	增减量变化
废气						
废水						
固体废物						

(2) 物料平衡和水平衡　在环境影响评价进行工程分析时，必须根据不同行业的具体特点，选择若干有代表性的物料，进行物料衡算。

水作为工业生产中的原料和载体，在任一用水单元内都存在着水量的平衡关系，也同样可以根据质量守恒定律进行质量平衡计算，这就是水平衡。根据《工业用水分类及定义》(CJ 40—1999) 规定，工业用水量和排水量的关系见图2-1，水平衡式如下：

$$Q+A=H+P+L \tag{2-17}$$

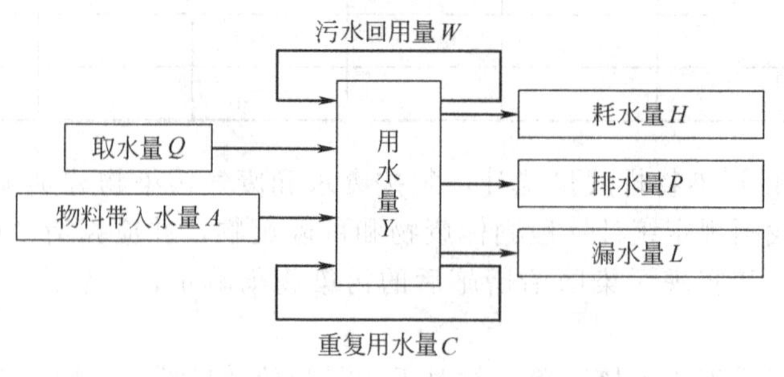

图2-1 工业用水量和排水量的关系

① 取水量：工业用水的取水量是指取自地表水、地下水、自来水、海水、城市污水及其它水源的总水量。对于建设项目工业取水量包括生产用水和生活用水，生产用水又包括间接冷却水、工艺用水和锅炉给水。

工业取水量＝间接冷却水量＋工艺用水量＋锅炉给水量＋生活用水量

② 重复用水量：指生产厂（建设项目）内部循环使用和循序使用的总水量。

③ 耗水量：指整个工程项目消耗掉的新鲜水量总和，即：

$$H=Q_1+Q_2+Q_3+Q_4+Q_5+Q_6 \tag{2-18}$$

式中，Q_1为产品含水，即由产品带走的水；Q_2为间接冷却水系统补充水量，即循环冷却水系统补充水量；Q_3为洗涤用水（包括装置和生产区地坪冲洗水）、直接冷却水和其它工艺用水量之和；Q_4为锅炉运转消耗的水量；Q_5为水处理用水量，指再生水处理装置所需的用水量；Q_6为生活用水量。

(3) 污染物排放总量控制建议指标　在核算污染物排放量的基础上，按国家对污染物排放总量控制指标的要求，提出工程污染物排放总量控制建议指标，污染物排放总量控制建议指标应包括国家规定的指标和项目的特征污染物，其单位为 t/a。提出的工程污染物排放总量控制建议指标必须满足以下要求：①满足达标排放的要求；②符合其它相关环保要求（如特殊控制的区域与河段）；③技术上可行。

（4）无组织排放源的统计　无组织排放是对应于有组织排放而言的，主要针对废气排放，表现为生产工艺过程中产生的污染物没有进入收集和排气系统，而通过厂房天窗或直接弥散到环境中。工程分析中将没有排气筒或排气筒高度低于15m的排放源定为无组织排放，其确定方法主要有三种。

① 物料衡算法。通过全厂物料的投入产出分析，核算无组织排放量。

② 类比法。与工艺相同、使用原料相似的同类工厂进行类比，在此基础上，核算本厂无组织排放量。

③ 反推法。通过对同类工厂正常生产时无组织监控点进行现场监测，利用面源扩散模式反推，以此确定工厂无组织排放量。

（5）非正常排污的源强统计与分析　非正常排污包括两部分。

① 正常开、停车或部分设备检修时排放的污染物。

② 其它非正常工况排污是指工艺设备或环保设施达不到设计规定指标运行时的排污，因为这种排污不代表长期运行的排污水平，所以列入非正常排污评价中。此类异常排污分析都应重点说明异常情况产生的原因、发生频率和处置措施。

4. 清洁生产水平分析

清洁生产是一种新的污染防治战略。项目实施清洁生产，可以减轻项目末端处理的负担，提高项目建设的环境可行性。国家已经公布了部分行业清洁生产标准，包括石油炼制、制革、炼焦等，在建设项目的清洁生产水平分析中，应以这些基础数据与建设项目相应的指标比较，以此衡量建设项目的清洁生产水平。对于没有基础数据可借鉴的建设项目，重点比较建设项目与国内外同类型项目的单位产品或万元产值的物耗、能耗、水耗和排放水平，并论述其差距。

5. 环保措施方案分析

环保措施方案分析包括两个层次，首先对项目可研报告等文件提供的污染防治措施进行技术先进性、经济合理性及运行的可靠性评价，若所提措施有的不能满足环保要求，则需提出切实可行的改进完善建议，包括替代方案。分析要点如下。

① 分析建设项目可研阶段环保措施方案并提出改进意见。根据建设项目产生的污染物特点，充分调查同类企业现有的环保处理方案，分析建设项目可研阶段所采用的环保设施先进水平和运行可靠程度，并提出进一步改进意见。

② 分析污染物处理工艺有关技术经济参数的合理性。根据现有同类环保设施的运行技术经济指标，结合建设项目环保设施的基本特点，分析论证建设项目环保设施的技术经济参数的合理性，并提出进一步改进的意见。

③ 分析环保设施投资构成及其在总投资中占有的比例。汇总建设项目环保设施的各项投资，分析其投资结构，并计算环保投资在总投资中所占的比例。环保投资一览表可按表2-9给出，该表是指导建设项目环保工程竣工验收的重要参照依据。

对于技改扩建项目，环保设施投资一览表中还应包括“以新带老”的环保投资内容。

④ 依托设施的可行性分析。对于改扩建项目，原有工程的环保设施有相当一部分是可以利用的，如现有污水处理厂、固废填埋厂、焚烧炉等。原有环保设施是否能满足改扩建后的要求，需要认真核实，分析依托的可靠性。随着经济的发展，依托公用环保设施已经成为区域环境污染防治的重要组成部分。对于项目产生废水经过简单处理后排入区域或城市污水处理厂进一步处理或排放的项目，除了对其所采用的污染防治技术的可靠性、可行性进行分析评价外，还应对接纳排水的污水处理厂的工艺合理性进行分析，看其处理工艺是否与项目排水的水质相容；对于可以进一步利用的废气，要结合所在区域的社会经济特点，分析其集

表 2-9 建设项目环保投资

项 目		建设内容	投 资
废气治理	1		
	2		
	…		
废水治理	1		
	2		
	…		
噪声治理	1		
	2		
	…		
固体废物处理	1		
	2		
	…		
厂区绿化			
其它	1		
	2		
	…		

中收集、净化、利用的可行性；对于固体废物，则要根据项目所在地的环境、社会经济特点，分析综合利用的可能性；对于危险废物，则要分析能否得到妥善的处置。

6. 总图布置方案与外环境关系分析

① 分析厂区与周围的保护目标之间所定卫生防护距离和安全防护距离的保证性。参考国家的有关卫生和安全防护距离规范，调查、分析厂区与周围的保护目标之间所定防护距离的可靠性，合理布置建设项目的各构筑物及生产设施，给出总图布置方案与外环境关系图。

确定卫生防护距离有两种方法，一种是按国家已颁布的某些行业的卫生防护距离根据建设规模和当地气象资料直接确定。另一种方法是尚无行业卫生防护距离标准的，可利用《制定地方大气污染物排放标准的技术方法》（GB/T 3840—91）推荐的公式进行计算。

② 根据气象、水文等自然条件分析工厂和车间布置的合理性。在充分掌握项目建设地点的气象、水文和地质资料的条件下，认真考虑这些因素对污染物的污染特性的影响，合理布置工厂和车间，尽可能减少对环境的不利影响。

③ 分析对周围环境敏感点处置措施的可行性。分析项目所产生的污染物的特点及其污染特征，结合现有的有关资料，确定建设项目对附近环境敏感点的影响程度，在此基础上提出切实可行的处置措施（如搬迁、防护等）。

五、工程分析示例

1. 工程分析情况

某工程为年产 60 万吨甲醇项目，组成见表 2-10。

产品方案为年产精甲醇 66.7 万吨（2000t/d，83.33t/h），年操作 8000h。生产制度为每天三班，每班 8h。主要原材料和公用工程消耗见表 2-11 和表 2-12。

表 2-10　年产 60 万吨甲醇项目组成

生产装置	公用工程设施	辅助生产设施
①原料气脱硫工序 ②蒸汽转化和热回收工序 ③压缩工序 ④甲醇合成工序 ⑤甲醇精馏工序 ⑥工艺冷凝液回收工序	①循环水系统(2400t/h) ②净水系统(30000t/h) ③脱盐水系统(250t/h) ④消防站 ⑤变电所	①火炬系统 ②主控制室、分析化验室 ③甲醇成品罐区(2×30000m^3) ④中间罐区(1×2500m^3,2×1200m^3) ⑤罐区至港口甲醇运输管线和装船设施 ⑥天然气输送管线

表 2-11　主要原材料消耗

项目	消耗量		接入方式
	$10^4 m^3/h$	$10^4 m^3/a$	
工艺天然气	7.745	61960.5	架空管廊接入甲醇装置
燃料天然气	3.365	26926.9	
共计	11.11	88887.4	

表 2-12　公用工程消耗

名称	单位	消耗量		来源
		小时	年	
新鲜水	t	471.76	377.4×10^4	自建水厂提供
循环水	t	18739	—	自建循环系统
蒸汽	t	−1.627	-1.3×10^4	产出
电	kW·h	2912	2330×10^4	二期化肥厂热电站
燃料气(标准状态)	m^3	3.36×10^4	26926.9×10^4	输气管天然气

2. 工艺技术和污染源分析

拟目前项目采用引进中压法天然气合成甲醇工艺，其工艺过程包括原料全脱硫、蒸汽转化和热回收、压缩、甲醇合成、精馏以及工艺冷凝液回收。

主化学反应：

天然气脱硫

$$RS(\text{有机硫})+H_2 \longrightarrow H_2S+R$$
$$ZnO+H_2S \longrightarrow ZnS+H_2O$$

蒸汽转化

$$CH_4+H_2O \longrightarrow CO+3H_2-Q$$
$$CH_4+2H_2O \longrightarrow CO_2+4H_2-Q$$

甲醇合成

$$CO+2H_2 \longrightarrow CH_3OH+Q$$
$$CO_2+3H_2 \longrightarrow CH_3OH+H_2O+Q$$

副化学反应有：

$$2CH_3OH \longrightarrow CH_3OCH_3+H_2O$$
$$2CO+2H_2 \longrightarrow CH_3COOH$$
$$CH_3OH+CO \longrightarrow CH_3COOH$$
$$CH_3OH+CH_3COOH \longrightarrow CH_3COOCH_3+H_2O$$
$$2CH_3COOH \longrightarrow CH_3COCH_3+CO_2+H_2O$$

3. 污染源强

60×10⁴t/a 甲醇项目物料平衡见图 2-2，水平衡图见图 2-3。

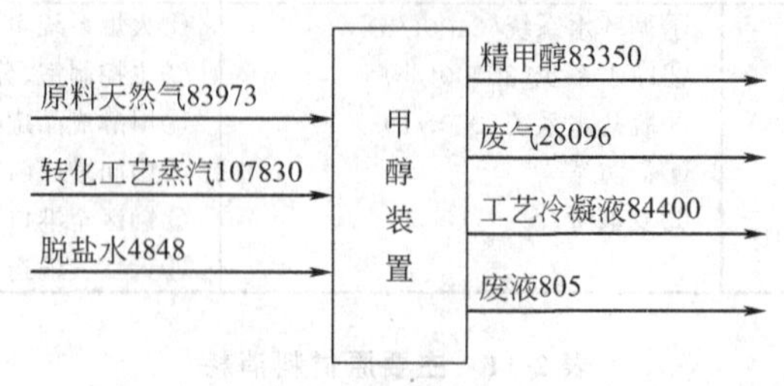

图 2-2 物料平衡图（单位：kg/h）

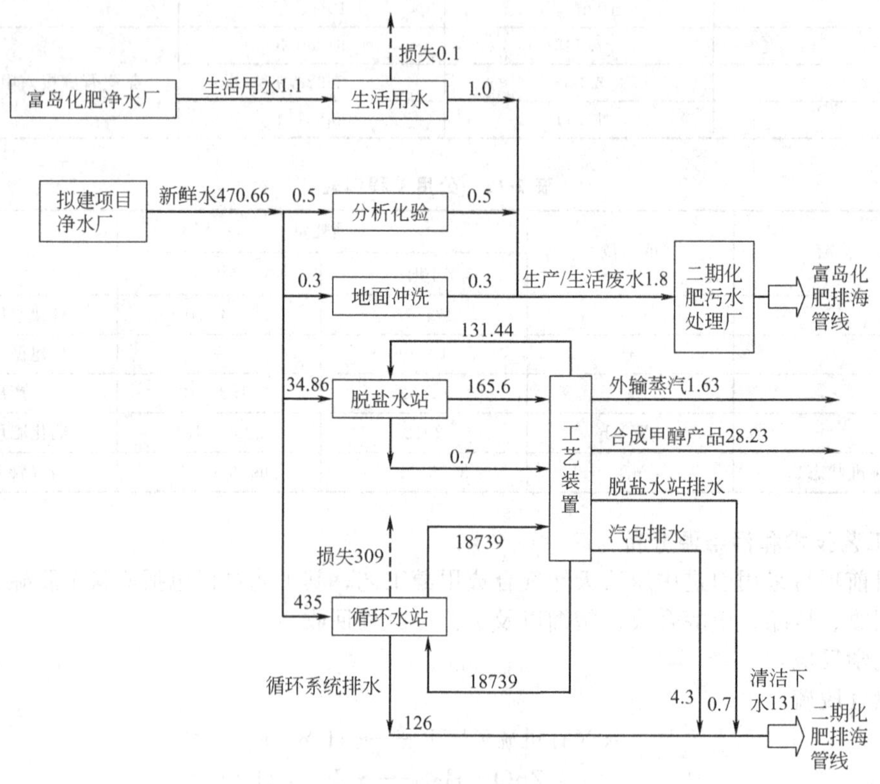

图 2-3 水平衡图（单位：万吨）

废气污染源、废水污染源和固体废物产生情况见表 2-13。

表 2-13 60×10⁴ t/a 甲醇项目污染源表

种类	图中代号	污染源名称	排放量	污染物		治理措施	排放方式去向
				名称	浓度/速率		
废气	G_1	转化炉烟气	34328m³/h	SO_2	5.5mg/m³ 1.90kg/h	高烟囱排放 H：60m	连续，排大气
				NO_x	112mg/m³ 38.44kg/h		
		开工锅炉烟气	39164m³/h	SO_2	7.4mg/m³ 0.29kg/h	H：30m	非正常排放 开车时排气 排大气
				NO_x	150mg/m³ 5.87kg/h		

续表

种类	图中代号	污染源名称	排放量	污染物		治理措施	排放方式去向
				名称	浓度/速率		
废气		火炬		NO_x 等		H：60m	间断，排大气
		无组织排放		甲醇	储运系统 170.5t/a 工艺装置 333t/a 合计 503.5t/a		间断，排大气
废水		设备/地面冲洗水	0.3t/h	pH COD SS 石油类	6～9 300mg/L 10mg/L 10mg/L	送污水处理装置 COD 去除率 75%	间断处理后排海
		分析化验排水	0.5t/h	pH COD SS 石油类	6～9 120mg/L 50mg/L 10mg/L	送污水处理装置 COD 去除率 75%	间断处理后排海
		生活污水	1.0t/h	pH COD SS 石油类	6～9 250mg/L 200mg/L 20mg/L	送污水处理装置 COD 去除率 75%	间断处理后排海
危险废物	S1	镍钼加氢槽废催化剂	45.6t/次	Ni-Mo	—	回收	五年一次，送厂家
	S2	脱硫槽废脱硫剂	96t/次	ZnO ZnS	—	危废填埋场	一年一次，送危废处理中心
	S3	转化炉废催化剂	29.3t/次	NiO，NiS	—	回收	三年一次，送厂家
	S4	转化炉废催化剂	61.6t/次	NiO，NiS	—	回收	三年一次，送厂家
	S5	甲醇合成塔废催化剂	120t/次	Cu-Zn	—	回收	三年一次，送厂家
一般固废		污水处理场污泥	1.2t/次	—	—	脱水干化，用于绿化	间断

4. 污染物排放量核算

实施污染物防治措施后，60×10^4 t/a 甲醇项目污染物生产量、削减量和排放量见表 2-14。

表 2-14　拟建项目污染物排放量核算

类　别	项　　目	产生量	削减量	最终排放量
废气	废气排放量/($10^4 m^3$/a)	305913.6	0	305913.6
	SO_2/(t/a)	17.52	0	17.52
废水	废水排放量/(10^4 t/a)	106.24	0	106.24
	COD/(t/a)	40.92	−2.28	38.64
	石油类/(t/a)	0.24	−0.19	0.05
固废	工业固体废物/(t/a)	产生量	综合利用	处理/处置
		447.6	447.6	0

第三节 生态影响型项目工程分析

一、生态影响型项目工程分析的基本内容

生态影响型项目工程分析的内容应结合工程特点，提出工程施工期和运营期的影响和潜在影响因素，能量化的要给出量化指标。生态影响型项目工程分析应包括以下基本内容。

1. 工程概况

介绍工程的名称、建设地点、性质、规模和工程特性，并给出工程特性表。

工程的项目组成及施工布置：按工程的特点给出工程的项目组成表，并说明工程不同时期的主要活动内容与方式，阐明工程的主要设计方案，介绍工程的施工布置，并给出施工布置图。

2. 施工规划

结合工程的建设进度，介绍工程的施工规划，对与生态环境保护有重要关系的规划建设内容和施工进度要做详细介绍。

3. 生态环境影响源分析

通过调查，对项目建设可能造成生态环境影响的活动（影响源或影响因素）的强度、范围、方式进行分析，可能定量的要给出定量数据，如占地类型（湿地、滩涂、耕地、林地等）与面积、植被破坏量（特别是珍稀植物的破坏量）、淹没面积、移民数量、水土流失量等均应给出量化的数据。

4. 主要污染物与源强分析

分析项目建设中的主要污染物废水、废气、固体废物的排放量和噪声发生源源强，需给出生产废水和生活污水的排放量和主要污染物排放量；废气给出排放源点位，说明源性质（固定源、移动源、连续源、瞬时源）和主要污染物产生量；固体废物给出工程弃渣和生活垃圾的产生量；噪声则要给出主要噪声源的种类和声源强度。

5. 替代方案

介绍工程选点、选线和工程设计中就不同方案所做的比选工作内容，说明推荐方案的理由，以便从环境保护的角度分析工程选线、选址的合理性。

二、生态环境影响评价工程分析技术要点

生态环境影响评价的工程分析一般要把握如下几点要求。

1. 工程组成须完全

应把所有的工程活动都纳入分析中。一般建设项目工程组成有主体工程、辅助工程、配套工程、公用工程和环保工程。有的将作业场等支柱性工程称为大临工程（大型临时工程）或储运工程系列都是可以的，但必须将所有的工程建设活动，无论是临时的、永久的、施工期或营运期的、直接的或相关的，都考虑在内。一般应有完善的项目组成表，明确占地、施工、技术标准等主要内容。

工程组成中一般主体工程和配套工程在设计文件中都有详细内容，注意选取其与环境有关的内容。重要的是要对辅助工程内容进行详细了解，必要时需通过类比调查确定工程组成的内容。主要的辅助工程如下。

① 对外交通。如水电工程的对外交通公路，大多数需新修或改建扩建，有的达数十千米长，需了解其走向、占地类型与面积，匡算土石方量，了解修筑方式。有的大型项目，对外交通单列项目进行环评，则按公路建设项目进行环评。有的项目环评前已修建对外交通公路，则要做现状调查，阐明对外交通公路基本工程情况，并在环评中需进行回顾性环境影响

分析和采取补救性环保措施。

② 施工道路。连接施工场地、营地，运送各种物料和土石方，都有施工道路问题。施工道路在大多数设计文件中是不具体的，经常需要在环评中做深入的调查分析。对于已设计施工道路的工程，具体说明其布线、修筑方法，主要关心是否影响到敏感保护目标，是否注意了植被保护或水土流失防治，其弃土是否进入河道等。对于尚未设计施工道路或仅有一般设想的工程，则需明确选线原则，提出合理的修建原则与建议，尤其需给出禁止路线占用的土地或地区。

③ 料场。包括土料场、石料场、砂石料场等施工建设的料场。需明确各种料场的点位、规模、采料作业时期及方法，尤其需明确有无爆破等特殊施工方法。料场还有运输方式和运输道路问题，如皮带运输、汽车运输等，根据运输量和运输方式可估算出诸如车流密度（某点位单位时间通过的车辆数或多长时间过一辆车）等数据，这也就是环境影响源的“源强”（噪声源强、干扰或阻隔效应源强等）。

④ 工业场地。主要分析工业场地布设、占地面积、主要作业内容等。一般应给出工业场地布置图，说明各项作业的具体安排，使用的主要加工设备，如碎石设备、混凝土搅拌设备、沥青搅拌设备采取的环保措施等。一个项目可能有若干个工业场地，需一一说明。工业场地布置在不同的位置和占用不同的土地，它的环境影响是不同的，所以在选址合理性论证中，工业场地的选址是重要论证内容之一。

⑤ 施工营地。集中或单位建设的施工营地，无论大小，都需纳入工程分析中。与生活营地配套建设的供热、采暖、供水、供电以及炊事、环卫设施都需一一说明。施工营地占地类型、占地面积以及事后进行恢复的设计是分析的重点。其中，都有环境合理性分析问题。

⑥ 弃土弃渣场。包括设置点位、每个场的弃土弃渣量、弃土弃渣方式、占地类型与数量、事后复垦或进行生态恢复的计划等。弃土弃渣场的合理选址是环评重要的论证内容之一，在工程分析中需说明弃渣场坡度、径流汇集情况等以及拟采取的安全设计措施和防止水土流失措施等。对于采矿和选矿工程，其弃渣场尤其是尾矿库是专门的设计内容，是在一系列工程地质、水文地质工作的基础上进行选择的，环评中亦作为专题进行工程分析与影响评价。

2. 重点工程要明确

主要造成环境影响的工程，应作为重点的工程分析对象，明确其名称、位置、规模、建设方案、施工方式、营运方式等，一般还应将其所涉及的环境作为分析对象，因为同样的工程发生在不同的环境中，其影响作用是很不相同的。

重点工程，一是指工程规模比较大的，其影响范围大或时间比较长的；二是位于环境敏感区附近的，虽然规模不是最大，但造成的环境影响却不小的。

每个建设项目都有各自的重点工程，环境影响评价也主要针对重点工程进行。以高速公路工程为例，其重点工程主要如下。

① 隧道。点位、长度、单洞或双洞、土石方量、施工方式（有无施工平峒、出渣口以及相应的施工道路等）、隧道弃渣利用方式与利用量、隧道弃渣点、弃渣方式、占地类型、占地面积、设计的弃渣场生态恢复措施等。

② 大桥、特大桥。桥位（或河流名称）、长度、跨度（特别明确有无水中桥墩）、桥型、施工方式（有无单设的作业场地或施工营地）、施工作业期、材料来源、拟采取的环保措施等。

③ 高填方路段。分布线位，高填方路段长度与填筑高度、占地类型与面积、土方来源或取土场设置，通道或涵洞设置，设计的边坡稳定措施等。高填方段是环评中需要论证环境可行性和合理性的路段，有时需要给出替代方案。节约占地也主要从这样的地段考虑，诸如

湿地保护、基本农田保护等也常发生于这样的路段。

④ 深挖方路段。分布线位、深挖方段长度和最大挖深、岩性或地层概况，挖方量、弃方的利用（土石方平衡），弃土场设置（点位、弃土量、占地类型与面积，边坡稳定方案，设计的水土保持措施和生态恢复措施）等。深挖方路段也是需进行环境合理性分析的重点，其可能的环境问题有水文隔断、生物阻隔（沟堑式阻隔）、景观美学影响、边坡水土流失以及弃渣占地等，有时还有挖方导致的地质不稳定性问题，如滑坡、塌方等。因此，深挖方路段的工程分析是必要的。

⑤ 互通立交桥。桥位、桥型，占地类型与面积，土地权属、土石方量及来源、主要连接通道等。立交桥占地面积大，经常设计在平整土地或坪坝之内，占据大量良田，因而是土地利用合理性分析的重点工程，必要时需寻求替代方案。

⑥ 服务区。服务区位置，占地类型与面积，服务设施或功能设计，绿化方案等。在环评中，服务区的排污问题是主要评价内容，因而对服务区的设施应有明确分析。

⑦ 取土场。位置，取土场面积（占地面积）、占地类型，取土方式，取土场复垦计划等。大多数建设项目在可研阶段尚不明确取土场的位置，环评中可建议取土场设置原则，尤其需指出不宜设置取土场的地区（点）或禁止设置取土场的保护目标，并对合理设置和使用取土场、事后进行恢复的方向等提出建议。

⑧ 弃土场。隧道或深挖方路段会产生弃土场，山区修路尤其是路基设计在坡面上时会有大量弃土产生。弃土方式需明确，尤其须禁止随挖随弃的施工方式。

重点工程是在全面了解工程组成的基础上确定的。重点工程确定的方法，一是研读设计文件并结合环境现场踏勘确定；二是通过类比调查并核查设计文件确定；三是通过投资分项进行了解（列入投资核算中的所有内容）；四是从环境敏感性调查入手再反推工程，类似于影响识别的方法。特别须注意设计文件以外的工程，如水利工程的复建道路（淹没原路而补修的山区公路）、公路修建时的保通工程（草原上无保通工程会造成重大破坏）、矿区的生活区建设等。

3. 全过程分析

生态影响是一个过程，不同的时期有不同的问题需要解决，因此必须做全过程工程分析。一般可将全工程分为选址选线期（工程预可研期）、设计方案期（初步设计与工程设计）、建设期（施工期）、运营期和运营后期（结束期、闭矿、设备退役和渣场封闭等）。

选址选线期在环境影响评价时一般已经过去，其工程分析内容体现在已给出的建设项目内容中。

设计期与环境影响评价基本同时进行，环境影响评价工程分析中需与设计方案编制形成一个互动的过程，不断相互反馈信息，尤其要将环境影响评价发现的设计方案环境影响问题及时提出，还可提出建议修改内容，使设计工作及时纳入环境影响评价内容，同时须及时了解设计方案的进展与变化，并针对变化的方案进行环境合理性分析。当评价中发现选址选线在部分区域、路段或全线有重大环境不合理情况时，应提出合理的环境替代方案，对选址选线进行部分或全线调整。

施工方案一般根据规范进行设计，而规范解决的是共性的问题，所以施工方案的介绍应特别关注一些特殊性问题。如可能影响环境敏感区的施工区段施工方案分析，也需注意一些非规范性问题的分析，例如施工道路的设计、施工营地的设置等。施工方案在不同的地区应有不同的要求，例如在草原地带施工，机动车辆通行道路的规范化就是最重要的。

运营期的运营方式需很好说明。例如，水电站的调峰运行情况、矿业的采掘情况等，此种分析除重视主要问题（或主要工程活动）的分析说明外，还需关注特殊性问题，尤其是不同环境条件下特别敏感的工程活动内容。例如，旅游有季节性高峰问题，对高峰的工程设计和应急措施应明确。

设备退役、矿山闭矿、渣场封闭等后期的工程分析，虽然可能很粗疏，但对于落实环境责任是十分重要的。如果设计中缺失这部分内容则应补充完善，应提出对未来的（后期的）污染控制、生态恢复和环境监测与管理方案的建议。这部分工作亦可以放在环保措施中，如果设计中已经有了这部分内容，则分析其是否全面、是否充分，肯定之或补充之。

值得注意的是，工程分析与后续的环境影响识别以及其后的现状调查与评价、环境影响预测与评价是一个相互联系和互动的过程，因为工程分析虽然着眼于工程，但分析重点的确定是和工程所处的环境密切相关的。处于环境敏感区或其附近的工程必须是分析的重点，调查中发现有重要环境影响的工程内容亦是进行工程分析的重点。环境影响评价是一个不断评价、不断决策的过程，是一个多次反馈、不断优化的过程，所以既不能将工程分析与其它环境影响评价程序混为一谈，也不能将工程分析与其它环境影响评价程序截然割裂，评价中需理清概念，把握各自的重点，并特别注意其过程性的特点。

4. 污染源分析

明确主要污染物的源、污染物类型、源强（含事故状态下的）、排放方式和纳污环境等。污染源可能发生于施工建设阶段，亦可能发生于运营期。污染源的控制要求与纳污环境的环境功能密切相关，因此必须同纳污环境联系起来做分析。

大多数生态影响型建设项目的污染源强较小，影响亦较小，评价等级一般是三级，可以利用类比资料，并以充足的污染防治措施为主。污染源分析一般有以下内容。

① 锅炉（开水锅炉或出力型采暖锅炉）烟气排放量计算及拟采取的除尘降噪措施和效果说明。须明确燃料类型、消耗量，燃煤锅炉一般取 SO_2 和烟尘作为污染控制因子。

② 车辆扬尘量估算：一般采用类比方法计算。

③ 生活污水排放量按人均用水量乘以用水人数（如施工人数）的 80%计。生活污水的污染因子一般取 COD 或氨氮、BOD。

④ 工业场地废水排放量：根据不同设备逐一核算并加和。其污染因子视情况而定，砂石料清洗可取 SS，机修等取 COD 和石油类等。

⑤ 固体废物：根据设计文件给出量。

⑥ 生活垃圾：人均垃圾产生量与人数的乘积。

⑦ 土石方平衡：根据设计文件给出量计算或核实。

⑧ 矿井废水量：根据设计文件给出量，必要时进行重新核算。

5. 其它分析

施工建设方式、运营期方式不同，都会对环境产生不同影响，需要在工程分析时给予考虑。有些发生可能性不大，一旦发生将会产生重大影响者，则可作为风险问题考虑。例如，公路运输农药时，车辆可能在跨越水库或水源地时发生事故性泄漏等。

思考题与习题

1. 为什么要进行污染源调查？污染物调查的方法有哪些？
2. 如何通过污染源评价确定主要污染源和主要污染物？
3. 污染物排放量的计算方法有哪些？
4. 污染源评价的目的是什么？简述污染源评价的方法。
5. 工程分析的作用是什么？
6. 工程分析的内容主要有哪些？工程分析方法有哪些？
7. 某工厂有一台粉煤炉，每小时用煤 500kg，所用的煤为烟煤，含硫量为 2.5%，煤的灰分为 28%，用布袋除尘器除尘，其除尘效率为93.5%，试求每小时排放的烟灰量和二氧化硫量及全年产生的灰渣量。

8. 某监测站测得甲、乙两个工厂排放废水中分别含BOD_5、有机磷、Cr^{6+}等污染物，其中甲厂的废水中污染物浓度BOD_5为50mg/L，有机磷为0.6mg/L，Cr^{6+}为0.75mg/L，乙厂BOD_5为60mg/L，有机磷为0.8mg/L，Cr^{6+}为0.65mg/L。甲厂每天排放废水700t，乙厂每天排放废水500t，试求两厂的等标污染负荷和污染负荷比。

9. 某地区有甲、乙、丙三个工厂，年污水排放量与污染物监测结果如下表所示。若污染物最高允许排放浓度为悬浮物250mg/L、BOD_5 60mg/L、酚0.5mg/L、石油类10mg/L，试确定该地区的主要污染物和主要污染源。

污水排放量与污染物监测结果

厂别	污水量/(10^4t/a)	悬浮物/(mg/L)	BOD_5/(mg/L)	酚/(mg/L)	石油类/(mg/L)
甲厂	592.5	413.2	914.8	0.062	7.22
乙厂	237.5	173.6	99.2	0.01	0.892
丙厂	409.5	1207.6	550.0	0.004	1.016

第三章　地表水环境质量评价

第一节　概　　述

一、基本概念

1. 地表水

地表水是指存在于陆地表面的各种水域，如河流（包括河口）、湖泊、水库等。考虑到地表水与海洋之间的联系，在地表水环境影响评价时，还包括有关海湾（包括海岸带）的部分内容。

2. 水污染源

凡是对水环境质量可以造成有害影响的物质和能量输入的来源，统称水污染源，输入的物质和能量称为污染物或污染因子。

影响地表水环境质量的污染源按产生和进入环境的方式可分为点源和面源，按污染性质可分为持久性污染物、非持久性污染物、酸碱污染物、废热四类（表 3-1）。

表 3-1　水污染源分类

按排放方式	点污染源	污染物产生的源点和进入环境的方式为点
	非点污染源(面源)	污染物产生的源点为面，而进入环境的方式可为面、线或点
按污染性质	持久性污染物	在地表水中不能或很难由于物理、化学、生物作用而分解、沉淀或挥发的污染物
	非持久性污染物	在地表水中由于生物作用而逐渐减少的污染物
	酸碱污染物	各种废酸、废碱等，水质参数是 pH
	废热(热污染)	由排放废热水所引起，水质参数是水温

二、常用水环境评价标准

1.《环境影响评价技术导则—地面水环境》(HJ/T 2.3—93)

本标准规定了地面水环境影响评价的原则、方法及要求，适用于厂矿企业、事业单位建设项目的地表水环境影响评价。

2. 水环境质量评价标准

(1)《地表水环境质量标准》(GB 3838—2002)　本标准按照地表水环境功能分类和保护目标，规定了水环境质量应控制的项目及限值以及水质评价、水质项目的分析方法和标准的实施与监督，适用于中华人民共和国领域内江河、湖泊、运河、渠道、水库等具有使用功能的地表水水域。

依据水域的环境功能和保护目标，按功能高低将水域依次划分为五类。

Ⅰ类：主要适用于源头水、国家自然保护区。

Ⅱ类：主要适用于集中式生活饮用水地表水源地一级保护区、珍稀水生生物栖息地、鱼虾类产卵场、仔稚幼鱼的索饵场等。

Ⅲ类：主要适用于集中式生活饮用水地表水源地二级保护区、鱼虾类越冬场、洄游通道、水产养殖区等渔业水域及游泳区。

Ⅳ类：主要适用于一般工业用水区及人体非直接接触的娱乐用水区。

Ⅴ类：主要适用于农业用水区及一般景观要求水域。

(2)《海水水质标准》(GB 3097—1997) 本标准规定了海域各类适用功能的水质要求，适用于中华人民共和国管辖的海域。

按照海域的不同使用功能和保护目标，海水水质分为四类。

第一类：适用于海洋渔业水域、海上自然保护区和珍稀濒危海洋生物保护区。

第二类：适用于水产养殖区、海水浴场，人体直接接触海水的海上运动或娱乐区，以及与人类食用直接有关的工业用水区。

第三类：适用于一般工业用水区、滨海风景旅游区。

第四类：适用于海洋港口水域、海洋开发作业区。

其它水环境质量标准还有《渔业水质标准》(GB 11607—92)、《农田灌溉水质标准》(GB 5084—2005)、《生活饮用水源水质标准》(CJ 3020—93) 等。

3.《污水综合排放标准》(GB 8978—1996)

本标准按照污水排放去向，分年限规定了 69 种水污染物最高允许排放浓度和部分行业最高允许排水量。适用于现有单位水污染物的排放管理，以及建设项目的环境影响评价、建设项目环境保护设施设计、竣工验收及其投产后的排放管理。

(1) 标准分级

① 排入 GB 3838 Ⅲ类水域（划定的保护区和游泳区除外）和排入 GB 3097 中二类海域的污水，执行一级标准。

② 排入 GB 3838 中Ⅳ、Ⅴ类水域和排入 GB 3097 中三类海域的污水，执行二级标准。

③ 排入设置二级污水处理厂的城镇排水系统的污水，执行三级标准。

④ 排入未设置二级污水处理厂的城镇排水系统的污水，必须根据排水系统出水受纳水域的功能要求，分别执行①和②的规定。

⑤ GB 3838 中Ⅰ、Ⅱ类水域和Ⅲ类水域中划定的保护区，GB 3097 中的一类海域，禁止新建排污口，现有排污口按水体功能要求实行污染物总量控制，以保证受纳水体的水质符合规定用途的水质标准。

(2) 污染物分类 按排放的污染物的性质及控制方式可分为以下两类。

第一类污染物，不分行业和污水排放方式，也不分受纳水体的功能类别，一律在车间或车间处理设施排放口采样，其最高允许排放浓度必须达到本标准要求（采矿行业的尾矿坝出水口不得视为车间排放口）。

第二类污染物，在排放单位排放口采样，其最高允许排放浓度必须达到本标准要求。

对于排放含有放射性物质的污水，除执行本标准外，还必须符合《辐射防护规定》(GB 8703—88)。

三、地表水环境影响评价的基本思路

① 根据地面水环境评价技术导则和区域可持续发展的要求，明确包括水质要求和环境效益在内的环境质量目标。

② 根据国家排污控制标准（排放标准），分析和界定建设项目可能产生的特征污染物和污染源强（水质和水量指标）。

③ 选择合理的水质模型，建立污染源与环境质量目标的关系，根据各种工况下不同的污染源强进行水环境影响预测评价。

④ 采取社会、环境、经济协调统一的分析方法，优化污染源控制方案，实现建设项目水污染源的“达标排放，总量控制”。

⑤ 通过综合分析、评价，得出项目建设的环境可行性结论。

四、地表水环境影响评价的主要任务

1. 明确工程项目性质

全面了解建设项目的背景、进度和规模，调查其生产工艺和可能造成的环境影响因素，明确工程及环境影响性质。主要包括以下三个方面。

① 拟建工程是否符合产业政策与区域规划。

② 划分拟建工程的环境影响属性，是环境污染型还是生态破坏型。

③ 界定新、改、扩建项目，明确是否有“以新带老”的问题。

2. 划分评价工作等级

依据《环境影响评价技术导则—地面水环境》，结合建设项目外排水污染源的特点和当地水环境的特征，对地表水环境影响评价工作进行分级。

3. 地表水环境现状调查和评价

通过水质和水文调查、现有污染源调查，弄清水环境现状，确定水环境问题的性质和类型，并对水质现状进行评价。

4. 建设项目工程（水污染源）分析

根据建设项目的生产工艺流程、原辅材料消耗及用水量，通过工程分析及物料平衡和水平衡分析，弄清建设项目所产生的各类水污染源强（水质和水量指标），分析论证工程设计采用的废（污）水处理方案的有效性及可靠性，确定不同工况下的外排水污染负荷量（主要是特征污染物的水质和水量指标）。

5. 建设项目的水环境影响预测与评价

利用现状调查和工程分析的有关数据，确定水质参数和计算条件，选择合适的水质模型，建立水质输入响应关系，针对不同工况下的外排污染负荷量预测建设项目对地表水环境的影响范围及程度。根据环境影响预测结果，依据国家污染物排放标准和环境质量标准，对建设项目的水环境影响进行综合分析评价。

6. 提出控制水污染的方案和保护水环境的措施

根据上述的项目环境影响预测和评价，比较优化建设方案，评定与估计建设项目对地表水影响的范围和程度，预测受影响水体的环境质量变化和达标率，为了实现水环境质量保护目标，提出水环境保护的建议和措施。

五、地表水环境影响评价的工作程序

地表水环境影响评价的工作程序见图 3-1。

六、地表水环境影响评价等级与评价范围

依据《环境影响评价技术导则—地面水环境》规定，地表水环境影响评价工作分为三级，一级评价最详细，二级次之，三级较简略。对于不同级别的地表水环境影响评价，环境现状调查、环境影响预测等的评价工作内容与技术质量要求有所不同。

低于地表水环境影响第三级评价条件的建设项目，不必进行地表水环境影响评价，只需按照环境影响报告表的有关规定，进行简单的水环境影响分析。

1. 划分评价等级的依据

（1）确定评价等级判据的原则　所定判据应能反映地表水问题的主要特点，反映建设项目向地表水排放污水的主要特征，与建设项目排污有关的判据定为污水排放量和污水水质特征，与地表水环境有关的判据定为受纳水体的规模和受纳水体对水质的具体要求。

（2）划分评价等级的具体依据　根据以上原则，地表水环境影响评价工作等级的划分将

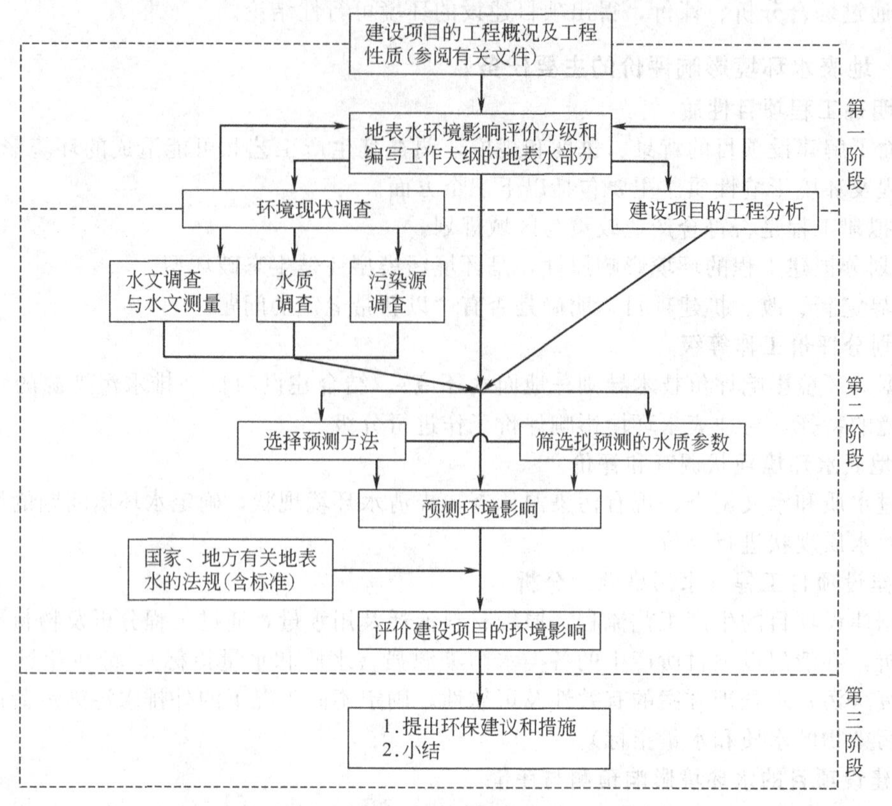

图 3-1　地表水环境影响评价的工作程序

按照下列依据确定。

① 建设项目污水排放量。参考《污水综合排放标准》(GB 8978—1996)，将我国企业污水排放量分为 5 个等级：a. ≥20000m³/d；b. 10000～20000m³/d；c. 5000～10000m³/d；d. 1000～5000m³/d；e. 200～1000m³/d。

② 建设项目污水水质的复杂程度。污水水质的复杂程度，按污水中的污染物类型数以及需预测污染因子数的多少，划分为复杂、中等和简单三类。

a. 复杂。污染物类型数≥3 或者只有两类污染物，但需预测其浓度的水质因子数目≥10。

b. 中等。污染物类型数=2 且需预测其浓度的水质因子数目<10，或者只需预测一类污染物，但需预测其浓度的水质因子数目≥7。

c. 简单。污染物类型数=1，需预测浓度的水质因子数目<7。

③ 地表水域规模（受纳水体的规模）

a. 河流或河口水域规模大小的划分。为了体现地表水环境影响评价的特点，应该以枯水期的平均流量作为河流（或河口）水域规模大小的判据。但因为这种资料难以取得，所以地表水环境影响评价技术导则规定，以多年平均流量作为划分河流或河口水域规模大小的依据。如果没有多年平均流量，则用平水期的平均流量。按建设项目排污口附近河段的多年平均流量或平水期的平均流量划分为：大河为≥150m³/s；中河为 15～150m³/s；小河为<15m³/s。

b. 湖泊和水库水域规模大小的划分。与河流的情况类似，应以湖泊和水库枯水期的平均水深和相应的水面积作为划分湖泊和水库水域规模大小的依据。但此时期的资料不易获得，因此以多年平均水深和相应的水面积作为划分湖泊和水库水域规模大小的依据。如果没有多年平均资料时，可选用平水期的平均水深和相应的水面积作为划分湖泊和水库水域规模大小的依据。

按枯水期湖泊和水库的平均水深以及水面面积划分为：当平均水深＜10m 时，大湖（水库）水域面积≥50km^2，中湖（水库）水域面积 5～50km^2，小湖（水库）水域面积＜5km^2；当平均水深≥10m 时，大湖（水库）水域面积≥25km^2，中湖（水库）水域面积 2.5～25km^2，小湖（水库）水域面积＜2.5km^2。

④ 水环境质量要求。以 GB 3838—2002 为依据，如受纳水体的实际功能与该标准的水质分类不一致时，根据当地的水环境质量要求确定。

2. 评价等级的划分

（1）评价等级划分的原则　根据上述评价等级划分的依据，可按下面两项原则划分地表水环境影响评价工作的等级。

① 不同的建设项目对地表水环境的影响程度各有不同，这主要是由建设项目污水排放量和污水水质复杂程度的差别而引起的。污水排放量越大，水质越复杂，则建设项目对地表水的污染影响就越大，要求地表水环境影响评价做得越仔细，评价等级就越高。

② 对建设项目带来的影响，不同地表水域的承受能力各有不同，这主要反映在水域规模的大小及对其水质要求的高低。地表水域规模越小，其水质要求越严，则对外界污染影响的承受能力越小，因此，相应地对地表水环境影响评价工作的要求越高，评价级别也相应越高。

（2）地表水环境影响评价分级　地表水环境影响评价工作等级划分见表 3-2。

表 3-2　地表水环境影响评价等级分级表

建设项目污水排放量/(m^3/d)	建设项目污水水质复杂程度	一级		二级		三级	
		地表水域规模	地表水水质要求	地表水域规模	地表水水质要求	地表水域规模	地表水水质要求
≥20000	复杂	大	Ⅰ～Ⅲ	大	Ⅳ,Ⅴ		
		中、小	Ⅰ～Ⅳ	中、小	Ⅴ		
	中等	大	Ⅰ～Ⅲ	大	Ⅳ,Ⅴ		
		中、小	Ⅰ～Ⅳ	中、小	Ⅴ		
	简单	大	Ⅰ,Ⅱ	大	Ⅳ,Ⅴ		
		中、小	Ⅰ～Ⅲ	中、小	Ⅳ,Ⅴ		
＜20000 且≥10000	复杂	大	Ⅰ～Ⅲ	大	Ⅳ,Ⅴ		
		中、小	Ⅰ～Ⅳ	中、小	Ⅴ		
	中等	大	Ⅰ,Ⅱ	大	Ⅲ,Ⅳ	大	Ⅴ
		中、小	Ⅰ,Ⅱ	中、小	Ⅲ～Ⅴ		
	简单			大	Ⅰ～Ⅲ	大	Ⅳ,Ⅴ
		中、小	Ⅰ	中、小	Ⅱ～Ⅳ	中、小	Ⅴ
＜10000 且≥5000	复杂	大、中	Ⅰ,Ⅱ	大、中	Ⅲ,Ⅳ	大、中	Ⅴ
		小	Ⅰ,Ⅱ	小	Ⅲ,Ⅳ	小	Ⅴ
	中等			大、中	Ⅰ～Ⅲ	大、中	Ⅳ,Ⅴ
		小	Ⅰ	小	Ⅱ～Ⅳ	小	Ⅴ
	简单			大、中	Ⅰ,Ⅱ	大、中	Ⅲ～Ⅴ
				小	Ⅰ～Ⅲ	小	Ⅳ,Ⅴ

续表

建设项目污水排放量/(m^3/d)	建设项目污水水质复杂程度	一级		二级		三级	
		地表水域规模	地表水水质要求	地表水域规模	地表水水质要求	地表水域规模	地表水水质要求
<5000且≥1000	复杂			大、中	Ⅰ～Ⅲ	大、中	Ⅳ,Ⅴ
		小	Ⅰ	小	Ⅰ～Ⅲ	大、小	Ⅳ,Ⅴ
	中等			大、中	Ⅰ,Ⅱ	大、中	Ⅲ～Ⅴ
				小	Ⅰ～Ⅲ	小	Ⅳ,Ⅴ
	简单					大、中	Ⅰ～Ⅳ
				小	Ⅰ	小	Ⅱ～Ⅴ
<1000	复杂					大、中	Ⅰ～Ⅳ
						小	Ⅰ～Ⅴ
	中等					大、中	Ⅰ～Ⅳ
						小	Ⅰ～Ⅴ
	简单					中、小	Ⅰ～Ⅳ

3. 评价范围

地表水环境影响的评价范围应能包括建设项目对周围地表水环境影响较显著的区域。在此区域内进行的评价，能全面说明与地表水环境相联系的环境基本状况，并能充分满足地表水环境影响评价的要求。

第二节　地表水环境现状调查与评价

掌握评价范围内水体污染源、水文、水质和水体使用功能等方面的环境背景情况，为地表水环境现状评价和影响预测提供基础资料。并以资料收集为主，现场实测为辅，开展地表水环境现状调查。调查的对象（内容）主要为环境水文条件、水污染源和水环境质量。

一、现状调查的方法

常用的地表水环境现状调查方法有三种，即搜集资料法、现场实测法、遥感遥测法。

二、调查的范围和时间

1. 调查的范围

地表水环境调查的范围主要是受建设项目排污影响较显著的地表水区域。在此水域内进行的调查，应能充分反映地表水环境的基本状况，并能满足水环境影响预测的要求，有以下两点需要说明。

① 在确定某具体开发建设项目的地表水环境现状调查范围时，应尽量按照将来污染物排入水体后可能达到地表水环境质量标准的范围，并考虑评价等级的高低（评价等级高时调查范围取偏大值，反之取偏小值）后决定。

② 当拟定评价范围附近有敏感水域（如水源地、自然保护区等）时，调查范围应考虑延长到敏感水域的上游边界，以满足预测敏感水域所受影响的需要。

2. 调查的时间

① 根据当地水文资料，初步确定河流、湖泊、水库的丰水期、平水期、枯水期，同时确定最能代表这三个时期的季节和月份。遇气候异常年份，要根据水量实际变化情况确定。

对有水库调节的河流，要注意水库放水或不放水时的流量变化情况。

② 评价等级不同，对调查时间的要求亦有所不同，表 3-3 列出了不同评价等级时各类水域的水质调查时期。

表 3-3　各类水域在不同评价等级时水质的调查时期

水　域	一　级	二　级	三　级
河流	一般情况为一个水文年的丰水期、平水期、枯水期；若评价时间不够，至少应调查平水期和枯水期	条件许可，可调查一个水文年的丰水期、枯水期和平水期；一般情况可只调查枯水期和平水期；若评价时间不够，可只调查枯水期	一般情况下，可只在枯水期调查
河口	一般情况为一个潮汐年的丰水期、平水期、枯水期；若评价时间不够，至少应调查平水期和枯水期	一般情况可只调查枯水期和平水期；若评价时间不够，可只调查枯水期	一般情况下，可只在枯水期调查
湖泊（水库）	一般情况为一个水文年的丰水期、平水期、枯水期；若评价时间不够，至少应调查平水期和枯水期	一般情况可只调查枯水期和平水期；若评价时间不够，可只调查枯水期	一般情况下，可只在枯水期调查

③ 当被调查的范围内面源污染严重，丰水期水质劣于枯水期时，一级、二级评价的各类水域须调查丰水期，若时间允许，三级评价也应调查丰水期。

④ 冰封期较长的水域，且作为生活饮用水、食品加工用水的水源或为渔业用水的水域时，应调查冰封期的水质、水文情况。

三、水文调查与水文测量

一般情况，水文调查与水文测量在枯水期进行，必要时，其它水期（丰水期、平水期、冰封期等）应进行补充调查，调查范围应尽量按照将来污染物排入水体后可能达到地表水环境质量标准的范围确定。

与水质调查同步进行的水文测量，原则上只在一个水期内进行。水文测量和水质调查的次数和天数不要求完全相同，在能准确求得所需水文特征值及环境水力学参数的前提下，尽量精简水文测量的次数。

水文测量的内容与拟采用的环境影响预测方法密切相关。在采用数学模式时应根据所选用的预测模式及应输入参数的需要决定其内容。在采用物理模型时，水文测量主要应取得足够的制作模型及模型试验所需的水文特征值。

1. 水文调查与测量的内容

① 河流水文调查与水文测量的内容应根据评价等级、河流的规模决定，其中主要有：丰水期、平水期、枯水期的划分，河流平直及弯曲情况（如平直段长度或弯曲段的弯曲半径等）、横断面、纵断面（坡度）、水位、水深、河宽、流量、流速及其分布、水温、糙率及泥沙含量等，丰水期有无分流漫滩，枯水期有无浅滩、沙洲和断流，北方河流还应了解结冰、封冻、解冻等现象。

② 感潮河口的水文调查与水文测量的内容应根据评价等级、河流的规模决定，其中除与河流相同的内容外，还有：感潮河段的范围，涨潮、落潮及平潮时的水位、水深、流向、流速及其分布、横断面、水面坡度以及潮间隙、潮差和历时等。

③ 湖泊、水库水文调查与水文测量的内容应根据评价等级、湖泊和水库的规模决定，其中主要有：湖泊、水库的面积和形状（附平面图），丰水期、平水期、枯水期的划分，流入、流出的水量，停留时间，水量的调度和储量，湖泊、水库的水深，水温分层情况及水流状况（湖流的流向和流速，环流的流向、流速及稳定时间）等。

④ 海湾水文调查与水文测量的内容应根据评价等级及海湾的特点选择下列全部或部分

内容：海岸形状，海底地形，潮位及水深变化，潮流状况（小潮和大潮循环期间的水流变化、平行于海岸线流动的落潮和涨潮），流入的河水流量、盐度和温度造成的分层情况，水温、波浪的情况以及内海水与外海水的交换周期等。

⑤ 需要预测建设项目的面源污染时，应调查历年的降雨资料，并根据预测的需要对资料统计分析。

2. 河流环境水文条件调查的主要特征参数

调查的水文特征参数主要包括河宽（B）、水深（H）、流速（u）、流量（Q）、糙率、坡度（J）和弯曲系数等。

弯曲系数＝断面间河段长度/断面间直线距离

当弯曲系数＞1.3 时，可视为弯曲河流，否则可以简化为平直河流。

3. 调查的方法

① 水文站资料收集利用法。

② 现场实测法。

③ 判图法（判读地形图）。

水文资料以收集为主，实测和判读地形图为辅。

四、水污染源调查

在调查范围内能对地表水环境产生污染影响的主要污染源均应进行调查。水污染源包括两类：点污染源（简称点源）和非点污染源（简称非点源或者面源）。

1. 点源的调查

(1) 调查的原则

① 以搜集现有资料为主，只有在十分必要时才补充现场调查和现场测试。例如在评价改、扩建项目时，对此项目改、扩建前的污染源应详细了解，常需现场调查或测试。

② 点源调查的繁简程度可根据评价级别及其与建设项目的关系而略有不同。如评价级别较高且现有污染源与建设项目距离较近时应详细调查，例如位于建设项目的排水与受纳河流的混合过程段以内，并对预测计算可能有影响的情况。

(2) 调查的内容　根据评价工作的需要选择下述全部或部分内容进行调查，有些调查内容可以列成表格。

① 点源的排放。排放口的平面位置（附污染源平面位置图）及排放方向；排放口在断面上的位置；其排放形式为分散排放还是集中排放。

② 排放数据。根据现有实测数据、统计报表以及各厂矿的工艺路线等选定的主要水质参数，并调查现有的排放量、排放速度、排放浓度及其变化等数据。

③ 用排水状况。主要调查取水量、用水量、循环水量及排水总量等。

④ 厂矿企业、事业单位的废水、污水处理状况。主要调查废水、污水的处理设备、处理效率、处理水量及事故状况等。

2. 非点源调查

(1) 调查原则　非点源调查基本上采用间接搜集资料的方法，一般不进行实测。

(2) 调查内容　根据评价工作的需要选择下述全部或部分内容进行调查。

① 概况。原料、燃料、废料、废弃物的堆放位置（即主要污染源，要求附污染源平面位置图）、堆放面积、堆放形式（几何形状、堆放厚度）、堆放点的地面铺装及其保洁程度、堆放物的遮盖方式等。

② 排放方式、排放去向与处理情况。应说明非点源污染物是有组织的汇集还是无组织的漫流；是集中后直接排放还是处理后排放；是单独排放还是与生产废水或生活污水共同排

放等。

③ 排放数据。根据现有实测数据、统计报表以及根据引起非点源污染的原料、燃料、废料、废弃物的物理、化学、生物化学性质选定调查的主要水质参数，并调查有关排放季节、排放时期、排放量、排放浓度及其变化等数据。

④ 其它非点污染源。对于山林、草原、农地非点污染源，应调查有机肥、化肥、农药的施用量以及流失率、流失规律、不同季节的流失量等。对于城市非点源污染，应调查雨水径流特点、初期城市暴雨径流的污染物数量。

3. 水污染源资料的整理与分析

对搜集到的和实测的水污染源资料进行检查，找出相互矛盾和错误的资料并予以更正，资料中的缺漏应尽量填补。将这些资料按污染源排入地表水的顺序及特征水质因子的种类列成表格，并从中找出调查水域的主要水污染源和主要水污染物。

五、水环境质量调查

水环境质量调查的原则是尽量利用现有的数据资料，如资料不足时应实测。调查的目的是查清水体评价范围内的水质现状，作为影响预测和评价的基础。

1. 调查因子的选择

所选择的水质因子主要包括两类，一类是常规水质因子，它能反映受纳水域水质的一般状况；另一类是特殊水质因子，它能代表建设项目将来排污的水质特征。在某些情况下还需调查一些补充项目。

(1) 常规水质因子　以 GB 3838—2002 中所提出的 pH、溶解氧、高锰酸盐指数、五日生化需氧量、凯氏氮或非离子氨、酚、氰化物、砷、汞、铬（六价）、总磷以及水温为基础，根据水域类别、评价等级、污染源状况适当增减。

(2) 特殊水质因子　根据建设项目特点、水域类别及评价等级选定。可按行业编制的特征水质参数表，选择时可适当删减。

(3) 其它方面的因子　当受纳水域的环境保护要求较高（如自然保护区、饮用水源地、珍贵水生生物保护区、经济鱼类养殖区等），且评价等级为一级、二级，应考虑调查水生生物和底质。其调查因子可根据具体工作要求确定，或从下列项目中选择部分内容。

① 水生生物方面：浮游动植物、藻类、底栖无脊椎动物的种类和数量、水生生物群落结构等。

② 底质方面：主要调查与拟建工程排水水质有关的易积累的污染物。

2. 水生生物生境调查

水生生物生境调查包括水质、水温、水文状况以及特殊生境（产卵场、索饵场、越冬场）的调查。对于洄游性生物，其洄游通道亦是十分重要的调查内容。

3. 水温变化过程

水温是影响水质的重要指标。各种水质参数值，如溶解氧浓度、非离子氨浓度等以及水质模型中的许多参数，如耗氧系数、复氧系数等都与水温有关。过高的水温或过快的水温变化速率都会影响水生生物正常生长和水体的功能。发电厂、化工厂等排放的热水是引起水体水温变化的主要污染源。水体水温除了受工业污染源影响外，还与一系列热交换过程有关，包括同大气的能量交换和河床的热量交换等。

4. 资料的搜集、整理

现有水质资料主要从当地水质监测部门搜集。搜集的对象是有关水质监测报表、环境质量报告书及建于附近的建设项目的环境影响报告书等技术文件中的水质资料。按照时间、地点和分析项目排列整理所收集到的资料，并尽量找出其中各水质参数间的关系及水质变化趋势，同时与可能找到的同步的水文资料一起分析查找地表水环境对各种污染物的净化能力。

六、水域功能调查

1. 调查的意义

水域功能是地表水环境影响评价的基础资料，一般应由环境保护部门规定。调查的目的是核对和补充这个规定，若还没有规定则应通过调查予以明确，并报环境保护部门认可。

2. 调查的方法

调查的方法以间接了解为主，并辅以必要的实地踏勘。

3. 调查的内容

水资源利用及水域功能状况调查，可根据需要选择下述全部或部分内容：城市、工业、农业、渔业、水产养殖业等的用水情况（其中包括各种用水的用水时间、用水地点等）以及各类用水的供需关系、水质要求和渔业、水产养殖业等所需的水面面积等。此外，对用于排泄污水或灌溉退水的水体也应调查。在水资源利用及水域功能状况调查时，还应注意地表水与地下水之间的水力联系。

七、地表水环境现状评价

1. 评价原则

现状评价是地表水环境质量调查的继续。评价水质现状主要采用文字分析与描述，并辅之以数学模式计算的方式。在文字分析与描述中，有时可采用检出率、超标率等统计值。数学模式计算分两种：一种用于单项水质参数评价；另一种用于多项水质参数综合评价。单项水质参数评价简单明了，可以直接了解该水质参数现状与标准的关系，一般均可采用。多项水质参数综合评价只在调查的水质参数较多时方可应用。此方法只能了解多个水质参数的综合现状与相应标准的综合情况之间的某种相对关系。

2. 评价依据

地表水环境质量标准和有关法规及当地的环保要求是评价的基本依据。地表水环境质量标准应采用 GB 3838 或相应的地方标准，海湾水质标准应采用 GB 3097；有些水质参数国内尚无标准，可参照国外标准或建立临时标准；所采用的国外标准和建立的临时标准应按环保部规定的程序报有关部门批准。评价区内不同功能的水域应采用不同类别的水质标准。

3. 选择水质评价因子

评价因子从所调查收集的水质参数中选取。根据污染源调查和水质现状调查与水质监测成果，选择：①工程废水排放的主要特征污染物；②对纳污水体污染影响危害大的水质因子；③国家和地方水质管理要求严格控制的水污染因子。

4. 水质评价因子的参数确定

在单项水质参数评价中，一般情况，某水质因子的参数可采用多次监测的平均值，但如该水质因子监测数据变幅甚大，为了突出高值的影响可采用内梅罗值或其它计入高值影响的方法。内梅罗值的表达式为：

$$c_{内}=\left(\frac{c_{极}^{2}+c_{均}{}^{2}}{2}\right)^{1/2} \tag{3-1}$$

式中，$c_{内}$ 为某水质因子监测数据的内梅罗值，mg/L；$c_{极}$ 为某水质因子监测数据的极值，mg/L；$c_{均}$ 为某水质因子监测数据的算术平均值，mg/L。

5. 评价方法

水质评价方法主要采用单项水质参数评价法。单项水质参数评价是将每个污染因子单独进行评价，利用统计得出各自的达标率或超标率、超标倍数、统计代表值等结果。单项水质参数评价能客观地反映水体的污染程度，可清晰地判断出主要污染因子、主要污染时段和水体的主要污染区域，能较完整地提供监测水域的时空污染变化。

单项水质参数评价建议采用标准指数法，其计算公式如下。

(1) 一般水质因子（随水质浓度增加而水质变差的水质因子）

$$S_{i,j}=c_{i,j}/c_{si} \tag{3-2}$$

式中，$S_{i,j}$为单项水质因子i在第j点的标准指数；$c_{i,j}$为（i，j）点的评价因子水质浓度或水质因子i在预测点（或监测点）j的水质浓度，mg/L；c_{si}为水质评价因子i的地表水质标准，mg/L。

(2) 特殊水质因子

① DO 的标准指数

$$S_{DO,j}=\frac{|DO_f-DO_j|}{DO_f-DO_s} \qquad DO_j \geqslant DO_s \tag{3-3}$$

$$S_{DO,j}=10-9\frac{DO_j}{DO_s} \qquad DO_j < DO_s \tag{3-4}$$

式中，$S_{DO,j}$为 DO 的标准指数；DO_f为某水温、气压条件下的饱和溶解氧浓度，mg/L，计算公式常采用$DO_f=468/(31.6+T)$；T为水温，℃；DO_j为溶解氧实测值，mg/L；DO_s为溶解氧的水质评价标准限值，mg/L。

② pH 的标准指数为：

$$S_{pH,j}=\frac{7.0-pH_j}{7.0-pH_{sd}} \qquad pH_j \leqslant 7.0 \tag{3-5}$$

$$S_{pH,j}=\frac{pH_j-7.0}{pH_{su}-7.0} \qquad pH_j > 7.0 \tag{3-6}$$

式中，$S_{pH,j}$为 pH 的标准指数；pH_j为 pH 实测值；pH_{sd}为地表水质标准中规定的 pH 下限；pH_{su}为地表水质标准中规定的 pH 上限。

水质参数的标准指数>1，表明该评价因子的水质超过了规定的水质标准，已经不能满足使用要求。

第三节　地表水环境影响预测

建设项目地表水环境影响预测是地表水环境影响评价的中心环节，它的任务是通过一定的技术方法，预测建设项目在不同实施阶段（建设期、运行期、服务期满后）对地表水的环境影响，为采取相应的环保措施及环境管理方案提供依据。

一、水体自净的基本原理

地表水环境影响的预测是以一定的预测方法为基础，而这种方法的理论基础是水体的自净特性。水体中的污染物在没有人工净化措施的情况下，它的浓度随时间和空间的推移而逐渐降低的特性称为水体的自净。从机制方面可将水体自净分为物理自净、化学自净、生物自净三类，它们往往是同时发生而又相互影响的。

1. 物理自净

物理自净作用主要是指污染物在水体中的混合稀释和自然沉淀过程。沉淀作用指排入水体的污染物中含有的微小的悬浮颗粒，如颗粒态的重金属、虫卵等由于流速较小逐渐沉到水底。污染物沉淀对水质来说是净化，但对底泥来说则污染物反而增加。混合稀释作用只能降低水中污染物的浓度，不能减少其总量。水体的混合稀释作用主要由下面三部分作用所致。

① 紊动扩散作用。由水流的紊动特性引起水中污染物自高浓度向低浓度区转移的紊动

扩散。

② 移流作用。由于水流的推动使污染物迁移的随流输移。

③ 离散作用。由于水流方向横断面上流速分布的不均匀（由河岸及河底阻力所致）而引起附加的污染物分散，此种附加的污染物分散称为离散。

2. 化学自净

氧化还原反应是水体化学净化的重要作用。流动的水流通过水面波浪不断将大气中的氧气溶入，这些溶解氧与水中的污染物将发生氧化反应，如某些重金属离子可因氧化生成难溶物（如铁、锰等）而沉降析出，硫化物可氧化为硫代硫酸盐或硫而被净化。还原作用对水体净化也有作用，但这类反应多在微生物作用下进行。水体在不同的 pH 下，对污染物有一定的净化作用。某些元素在弱酸性环境中容易溶解得到稀释（如锌、镉、六价铬等），而另一些元素在中性或碱性环境中可形成难溶化合物而沉淀，例如，Mn^{2+}、Fe^{2+}形成难溶的氢氧化物沉淀而析出。因天然水体接近中性，所以酸碱反应在水体中的作用不大。天然水体中含有各种各样的胶体，如硅、铝、铁等的氢氧化物、黏土颗粒和腐殖质等，由于有些微粒具有较大的表面积，而另有一些物质本身就是凝聚剂，这就是天然水体所具有的混凝沉淀作用和吸附作用，从而使有些污染物随着这些作用从水中去除。

3. 生物自净

生物自净的基本过程是水中微生物（尤其是细菌）在溶解氧充分的情况下，将一部分有机污染物当作食饵消耗掉，将另一部分有机污染物氧化分解成无害的简单无机物。影响生物自净作用的关键是溶解氧的含量、有机污染物的性质和浓度以及微生物的种类、数量等。生物自净的快慢与有机污染物的数量和性质有关。生活污水、食品工业废水中的蛋白质、脂肪类等是极易分解的，但大多数有机物分解缓慢，更有少数有机物难分解，如造纸废水中的木质素、纤维素等，需经数月才能分解，另有不少人工合成的有机物极难分解并有剧毒，如滴滴涕、六六六等有机氯农药和用作热传导体的多氯联苯等。水生物的状况与生物自净有密切的关系，它们担负着分解绝大多数有机物的任务。蠕虫能分解河底有机污泥，并以之为食饵。原生动物除了因以有机物为食饵对自净有作用外，还和轮虫、甲壳虫等一起维持着河道的生态平衡。藻类虽不能分解有机物，但与其它绿色植物一起在阳光下进行光合作用，将空气中的二氧化碳转化为氧，从而成为水中氧气的重要补给源。其它如水体温度、水流状态、天气、风力等物理和水文条件以及水面有无影响复氧作用的油膜、泡沫等均对生物自净有影响。

二、预测的原则

① 对于已确定的评价项目，都应预测建设项目对受纳水域水环境产生的影响，预测的范围、时段、内容及方法均应根据其评价工作等级、工程与水环境特性、当地的环保要求而定。同时应尽量考虑预测范围内规划的建设项目可能产生的叠加性水环境影响。

② 对于季节性河流，应依据当地环保部门所定的水体功能，结合建设项目的污水排放特性，确定其预测的原则、范围、时段、内容及方法。

③ 当水生生物保护对地表水环境要求较高时（如珍贵水生生物保护区、经济鱼类养殖区等），应简要分析建设项目对水生生物的影响。

三、预测方法

建设项目地表水环境影响常用的预测方法有以下几种。

（1）数学模式法　此方法是利用表达水体净化机制的数学方程预测建设项目引起的水体水质变化。该法能给出定量的预测结果，在许多水域有成功应用水质模型的范例。一般情况此法比较简便，应首先考虑，但这种方法需一定的计算条件和输入必要的参数，而且污染物在水中的净化机制，很多方面尚难用数学模式表达。

（2）物理模型法　此方法是依据相似理论，在一定比例缩小的环境模型上进行水质模拟实验，以预测由建设项目引起的水体水质变化。此方法能反映比较复杂的水环境特点，定量化程度较高，再现性好，但需要有相应的试验条件和较多的基础数据，且制作模型要耗费大量的人力、物力和时间。在无法利用数学模式法预测，而评价级别较高，对预测结果要求较严时，应选用此法。但污染物在水中的化学、生物净化过程难以在实验中模拟。

（3）类比分析（调查）法　调查与建设项目性质相似，且其纳污水体的规模、水文特征、水质状况也相似的工程。根据调查结果，分析预估拟建设项目的水环境影响，此种预测属于定性或半定量性质。已建的相似工程有可能找到，但此工程与拟建项目有相似的水环境状况则不易找到，所以类比分析（调查）法所得结果往往比较粗略，一般多在评价工作级别较低且评价时间较短，无法取得足够的参数、数据时，用类比求得数学模式中所需的若干参数、数据。

（4）专业判断法　定性地反映建设项目的环境影响。当水生生物保护对地表水环境要求较高（如珍贵水生生物保护区、经济鱼类养殖区等）或由于评价时间过短等原因无法采用上述三种方法时，可选用此方法。

四、预测范围和预测点位

1. 预测范围

地表水环境影响预测的范围与地表水环境现状调查的范围相同或略小（特殊情况也可以略大），确定预测范围的原则与现状调查相同。

2. 预测点位

在预测范围内应选择适当的预测点位，通过预测这些点位所受的环境影响来全面反映建设项目对该范围内地表水环境的影响。预测点位的数量和预测点位的选择应根据受纳水体和建设项目的特点、评价等级以及当地的环保要求确定。

虽然在预测范围以外，但估计有可能受到影响的重要用水地点，也应选择水质预测点位。

地表水环境现状监测点位应作为预测点位。水文特征突然变化和水质突然变化处的上、下游，重要水工建筑物附近，水文站附近等应选择作为预测点位。当需要预测河流混合过程段的水质时，应在该段河流中选若干预测点位。

当拟预测水中溶解氧时，应预测最大亏氧点的位置及该点的浓度，但是分段预测的河段不需要预测最大亏氧点。

排放口附近常有局部超标水域，如有必要应在适当水域加密预测点位，以便确定超标水域的范围。

五、水环境影响时期的划分和预测时段

1. 地表水环境影响时期的划分

所有建设项目均应预测生产运行阶段对地表水环境的影响，该阶段的地表水环境影响应按正常排放和事故排放两种情况进行预测。

大型建设项目应根据该项目建设过程阶段的特点和评价等级、受纳水体特点以及当地环保要求，决定是否预测该阶段的环境影响。同时具备如下三个特点的大型建设项目，应预测建设项目施工阶段的水环境影响。

① 地表水质要求较高，如要求达到Ⅲ类以上。

② 可能进入地表水环境的堆积物较多或土方量较大。

③ 施工阶段时间较长，如超过一年。

施工过程阶段对水环境的影响主要来自水土流失和堆积物的流失。

根据建设项目的特点、评价等级、地面水环境特点和当地环保要求，个别建设项目应预测服务期满后对地表水环境的影响，如矿山开发项目。

服务期满后的地表水环境影响主要来源于水土流失所产生的悬浮物和以各种形式存在于废渣、废矿中的污染物。

2. 地表水环境影响预测的时段

地表水环境预测应考虑水体自净能力不同的各个时段。通常可将其划分为自净能力最小、一般、最大三个时段。自净能力最小的时段通常在枯水期（结合建设项目设计的要求考虑水量的保证率），个别水域由于面源污染严重也可能在丰水期，自净能力一般的时段通常在平水期。冰封期的自净能力很小，情况特殊，如果冰封期较长可单独考虑。海湾的自净能力与时段的关系不明显，可以不分时段。

评价等级为一级、二级时应分别预测建设项目在水体自净能力最小和一般两个时段的水环境影响。冰封期较长的水域，当其水体功能为生活饮用水、食品工业用水水源或为渔业用水时，还应预测此时段的水环境影响。评价等级为三级或评价等级为二级但评价时间较短时，可以只预测自净能力最小时段的水环境影响。

六、拟预测水质因子的筛选

在选用预测方法之后，还应从工程和环境两方面确定必需的预测条件，方可实施预测工作。工程方面的预测条件是筛选预测的水质因子和考虑工程实施过程不同阶段对水环境的影响；水环境方面的预测条件是确定预测范围，选择预测点位和根据水环境的自净能力确定预测时段。

建设项目实施过程各阶段拟预测的水质因子，应根据建设项目的工程分析和水环境现状、评价等级、当地的环境要求筛选和确定。拟预测的水质因子的数目既要说明问题又不能过多，一般应少于水环境现状调查水质因子的数目。施工阶段、生产运行（包括正常和事故排放两种情况）、服务期满后等各工程阶段均应根据各自的具体情况决定其拟预测水质因子，彼此不一定相同。

在水环境现状调查水质因子中选择拟预测水质因子。对河流，可按下式将水质参数排序后从中选取：

$$\mathrm{ISE}=\frac{c_{\mathrm{p}}Q_{\mathrm{p}}}{(c_{\mathrm{s}}-c_{\mathrm{h}})Q_{\mathrm{h}}} \tag{3-7}$$

式中，ISE为水质污染因子排序指标；c_{p}为水污染物排放浓度，mg/L；Q_{p}为废水排放量，$\mathrm{m^3/s}$；c_{s}为水污染物排放标准，mg/L；c_{h}为河流上游污染物浓度，mg/L；Q_{h}为河流流量，$\mathrm{m^3/s}$。

ISE为负值或越大时，说明建设项目对河流中该项水质因子的影响越大。

七、地表水环境的简化

地表水环境简化包括边界几何形状的规则化和水文、水力要素时空分布的简化等。这种简化应根据水文调查与水文测量的结果和评价等级等进行。

1. 河流简化

① 河流可以简化为矩形平直河流、矩形弯曲河流和非矩形河流。

河流的断面宽深比≥20时，可视为矩形河流。

大、中河流中，预测河段弯曲较大（如其弯曲系数＞1.3）时，可视为弯曲河流，否则可以简化为平直河流。

大、中河流预测河段的断面形状沿程变化较大时，可以分段考虑。

大、中河流断面上水深变化很大且评价等级较高（如一级评价）时，可以视为非矩形河流并应调查其流场，其它情况均可简化为矩形河流。

小河可以简化为矩形平直河流。

② 河流水文特征或水质有急剧变化的河段，可在急剧变化之处分段，各段分别进行水环境影响预测。

河网应分段进行水环境影响预测。

③ 评价等级为三级时，江心洲、浅滩等均可按无江心洲、浅滩的情况对待。

江心洲位于充分混合段，评价等级为二级时，可以按无江心洲对待；评价等级为一级且江心洲较大时，可以分段进行水环境影响预测，江心洲较小时可不考虑分段进行水环境影响预测。

江心洲位于混合过程段，可分段进行水环境影响预测，评价等级为一级时应采用数值模式进行水环境影响预测。

④ 人工控制河流根据水流情况可以视其为水库，也可视其为河流，分段进行水环境影响预测。

2. 河口简化

河口包括河流汇合部、河流感潮段、口外滨海段、河流与湖泊、水库汇合部。

河流感潮段是指受潮汐作用影响较明显的河段。可以将落潮时最大断面平均流速与涨潮时最小断面平均流速之差等于0.05m/s的断面作为其与河流的界限。除个别要求很高（如评价等级为一级）的情况外，河流感潮段一般可按潮周平均、高潮平均和低潮平均三种情况简化为稳态进行水环境影响预测。

河流汇合部可以分为支流、汇合前主流、汇合后主流三段分别进行水环境影响预测。小河汇入大河时可以把小河看成点源。

河流与湖泊、水库汇合部可以按照河流和湖泊、水库两部分分别预测其水环境影响。

河口断面沿程变化较大时，可以分段进行水环境影响预测。

口外滨海段可视为海湾。

3. 湖泊、水库简化

在预测湖泊、水库的水环境影响时，可以将湖泊、水库简化为大湖（库）、小湖（库）、分层湖（库）三种情况进行。

评价等级为一级时，中湖（库）可以按大湖（库）对待，水力停留时间较短时也可以按小湖（库）对待。评价等级为三级时，中湖（库）可以按小湖（库）对待，水力停留时间很长时也可以按大湖（库）对待。评价等级为二级时，如何简化可视具体情况而定。

水深＞10m且分层期较长（如＞30天）的湖泊、水库可视为分层湖（库）。

珍珠串湖泊可以分为若干区，各区分别按上述情况简化。

不存在大面积回流区和死水区且流速较快、水力停留时间较短的狭长湖泊可简化为河流，其岸边形状和水文要素变化较大时还可以进一步分段。

不规则形状的湖泊、水库可根据流场的分布情况和几何形状分区。

4. 海湾简化

预测海湾水质影响时一般只考虑潮汐作用，不考虑波浪作用。评价等级为一级且海流（主要指风海流）作用较强时，可以考虑海流对水质的影响。

潮流可以简化为平面二维非恒定流场，当评价等级为三级时可以只考虑潮周期的平均情况。

较大的海湾交换周期很长，可视为封闭海湾。

在注入海湾的河流中，大河及评价等级为一级、二级的中河应考虑其对海湾流场和水质的影响；小河及评价等级为三级的中河可视为点源，忽略其对海湾流场的影响。

八、水污染源的简化

水污染源简化包括排放方式的简化和排放规律的简化。根据水污染源的具体情况排放方式可简化为点源和面源，排放规律可简化为连续恒定排放和非连续恒定排放。

① 排入河流的两排放口的间距较近时，可以简化为一个，其位置假设在两排放口之间，其排放量为两者之和。两排放口间距较远时，可分别单独考虑。

② 排入小湖（库）的所有排放口可以简化为一个，其排放量为所有排放量之和。排入大湖（库）的两排放口间距较近时，可以简化成一个，其位置假设在两排放口之间，其排放量为两者之和。两排放口间距较远时，可分别单独考虑。

③ 无组织排放可以简化成面源。从多个间距很近的排放口排水时，也可以简化为面源。

在地面水环境影响预测中，通常可以把排放规律简化为连续恒定排放。

九、各种点源的水环境影响预测方法

1. 一般原则

预测范围内的河段可以分为充分混合段、混合过程段和上游河段。充分混合段是指污染物浓度在断面上均匀分布的河段。当断面上任意一点的浓度与断面平均浓度之差小于平均浓度的5%时，可以认为达到全断面的水质均匀分布。混合过程段是指排放口下游达到充分混合断面以前的河段。上游河段是指排放口上游的河段。

混合过程段的长度可由下式估算：

$$L=\frac{(0.4B-0.6a)Bu}{(0.058H+0.0065B)(gHI)^{1/2}} \tag{3-8}$$

式中，L 为混合过程段长度，m；B 为河流宽度，m；a 为排放口距近岸水边的距离，m；u 为河流断面平均流速，m/s；H 为河流断面平均水深，m；g 为重力加速度，m/s^2；I 为河段坡度，m/m。

利用数学模式预测河流水质时，充分混合段可以采用一维模式或零维模式预测断面平均水质浓度。大、中河流一级、二级评价，且排放口下游3～5km以内有集中取水点或其它特别重要的水环境保护目标时，均应采用二维模式（或弗-罗模式）预测混合过程段的水质。其它情况可根据工程、水环境特点、评价工作等级及当地环保要求决定是否采用二维模式。

弗-罗模式适用于预测混合过程段以内的断面水质，其使用条件为大、中河流，$B/H\geqslant 20$，预测水质断面至排放口的距离 $x\geqslant 3000$m。

除个别要求很高的情况（如评价等级为一级）外，感潮河段一般可以按潮周平均、高潮平均和低潮平均三种情况预测水质。感潮河段下游可能出现上溯流动，此时可按上溯流动期间的平均情况预测水质。感潮河段的水文要素和环境水力学参数（主要指水体混合输移参数及水质模式参数）应采用相应的平均值。

小湖（库）可以采用零维数学模式预测其平衡时的平均水质，大湖应预测排放口附近各点位的水质。

海洋应采用二维数学模式预测平面各点位的水质。评价等级为一级、二级时，首先应计算流场，然后预测水质。大型排污口选址和倾废区选址，可以考虑进行标识质点的拉格郎日数值计算和现场追踪。预测海区内有重要环境敏感区且为一级评价时，也可以采用这种方法。

数学模式中，解析模式适用于恒定水域中点源连续恒定排放，其中二维解析模式只适用

于矩形河流或水深变化不大的湖泊、水库；稳态数值模式适用于非矩形河流、水深变化较大的浅水湖泊、水库形成的恒定水域内的连续恒定排放；动态数值模式适用于各类恒定水域中的非连续恒定排放或非恒定水域中的各类排放。

运用数学模式时的坐标系以排放点为原点，Z 轴为铅直方向，X 轴、Y 轴为水平方向，X 方向与主流方向一致，Y 方向与主流方向垂直。

2. 河流常用数学模式

(1) 零维水质模型　污染物进入河流水体后，在污染物充分混合断面上，污染物的指标无论是溶解态的、颗粒态的还是总浓度，其值均可按节点平衡原理来推求。

对河流，零维模型常见的表现形式为河流稀释模型；对于湖泊与水库，零维模型主要有盒模型。

① 河流常用零维模型的应用对象

a. 不考虑混合距离的重金属污染物、部分有毒物质等其它保守物质的下游浓度预测与允许纳污量的估算。

b. 有机物降解性物质的降解项可忽略时，可采用零维模型。

c. 对于有机物降解性物质，当需要考虑降解时，可采用零维模型分段模拟，但计算精度和实用性较差，最好用一维模型求解。

② 常用零维水质模型的适用条件。a. 河流充分混合段；b. 持久性污染物；c. 河流为恒定流动；d. 废水连续稳定排放。

③ 正常设计条件下河流稀释混合模型

a. 点源稀释混合模型。通用的点源稀释混合模型方程式为：

$$c=\frac{c_{\mathrm{p}}Q_{\mathrm{p}}+c_{\mathrm{E}}Q_{\mathrm{E}}}{Q_{\mathrm{p}}+Q_{\mathrm{E}}} \tag{3-9}$$

式中，c 为污染物浓度，mg/L；Q_{p}为废水排放量，$\mathrm{m^3/s}$；c_{p}为污染物排放浓度，mg/L；Q_{E}为河流流量，$\mathrm{m^3/s}$；c_{E}为河流来水中的污染物浓度，mg/L。

由于水污染源作用可线性叠加，多个水污染源排放对控制点位及控制断面的水质影响等于各个水污染源单个影响作用之和，符合线性叠加关系。单点源计算可叠加使用，计算多点源条件。单断面或单点约束条件可根据节点平衡，递推多断面或多点约束条件。

对于可概化为完全均匀混合类的排污情况，排污口与控制断面之间水域的允许纳污量计算公式如下。

单点源排放

$$W_{\mathrm{C}}=S(Q_{\mathrm{p}}+Q_{\mathrm{E}})-Q_{\mathrm{p}}c_{\mathrm{p}} \tag{3-10}$$

式中，W_{C}为水域允许纳污量，g/L；S 为控制断面水质标准，mg/L。

多点源排放

$$W_{\mathrm{C}}=S\left(Q_{\mathrm{p}}+\sum_{i=1}^{n}Q_{\mathrm{E}i}\right)-Q_{\mathrm{p}}c_{\mathrm{p}} \tag{3-11}$$

式中，$Q_{\mathrm{E}i}$为第 i 个排污口污水设计排放流量，$\mathrm{m^3/s}$；n 为排污口个数。

b. 非点源稀释混合模型。对于沿程有非点源（面源）分布入流时，可按下式计算河段污染物的平均浓度：

$$c=\frac{c_{\mathrm{p}}Q_{\mathrm{p}}+c_{\mathrm{E}}Q_{\mathrm{E}}}{Q}+\frac{W_{\mathrm{S}}}{86.4Q} \tag{3-12}$$

$$Q=Q_{\mathrm{p}}+Q_{\mathrm{E}}+\frac{Q_{\mathrm{S}}}{x_{\mathrm{S}}}x \tag{3-13}$$

式中，W_{S}为沿程河段内（$x=0$ 到 $x=x_{\mathrm{S}}$）非点源汇入的污染物总负荷量，kg/d；Q

为下游 x 距离处河段流量，m^3/s；Q_S为沿程河段内（$x=0$ 到 $x=x_S$）非点源汇入的污染物总负荷量，m^3/s；x_S为控制河段总长度，km；x 为沿程距离（$0<x\leqslant x_S$），km。

上游有一点源排放，沿程有面源汇入，点源排污口与控制断面之间水域的容许纳污量按下式计算：

$$W_C=S(Q_p+Q_E+Q_S)-Q_p c_p \tag{3-14}$$

式中，Q_S为控制断面以上沿程河段内面源汇入的总流量，m^3/s。

c. 考虑吸附态和溶解态污染指标耦合模型。上述方程既适合于溶解态、颗粒态的指标，又适合于河流中的总浓度，但是要将溶解态和吸附态的污染指标耦合考虑，应加入分配系数的概念。

分配系数 K_p的物理意义是在平衡状态下，某种物质在固液两相间的分配比例。

$$K_p=\frac{X}{c} \tag{3-15}$$

式中，c 为溶解态浓度，mg/L；X 为单位质量固体颗粒吸附的污染物质量，mg/kg。

对于需要区分出溶解态浓度的污染物，可用下式计算：

$$c=\frac{c_T}{1+K_p\text{SS}\times 10^{-6}} \tag{3-16}$$

式中，c 为溶解态浓度，mg/L；c_T 为总浓度，mg/L；SS 为悬浮固体浓度，mg/L；K_p为分配系数，L/mg。

④ 湖泊、水库的盒模型。当以年为时间尺度来研究湖泊、水库的富营养化过程时，往往可以把湖泊看作一个完全混合反应器，这样盒模型的基本方程为：

$$\frac{V\mathrm{d}c}{\mathrm{d}t}=Qc_E-Qc+S_c+\gamma(c)V \tag{3-17}$$

式中，V 为湖泊中水的体积，m^3；Q 为平衡时流入与流出湖泊的流量，m^3/a；c_E为流入湖泊的水量中水质组分浓度，g/m^3；c 为湖泊中水质组分浓度，g/m^3；S_c为如非点源一类的外部源，m^3；$\gamma(c)$ 为水质组分在湖泊中的反应速率。

上式为零维的水质组分的基本方程。如果反应器中只有反应过程，则 $S_c=0$，则上式变为：

$$\frac{V\mathrm{d}c}{\mathrm{d}t}=Qc_E-Qc+\gamma(c)V \tag{3-18}$$

当所考虑的水质组分在反应器内的反应符合一级反应动力学，而且是衰减反应时，则

$$\gamma(c)=-K_c \tag{3-19}$$

上式变为以下形式：

$$\frac{V\mathrm{d}c}{\mathrm{d}t}=Qc_E-Qc+KcV \tag{3-20}$$

式中，K_c 为一级反应速率常数，d^{-1}。

当反应器处于稳定状态时，$d_c/d_t=0$，上式变为下式：

$$Qc_E-Qc-KcV=0 \tag{3-21}$$

$$c=c_E\left(\frac{1}{1+K_c t}\right) \tag{3-22}$$

$$t=V/Q \tag{3-23}$$

式中，t 为停留时间。

⑤ 零维模型的输入数据。根据以上各个零维模型公式所需的参数，总结输入数据见表 3-4。

(2) 点源一维水质模型

表 3-4　零维模型数据和参数总结

类别	数据		注　释
环境水力学数据	河流	流量 Q 设计流量，如 Q_{10} 横截面积 A 水深 H	由于稀释容量的原因，流量的正确估计很重要。由于模型是在设计条件下进行的，因而设计流量的计算是必需的。当河流被视为安全混合反应时，应计算 A、H
	湖泊、水库	水力停留时间 t_W 平衡深度 H 水体容积 V 湖泊、水库的水面积 A	t_W 是湖泊、水库等滞流水体模型的一个重要参数，由 V/Q 计算
污染源数据	污水流量 Q_E 外排污水浓度 C_E 悬浮固体浓度 SS 背景浓度 c_p		Q_E、C_E 指设计条件下的外排流量和浓度，考虑溶解态和颗粒态污染物时需要使用 SS 值，常用于重金属

① 模型的应用条件。如果污染物进入水域后，在一定范围内经过平流输移、纵向离散和横向混合后达到充分混合，或者根据水质管理的精度要求允许不考虑混合过程而假定在排污口断面瞬时完成均匀混合，即假定水体内在某一断面处或某一区域之外实现均匀混合，均可按一维问题概化计算条件。

在一个深的有强烈热分层现象的湖泊或水库中，一般认为在深度方向的温度和浓度梯度是重要的，而在水平方向的温度和浓度则是不重要的，此时湖泊或水库的水质变化可用一维来模拟。

② 模型的基本形式和求解。本节主要以 S-P 模型为例，介绍一维输入响应模型的基本特征。S-P 模型是研究河流溶解氧与 BOD 关系的最早的、最简单的耦合模型。S-P 模型迄今仍得到广泛应用，也是研究各种修正模型和复杂模型的基础。它的基本假设为：氧化和复氧都是一级反应，反应速率是定常的，氧亏的净变化仅是水中有机物耗氧和通过液-气界面的大气复氧的函数。

在忽略离散作用时，河流的一维稳态混合衰减的微分方程为：

$$u\frac{\mathrm{d}c}{\mathrm{d}x}=-K_1c \tag{3-24}$$

式中，u 为河段断面平均流速，m/s；x 为断面间河段长度，m；K_1为耗氧系数，d^{-1}；c 为水质浓度，mg/L。

将 $u=\dfrac{\mathrm{d}x}{\mathrm{d}t}$代入上式，得到：

$$\frac{\mathrm{d}c}{\mathrm{d}t}=-K_1c \tag{3-25}$$

积分解得

$$c_t=c_0\mathrm{e}^{-K_1t} \tag{3-26}$$

式中，c_0 为起始断面浓度，mg/L；t 为断面之间水团传播的时间，d。

上式说明非持久性污染物中需氧有机物生化降解的速率与此污染物的浓度成正比，与水中的溶解氧浓度无关。如考虑水中的溶解氧只用于需氧有机物的生物降解，而水中溶解氧的补充主要来自大气，则当其它条件一定时，溶解氧的变化取决于有机物的耗氧和大气复氧。复氧速率与水的亏氧量成正比。亏氧量为饱和溶解氧浓度（$\mathrm{DO_f}$）与实际溶解氧浓度（DO）之差，于是得到：

$$\frac{\mathrm{d(DO)}}{\mathrm{d}t}=-K_1c+K_2(\mathrm{DO_f}-\mathrm{DO}) \tag{3-27}$$

式中，DO 为溶解氧浓度，mg/L；$\mathrm{DO_f}$ 为饱和溶解氧浓度，mg/L；K_1 为耗氧系数，

d^{-1}；K_2 为复氧系数，d^{-1}。

DO 与 BOD 模型为耦合系统，河中有机污染物系统的输出正是溶解氧系统的输入。在 $x=0$、$BOD=BOD_0$、$DO=DO_0$ 的初始条件下，积分上两式，得到：

$$\begin{cases} BOD_x=BOD_0\exp\left(-K_1\dfrac{x}{86400u}\right) \\ D_x=\dfrac{K_1BOD_0}{K_2-K_1}\left[\exp\left(-K_1\dfrac{x}{86400u}\right)-\exp\left(-K_2\dfrac{x}{86400u}\right)\right]+ \\ D_0\exp\left(-K_2\dfrac{x}{86400u}\right) \end{cases} \tag{3-28}$$

其中

$$BOD_0=(BOD_PQ_P+BOD_EQ_E)/(Q_P+Q_E) \tag{3-29}$$

$$D_0=(D_PQ_P+D_EQ_E)/(Q_P+Q_E) \tag{3-30}$$

式中，D 为亏氧量，即 DO_f-DO，mg/L；D_0 为计算初始断面亏氧量，mg/L；D_P 为上游来水中溶解氧亏值，mg/L；D_E 为污水中溶解氧亏值，mg/L；

其它符号同前。

设：

$$a=\exp\left(-K_1\frac{x}{86400u}\right) \tag{3-31}$$

$$d=\exp\left(-K_2\frac{x}{86400u}\right) \tag{3-32}$$

$$b=\frac{K_1}{K_2-K_1}\left[\exp\left(-K_1\frac{x}{86400u}\right)-\exp\left(-K_2\frac{x}{86400u}\right)\right] \tag{3-33}$$

代入 DO 与 BOD 耦合模型公式得到：

$$\begin{cases} BOD_x=a\,BOD_0 \\ D_x=b\,BOD_0+dD_0 \end{cases} \tag{3-34}$$

至此，得到了忽略离散作用的一维稳态河流中源与目标的 BOD-DO 输入响应模型。其中 a、b、d 为影响系数，BOD_0、D_0 为源强，源对目标或控制断面的贡献率就等于源强与影响系数的乘积，在污染源负荷优化分配过程中反复应用这一经典关系，在污染源负荷优化分配过程中也将用到影响系数。

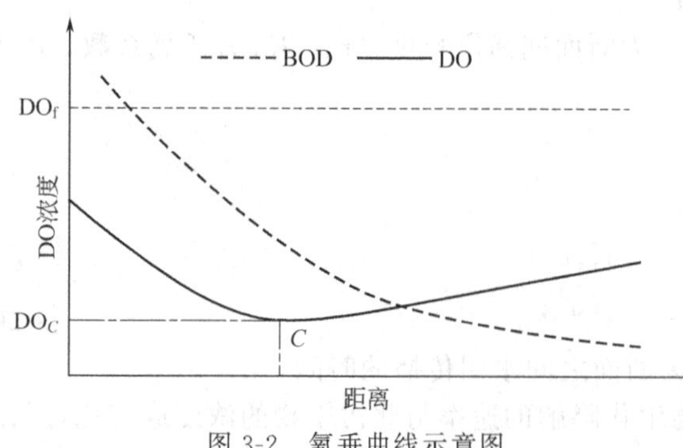

图 3-2　氧垂曲线示意图

水中溶解氧的平衡只考虑有机污染物的耗氧和大气复氧，则沿河水流动方向的溶解氧分布为一悬索型曲线，如图 3-2 所示。氧垂曲线的最低点 C 称为临界亏氧点，临界氧亏点处的亏氧量称为最大亏氧值。在临界亏氧点左侧，耗氧大于复氧，水中的溶解氧逐渐减少，污染物浓度因生物净化作用而逐渐减少；达到临界亏氧点时，耗氧和复氧平衡；临界点右侧，耗氧量因污染物浓度减少而减少，复氧量相对增加，水中溶解氧增多，水质逐渐恢复。如排入的耗氧污染物过多将溶解氧耗尽，则有机物受到厌氧菌的还原作用生成甲烷气体，同时水中存在的硫酸根离子将由于硫酸还原菌的作用而成为硫化氢，引起河水发臭，水质严重恶化。由下式可以计算出临界亏氧点 x_C 出现的位置：

$$x_C=\frac{86400u}{K_2-K_1}\ln\left[\frac{K_2}{K_1}\left(1-\frac{D_0}{BOD_0}\times\frac{K_2-K_1}{K_1}\right)\right] \tag{3-35}$$

③ 常用河流一维水质模型

a. 模型的一般形式。一维水质模型的一般方程式（点源一维模式）

$$c_t = c_0 \exp(-Kt) \tag{3-36}$$

或

$$c_x = c_0 \exp\left(-K \frac{x}{86400u}\right) \tag{3-37}$$

式中，c_t（或 c_x）为预测断面的水质浓度，mg/L；c_0 为起始断面的水质浓度，mg/L；K 为水质综合衰减系数，d^{-1}；x 为断面间河段长，m；t 为断面间水团传播时间，d；u 为河段平均流速，m/s。

b. 模型应用条件。河流充分混合段，非持久性污染物，河流为恒定流动，废水连续稳定排放。

（3）点源二维水质模型　讨论二维水质模型，首先要明确混合区及超标水域的概念。混合区是指工程排污口至下游均匀混合断面之间的水域，它的影响预测主要是污染带分布问题，常采用混合过程段长度与超标水域范围两项指标反映。

大、中河流由于水量较大，稀释混合能力较强（工程排放的废水量相对较小），因此，此类问题的水质影响预测的重点是污染带分布及超标水域的界定问题，常采用二维模式进行预测。

① 超标水域的含义。在排放口下游局部水域内，污染物主要进行初始的稀释及混合，在此水域内的水质处于超过水质评价标准的状态，这个区域称为超标水域。超标水域含有容许的意义，因此，它具有位置、大小和形状三个要素。

a. 位置。重要的水域功能区（敏感水域）均应提出加以保护，其范围内不允许超标水域存在。

b. 大小。排污口所在水域形成的超标水域，不应该影响鱼类洄游通道和邻近水域的功能及水环境质量。

c. 形状。超标水域的形状应是一个简单的容易界定边界的形状。

② 超标水域范围计算。计算超标水域的目的在于限制混合区，一般来说，只要超标水域外水质能保证功能区水质要求，就不需要对超标水域内的排放口加以更严的排放限制。因为有毒有害物质在车间或处理装置出口有严格要求，一般污染物有条件利用超标水域的自净能力。很明显，排放污染物导致功能区水质不能满足要求，其实质是超标水域范围侵占了功能区，这就需要定量计算超标水域范围，一方面使水体的自净能力得以体现，另一方面保证下游功能区水质达到标准。为此，在排放口与取水口发生矛盾时、在预测向大水体排放污水的影响范围以及在研究改变排放方式的效果时，都必须进行超标水域范围计算。

a. 根据现状污染物排放总量计算实际超标水域范围：各排污口、各污染物单独排放的超标水域范围；各功能区内，各排放口、各污染物超标水域分布情况；全河段内，各排污口、各污染物超标水域分布情况；各排污口、各污染物叠加影响后的超标水域范围。

b. 根据允许污染物混合范围计算污染物应控制总量或削减总量：单一排污口控制和削减量；叠加影响后的削减量及分配方案。

c. 建立排污口与控制断面的输入响应关系：重点排污口对典型控制断面的贡献和贡献率；功能区内，各控制断面不同污染物的排放口贡献率。

d. 在改变污染源情况时，可以进行如下预测：重点排放口的超标水域范围预测；功能区控制断面、各项污染物浓度预测；全河段混合区分布预测。

③ 模型应用条件概化。污水进入水体后，不能在短距离内（主要考虑在预测断面处的水质）达到全断面浓度混合均匀的预测评价河段均应采用二维模型。

根据不同的分类方法，可以把二维模型按如下分类。

a. 按水文特征。分为静止水体二维水质模型、平直河段二维水质模型、弯曲河段二维水质模型、赶潮河段二维水质模型等。

b. 按排放方式。可分为下列两种。

(a) 瞬时排放：瞬时岸边污水排放水质模型；瞬时江心污水排放水质模型。

(b) 连续排放：点源岸边连续污水排放水质模型；点源江心连续污水排放水质模型；线源岸边连续污水排放水质模型；线源江心连续污水排放水质模型。

c. 按水质预测模型解的形式。分为解析解二维水质模型、数值解二维水质模型。

④ 常用河流点源二维水质模式

a. 二维稳态水质混合模式（平直河段）

岸边排放

$$c(x,y)=c_h+\frac{c_E Q_E}{H\sqrt{\pi M_y x u}}\left\{\exp\left(-\frac{uy^2}{4M_y x}\right)+\exp\left[-\frac{u(2B-y)^2}{4M_y x}\right]\right\} \tag{3-38}$$

非岸边排放

$$c(x,y)=c_h+\frac{c_E Q_E}{H\sqrt{\pi M_y x u}}\left\{\exp\left(-\frac{uy^2}{4M_y x}\right)+\exp\left[-\frac{u(2a+y)^2}{4M_y x}\right]+\exp\left[-\frac{u(2B-2a-y)^2}{4M_y x}\right]\right\} \tag{3-39}$$

式中，y 为预测点的岸边距，m；c_h 为河流水质背景浓度，mg/L；其余符号意义同前。

b. 二维稳态水质混合衰减模式

岸边排放

$$c(x,y)=\exp\left(-K_1\frac{x}{86400u}\right)\left\{c_h+\frac{c_E Q_E}{H(\pi M_y x u)^{1/2}}\left[\exp\left(-\frac{uy^2}{4M_y x}\right)+\exp\left(-\frac{u(2B-y)^2}{4M_y x}\right)\right]\right\} \tag{3-40}$$

非岸边排放

$$c(x,y)=\exp\left(-K\frac{x}{86400u}\right)$$
$$\left\{c_h+\frac{c_E Q_E}{2H(\pi M_y x u)^{1/2}}\left[\exp\left(-\frac{uy^2}{4M_y x}\right)+\exp\left(-\frac{u(2a+y)^2}{4M_y x}\right)+\exp\left(-\frac{u(2B-2a-y)^2}{4M_y x}\right)\right]\right\} \tag{3-41}$$

两式中的 K 均为水中可降解污染物的综合衰减系数，1/d；其余符号意义同前。

(4) 模型参数的确定

① 耗氧系数 K_1 的单独估值法

a. 实验室测定法

$$K_1=K_1'+(0.11+54I)u/H \tag{3-42}$$

b. 上、下断面两点法

$$K_1=\frac{86400u}{\Delta x}\ln\frac{c_A}{c_B} \tag{3-43}$$

式中，c_A、c_B 为断面 A、B 的污染物平均浓度，mg/L。

② 复氧系数 K_2 的单独估值法。K_2 值多采用经验公式计算，常用的三个经验公式如下。

a. 欧康那-道宾斯（O'Conner-Dobbins，简称欧-道）公式

$$K_{2(20℃)}=294\frac{(D_m u)^{1/2}}{H^{3/2}},\ C_z\geqslant 17 \tag{3-44}$$

$$K_{2(20℃)}=824\frac{D_m^{0.5}I^{0.25}}{H^{1.25}},\ C_z<17 \tag{3-45}$$

$$C_z=\frac{1}{n}H^{1/6} \tag{3-46}$$

$$D_m=1.774\times10^{-4}\times1.037^{(T-20)} \tag{3-47}$$

式中，C_z为谢才系数，$m^{-1/2}/s$；n 为粗糙系数，$m^{-1/3}\cdot s$；D_m为分子扩散系数，m^2/s。

b. 欧文斯等（Owens，etal）经验式

$$K_{2(20℃)}=5.34\frac{u^{0.67}}{H^{1.85}}，0.1m\leqslant H\leqslant0.6m 且 u\leqslant1.5m/s \tag{3-48}$$

c. 丘吉尔（Churchill）经验式

$$K_{2(20℃)}=5.03\frac{u^{0.696}}{H^{1.673}}，0.6m\leqslant H\leqslant8m 且 0.6m/s\leqslant u\leqslant1.8m/s \tag{3-49}$$

③ K_1、K_2的温度校正。K_1、K_2的数值与水温有关，这两个参数与温度的关系式如下：

$$K_1 或 K_{2(T)}=K_1 或 K_{2(20℃)}\theta^{(T-20)} \tag{3-50}$$

温度常数 θ 的取值范围如下：对 K_1，$\theta=1.02\sim1.06$，一般取 1.047；对 K_2，$\theta=1.015\sim1.047$，一般取 1.024。

④ 溶解氧平衡模型法（水流稳定的单一河段）

已知氧亏的简化方程：

$$\frac{dc_{D_c}}{dt}=K_1c_{BOD_5}-K_2c_{D_c} \tag{3-51}$$

临界氧亏 D_c处在氧垂曲线上为$\frac{dc_{D_c}}{dt}=0$，即上式变为：

$$c_{D_c}=\frac{K_1}{K_2}c_{BOD_5}e^{-K_1t_c} \tag{3-52}$$

式中，c_{D_c}为临界点的氧亏值；t_c为由起始点到达临界点的时间。

⑤ 横向扩散系数的计算公式

$$B/H\leqslant100 \tag{3-53}$$

第四节　水环境污染控制管理

一、水环境容量与总量控制

水环境容量是指水体在环境功能不受损害的前提下所能接纳的污染物的最大允许排放量。水体一般分为河流、湖泊和海洋，受纳水体不同，其消纳污染物的能力也不同。需要说明的是，环境容量所指“环境”是一个较大的范围，如果范围很小，由于边界与外界的物质、能量交换量相对于自身所占比例较大，此时通常改称为环境承载能力。

1. 水环境容量估算方法

① 对于拟接纳开发区污水的水体，如常年径流的河流、湖泊、近海水域应估算其环境容量。

② 污染因子应包括国家和地方规定的重点污染物、开发区可能产生的特征污染物和受纳水体敏感的污染物。

③ 根据水环境功能区划明确受纳水体不同断（界）面的水质标准要求，通过现有资料或现场监测分析清楚受纳水体的环境质量状况，分析受纳水体水质达标程度。

④ 在对受纳水体动力特性进行深入研究的基础上，利用水质模型建立污染物排放和受纳水体水质之间的输入响应关系。

⑤ 确定合理的混合区，根据受纳水体水质达标程度，考虑相关区域排污的叠加影响，应用输入响应关系，以受纳水体水质按功能达标为前提，估算相关污染物的环境容量（即最大允许排放量或排放强度）。

2. 水污染物排放总量控制目标的确定

要确定建设项目总量控制目标，应进行以下工作。

(1) 确定总量控制因子　建设项目向水环境排放的污染物种类繁多，不能对其全部实施总量控制，确定对哪几种水污染物实施总量控制是一个非常重要的问题。要根据地区的具体水质要求和项目性质合理选择总量控制因子。

(2) 计算建设项目不同排污方案的允许排污量　根据区域环境目标和不同的排污方案，计算建设项目的允许排污量。

(3) 分配建设项目总量控制目标　根据各个不同排污方案，通过经济和环境效益的综合分析，确定项目总量控制目标。

3. 水环境容量与水污染物排放总量控制主要内容

① 选择总量控制指标因子：COD、氨氮、总氰化物、石油类等因子以及受纳水体最为敏感的特征因子。

② 分析基于环境容量约束的允许排放总量和基于技术经济条件约束的允许排放总量。

③ 对于拟接纳开发区污水的水体，如常年径流的河流、湖泊、近海水域，应根据环境功能区划所规定的水质标准要求，选用适当的水质模型分析确定水环境容量［河流/湖泊：水环境容量。河口/海湾：水环境容量/最小初始稀释度。（开敞的）近海水域：最小初始稀释度］；对季节性河流，原则上不要求确定水环境容量。

④ 对于现状水污染物实现达标排放，水体无足够的环境容量可资利用的情形，应在制定基于水环境功能的区域水污染控制计划的基础上确定开发区水污染物排放总量。

⑤ 如预测的各项总量值均低于上述基于技术水平约束下的总量控制和基于水环境容量的总量控制指标，可选择最小的指标提出总量控制方案。如预测总量大于上述两类指标中的某一类指标，则需调整规划，降低污染物总量。

二、达标分析

在进行水质影响评价时，应进行水污染源的达标分析和受纳水体水环境质量的达标分析。

1. 水污染源达标分析

水污染源达标主要包含两个含义：排放的水污染物浓度达到国家（或地方）水污染物排放标准，特征污染物总量满足地表水环境控制要求。

首先，水污染源排放要达标。在不考虑区域或流域环境质量目标管理的要求，不考虑水污染源输入和水质响应的关系的情况下，水污染源排放浓度要达到相应的水污染物排放国家（或地方）标准，这是环境管理的基本要求。

实际上，仅仅水污染源排放达标是不够的，还必须满足区域水污染排放总量控制的要求。总量控制是在所有水污染排放浓度达标的前提下仍不能实现水质目标时采用的控制路线。根据水质要求和水环境容量可以确定水污染负荷，确定允许排污量。对区域水污染问题实施水污染物排放总量控制，优化总量分配方案。

达标分析还包括建设项目生产工艺的先进性分析。应与同类企业的生产工艺进行比较，确定此项目生产工艺的水平，不提倡新建工艺落后、污染大、消耗大的项目，应当大力倡导清洁生产技术。

2. 水环境质量达标分析

水环境质量达标分析的目的就是要分清哪一类污染指标是影响水质的主要因素，进而找到引起水质变化的主要水污染源和特征污染物，了解水体污染对水生生态和人群健康的影响，为水污染综合防治和制定实施污染控制方案提供依据。我国河流、湖泊、水库等地表水域的水体流量及环境质量受季节变化影响较明显，因此，提出了水质达标率的概念。根据国家《地表水环境质量标准》（GB 3838—2002）规定，溶解氧、化学需氧量、挥发酚、氨氮、氰化物、总汞、砷、铅、六价铬、镉十项指标丰、平、枯水期水质达标率均应为100%，其它各项指标丰、平、枯水期达标率应达80%。判断水环境质量是否达标，首先要根据水环境功能区划确定水质类别要求，明确水环境质量具体目标，并根据水文等条件确定水质允许达标率，然后把各个单因子水质评价的结果汇总，分析各个因子的达标情况。达标分析的水期要与水质调查的水期对应进行，最后以最差水质指标为依据，确定环境质量。

三、水环境保护措施

环保措施建议一般包括污染削减措施建议和环境管理措施建议两部分。

① 削减措施建议应尽量做到具体、可行，以便对建设项目的环境工程设计起指导作用。削减措施的评述主要评述其环境效益（应说明排放物的达标情况），也可以做些简单的技术经济分析。

② 环境管理措施建议包括环境监测（含监测点、监测项目和监测次数）的建议、水土保持措施建议、防止泄漏等事故发生的措施建议、环境管理机构设置的建议等。

在对项目进行排污控制方案计算比较之后，可以选择以下管理措施实现环境目标。

1. 削减污染负荷

① 改革工艺，减少排污。对排污量大或超标排污的生产装置，应提出相应的工艺改革措施，尽量采用清洁生产工艺，以满足达标排放。

② 节约水资源和提高水的循环使用率。努力提高水的循环回用率，这不仅可大量减少废水排放量，有益于地表水环境保护，而且可以大大减少水用量，节约水资源，这对北方和其它缺水地区尤其具有重要意义。

2. 进行污水处理

应对项目设计中所考虑的污水处理措施进行论证和补充，并特别注意点源事故排放的应急处理措施和水质恶劣的降雨初期径流的处理措施。

3. 选择替代方案

① 耗水量大的产品或生产工艺，如果在水资源紧张的地区兴建，应明确提出改换产品结构或生产工艺的替代方案。

② 靠近特殊保护水域的项目，通过其它措施难以充分控制其水环境影响时，应根据具体情况提出改变排污口位置、压缩排放量以及重新选址等替代方案。

思考题与习题

1. 水污染源有哪几类？各有什么特点？
2. 地表水环境影响评价的主要任务是什么？
3. 水环境现状评价中都选择哪些水质评价因子？
4. 地表水环境影响预测的方法有哪些？
5. 水污染物排放总量控制的主要内容是什么？
6. 水环境保护措施有哪些？
7. 需预测某一个工厂投产后污水中挥发酚对河水下游的影响。污水的挥发酚浓度为100mg/L，污水的流量为2.5m^3/s，河水的流量为25m^3/s，河水的流速为3.6m/s，河水中原不含挥发酚，该河流可认为是其弥散系数为零。问在河流的下游2km处，挥发酚的浓度为多少？

8. 拟建一个化工厂，其污水排入工厂边的一条河流，已知污水与河水在排放口下游 1.5km 处完全混合，在这个位置，$BOD_5=7.8$mg/L，DO=5.6mg/L，河流的平均流速为 1.5m/s，在完全混合断面的下游 25km 处是渔业用水的引水源，河流的 $K_1=0.35d^{-1}$，$K_2=0.5d^{-1}$，若从 DO 的浓度分析，该厂的污水排放对下游的渔业用水有何影响？

9. 某建设项目投产后，拟向河水中排放易降解的有机污染物，其污水的 BOD_5 浓度为 100mg/L，污水流量 2.4m^3/s，河水流量 25m^3/s，流速 0.5m/s，预测对河流下游 2km 处河流断面 BOD_5 浓度的贡献，已知该河段耗氧系数 $K_1=0.3d^{-1}$。

10. 某河段长 3km，河段起始点 BOD_5 平均浓度为 35mg/L，流速 1km/d，河流末端点的 BOD_5 平均浓度 19.5mg/L，求该河段自净系数 K_1 值。

11. 已知某一个工厂的排污断面上 BOD_5 的浓度为 65mg/L，DO 为 7mg/L，受纳污水的河流平均流速为 1.8km/d，河水的 $K_1=0.18d^{-1}$，$K_2=2.0d^{-1}$，试求：

① 距离排污段面为 1.5km 处的 BOD_5 和 DO 的浓度。

② DO 的临界浓度 C_c 和临界距离 X_c。

12. 对你所在地区河流或饮用水源地的水环境质量现状进行评价，要求完成下列工作：

① 通过污染源调查，弄清当地水环境的主要污染源和主要污染物。

② 选择适当的污染指数，评价水环境质量。

③ 写出 1000 字以上的评价报告。

第四章 大气环境质量评价

大气环境质量评价就是从保护环境的角度出发，在摸清大气自然规律和污染物排放规律的基础上，通过调查、预测、模式计算等手段，分析生产、生活活动所排放的主要气载污染物对大气环境可能带来的影响程度和范围，为建设项目厂址选择、污染源设置、制定大气污染防治措施等提供指导，为决策者合理安排生产、生活活动提供依据。

第一节 概 述

一、基本概念

根据大气的温度、成分、电荷以及气流运动等状况，大气圈自下而上可以分为对流层、平流层、中间层、电离层和散逸层五个层次。其中对流层是距离地面最近的一个层次，与人类生产和生活的关系最为密切。对流层的下界是海陆表面，对流层的上界随季节和纬度有明显的变化。就全球而言，其上界变化在离地面 8～18km 之间，对流层上界的季节变化夏季高于冬季，这是因为夏季大气膨胀，对流旺盛所致。虽然对流层厚度不超过 20km，但它却集中了大气质量和几乎全部的水分，云、雾、雨、雪等主要大气现象都出现在该层。

在对流层中，靠近地球表面、受地面摩擦阻力影响的一层大气称为大气边界层。大气边界层的厚度，从地表向上随地面粗糙度和风速的增大或大气不稳定度的增强而增加，约在 1～2km 之间。因该层内空气运动明显受地面摩擦作用的影响，又称摩擦层。大气边界层又分为近地层和过渡层。距地面约 100m 以下的大气为近地层。近地层到大气边界层顶的一层称为过渡层，又称埃克曼层、上部摩擦层和上边界层，发生在对流层中的大气现象绝大部分又集中在该层。因此，了解大气边界层中的风及湍流、温度变化特征，对于研究污染物在大气中的扩散问题、进行大气环境影响评价具有重要意义。

（一）风与湍流

大气运动包括了有规则的平直的水平运动和不规则的、紊乱的湍流运动，实际的大气运动就是这两种运动的叠加。

1. 风

空气的水平运动称为风。风对污染物的扩散有两个作用。第一个作用是整体的输送作用，风向决定了污染物迁移运动的方向；第二个作用是对污染物的冲淡稀释作用，对污染物的稀释程度主要取决于风速大小。风速越大，单位时间内与烟气混合的清洁空气量越大，冲淡稀释的作用就越好。一般来说，大气中污染物的浓度与污染物的总排放量成正比，而与风速成反比。

风切变是指风向或风速在极短距离内发生突然变化的空气运动现象。在大气层中，有各种各样的风切变经常存在并不断发生、发展、消亡。风切变分为水平风切变和垂直风切变。在大气边界层中，风切变还影响湍流强度及性质。

（1）风向频率与风向玫瑰图　风速和风向是描述风的两个要素。风速指空气在单位时间内移动的水平距离，通常用 m/s 表示；风向是指风的来向，常用 16 个方位表示。吹某一风向的风的次数，占总的观测统计次数的百分比，称为该风向的风频，可按下式计算

$$g_n = \frac{f_n}{\sum_{n=1}^{16} f_n + c}$$

式中，f_n 为统计资料中吹 n 方位风的次数，n 为方位数，共 16 个方位；c 为统计资料中静风总次数；g_n 为 n 方位的风频。

风频表征了下风向受污染的概率。风频最大的风向，称为主导风向，其下风向即为污染概率最大的方位。研究风频，应说明主导风风频和静风频率等。因为主导风及风频指明受影响概率最大的方位及频率；而静风则具有近距离污染的特点。

为了解主要污染方向及各方位受污染概率，应绘制风向玫瑰图。所谓风向玫瑰图，就是用 16 方位风向频率连接而成的图。

下风向污染程度还与风速有关。为综合反映风向和风速的影响，引进污染系数的概念，即污染系数=风向频率/该风向平均风速。同样，可绘制污染系数玫瑰图。

（2）风随高度的变化　在大气边界层中，由于摩擦力随着高度的增加而减小，风向和风速都随高度而变化。

① 风向随高度的变化。在摩擦层中风随高度的变化既受摩擦力随高度变化的影响，又受气压梯度力随高度变化的影响。假若各高度上的气压梯度力都相同，由于摩擦力随高度不断减小，其风速将随高度增高而逐渐增大，风向随高度增高不断向右偏转（北半球），即从地面向高空，风向是顺时针变化的。如果把大气边界层中不同高度的风用矢量表示，并把它们投影到一个水平面上，将水平面内风矢量端点连接起来，得到一个风矢量迹线，这一迹线为埃克曼螺线。

② 风速随高度的变化。一般情况下，在大气边界层中，风速将随高度增高而逐渐增大。在大气扩散计算中，需要知道烟囱出口高度处的平均风速。风速随高度变化的曲线称为风速廓线。风速廓线的数学表达式称为风速廓线模式。建立起风速廓线模式，就可以利用现有的地面风资料，计算出不同高度的风速。近地面层常用的两种风速廓线模式是对数律和指数律。由于对数风廓线是中性层结下近地层风廓线的典型形式，在不稳定层结和稳定层结下，其精度变差，因此《大气环境影响评价技术导则》推荐幂函数风速廓线模式。

幂函数风速廓线模式是在近地层、中性层结、平坦下垫面的条件下推导出来的，一般认为它不如对数律精确，但应用的高度较高，可达 300m 高空或更高的高度。随应用高度增加，精度下降，其数学表达式为

$$U_2 = U_1 \left(\frac{Z_2}{Z_1}\right)^p \tag{4-1}$$

式中，U_2、U_1 分别为距地面 Z_1（m）和 Z_2（m）高度处 10min 平均风速，m/s；p 为风速高度指数，依赖于大气稳定度和地面粗糙度，可根据《环境影响评价技术导则》推荐的各稳定度条件下的 p 值选取，见表 4-1。

表 4-1　导则推荐的各稳定度等级下的 p 值

地区	稳定度等级				
	A	B	C	D	E、F
城市	0.1	0.15	0.2	0.25	0.3
乡村	0.07	0.07	0.10	0.15	0.25

2. 大气湍流

大气除了整体水平运动以外，还存在着一种不规则运动。大气的不规则的、三维的小尺

度运动称为大气湍流。在大气中，由于受各种大气尺度的影响的结果，导致三维空间的风向、风速发生连续的随机涨落，这种涨落是大气中污染物质扩散过程的一种特征。由机械或动力作用生成机械湍流，如近地面风切变、地表非均一性和粗糙度均可产生这种机械湍流活动。由各种热力因子诱发的湍流称热力湍流，如太阳加热地表导致热对流向上运动、地表受热不均匀或气层不稳定等都可引起热力湍流。一般情况下，大气湍流的强弱取决于热力和动力两因子。在大气边界层内，气温垂直分布呈强递减时，热力因子起主要作用，而在中性层结情况下，动力因子往往起主要作用。

研究大气湍流时，把它作为一种叠加在平均风之上的脉动变化，由一系列不规则的涡旋运动组成，这种涡旋称为湍涡。边界层内最大的湍涡尺度大约和边界层的厚度相当，最小湍涡的尺度只有几个毫米，大湍涡的强度最大，因它是由空气的动能通过湍流摩擦作用转变来的，小湍涡的能量来自大湍涡，或者说大湍涡将能量传递给小湍涡，小湍涡将能量传递给更小的湍涡，最后由分子黏性的耗散作用将湍能转变成热能，这一过程称为能量耗散。

大气总是处于不停息的湍流运动之中，排放到大气中的污染物质在湍流涡旋的作用下散布开来，大气湍流运动的方向和速度都是极不规则的，具有随机性，并会造成流场中各部分之间的混合和交换。日常可以看到，烟囱中冒出的烟气总是向下风方向飘移，同时不断地向四周扩散，这就是大气对污染物的输送和稀释扩散过程。

如果大气中只有有规则的风而没有不规则的湍涡运动，烟团仅仅靠分子扩散使烟团长大，速度非常缓慢，如一个烟团在气流中的运动情形，事实上大气中存在着剧烈的湍流运动，使烟团与空气之间强烈地混合和交换，大大加强烟团的扩散。湍流扩散比分子扩散的速率快 $10^5 \sim 10^6$ 倍，湍流扩散的作用非常重要，但在大气的平均运动方向上，仍然主要是风的平流输送作用，只要是风速不是太小，在这个方向上的湍流输送作用可以不予考虑。

在湍流扩散过程中，各种不同尺度的湍涡在扩散的不同阶段起着不同的作用。在烟团处于比其尺度小的湍涡之中的情况时，烟团一方面飘向下风方向，同时由于湍涡的扰动，烟团边缘不断与四周空气混合，缓慢地扩张，浓度不断降低。当湍涡尺度比烟团尺度大时，烟团主要为湍涡所挟带，本身增大并不快。但出现湍涡尺度与烟团尺度大小相仿的情况时，烟团被湍涡拉开撕裂而变形，扩散过程较剧烈。在实际大气中存在着各种尺度的湍涡，在扩散中，三种作用同时存在并相互作用。

（二）大气的温度层结与逆温

大气的温度层结是指大气的气温在垂直方向上的分布，即指在地表上方不同高度大气的温度情况。大气的湍流状况在很大程度上取决于近地层大气的垂直温度分布，因而大气的温度层结直接影响着大气的稳定程度，稳定的大气将不利于污染物的扩散。对大气湍流的测量比对相应垂直温度的测量要困难得多，因此常用温度层结作为大气湍流状况的指标，从而判断污染物的扩散情况。

1. 气温垂直递减率（γ）

在正常的气象条件下（即标准大气状况下），近地层的气体温度总要比其上层气体温度高。因此，对流层内，气温垂直变化的总趋势是随高度的增加而逐渐降低。气温垂直变化的这种情况，用气温垂直递减率（γ）来表示。

气温的垂直递减率的定义为 $\gamma = -\mathrm{d}T/\mathrm{d}Z$，它指单位高差（通常取 100m）气温变化速率的负值。气温的这种垂直变化是由大气随着距离地面越来越远得到的热量越来越少而引起的。在正常的气象条件下，大气边界层内不同高度上的 γ 值不同，其平均值约为 0.65℃/100m。

由于近地层实际大气的情况非常复杂，各种气象条件都可影响到气温的垂直分布，因此实际大气的气温垂直分布与标准大气可以有很大的不同。总括起来有下述三种情况。

① 气温随高度的增加而降低，其温度垂直分布与标准大气相同，此时 $\gamma>0$。

② 高度增加，气温保持不变，符合这样特点的气层称为等温层，此时 $\gamma=0$。

③ 气温随高度的增加而增加，其温度垂直分布与标准大气的相反，这种现象称为温度逆增，简称逆温。出现逆温的气层叫逆温层，此时 $\gamma<0$。

逆温层的出现将阻止气团的上升运动，使逆温层以下的污染物不能穿过逆温层，只能在其下方扩散，因此可能造成高浓度污染。

逆温分为接地逆温及上层逆温。若从地面开始就出现逆温，称为接地逆温，这时把从地面到某一高度的气层称为接地逆温层；若在空中某一高度区间出现逆温，称其为上层逆温，该气层称为上部逆温层。逆温层的下限距地面的高度称为逆温高度，逆温层上、下限的高度差称为逆温厚度，上、下限间的温差称为逆温强度。

根据逆温层形成的原因，可将逆温分为辐射逆温、下沉逆温、地形逆温、锋面逆温和平流逆温等几种类型，其中与空气污染关系最密切的是辐射逆温。

2. 干绝热直减率（γ_d）

当一团干空气或未饱和的湿空气与外界没有任何热量交换做升降运动，且气块内没有任何水相变化时的温度变化过程叫干绝热变化过程。干空气块绝热上升或下降单位高度（通常取 100m）时温度降低或升高的数值，称为干空气块温度绝热垂直递减率（干绝热直减率），以 γ_d 表示。$\gamma_d=-(dT_i/dZ)_d$（下标 i 和 d 分别表示空气块和干空气）。一般情况下，$\gamma_d=0.98℃/100m\approx1℃/100m$，通常取 $\gamma_d\approx1℃/100m$。干绝热直减率是干空气在绝热上升或绝热下降运动过程中由于做功引起的气块本身的温度变化。

（三）大气稳定度

1. 大气稳定度

大气稳定度是空气团在铅直方向稳定程度的一种度量。当气层中的气团受到对流冲击力的作用，产生了向上或向下的运动，那么当外力消失后，该气团继续运动的趋势将存在着三种可能的情况。

① 该气团的运动速度逐渐减小，并有返回原来高度的趋势，这种情况表明此时的气层对该气团是稳定的。

② 该气团仍继续上升或下降，并且速度不断增加，运动的结果是气团逐渐远离原来的高度，这表明此时的气层是不稳定的。

③ 气团被推到某一高度就停留在那一高度保持不动，这表明该气层是中性的。

空气团在大气中的升降过程可看作为绝热过程。大气稳定度用气温垂直递减率（γ）与干绝热递减率（γ_d）的对比进行判别，当 $\gamma>\gamma_d$ 时，大气处于不稳定状态；当 $\gamma=\gamma_d$ 时，气层是中性的；当 $\gamma<\gamma_d$ 时，大气则处于稳定状态。逆温则是典型的稳定大气的例子。

当大气处于稳定状态时，湍流受到限制，大气不易产生对流，因而大气对污染物的扩散能力很弱。如逆温条件下的大气层均处于稳定状态或强稳定状态，污染物极不易扩散，会引起高度污染。当大气处于不稳定状态时，空气对流阻碍很少，湍流可以充分发展，对大气中的污染物扩散稀释能力就很强。

2. 大气稳定度与烟形

通过大气稳定度对烟流扩散的影响，可以直观地看出大气稳定度与污染物扩散的关系。

(1) 波浪型　气温直减率大于干绝热递减率，大气处于不稳定状态时烟形摆动大、扩散快，大气污染物很快扩散到地面，对附近居民有害，但对距离较远的区域影响小，一般不易发生烟雾事件。这种类型多发生在夏天或晴天的中午。

(2) 锥型　当气温直减率与干绝热递减率差别不太大或风速较大时，大气稳定度呈中性，此时水平扩散大于垂直扩散，因而烟形呈圆锥形。这种烟形多发生在阴天或大风天气条件下。

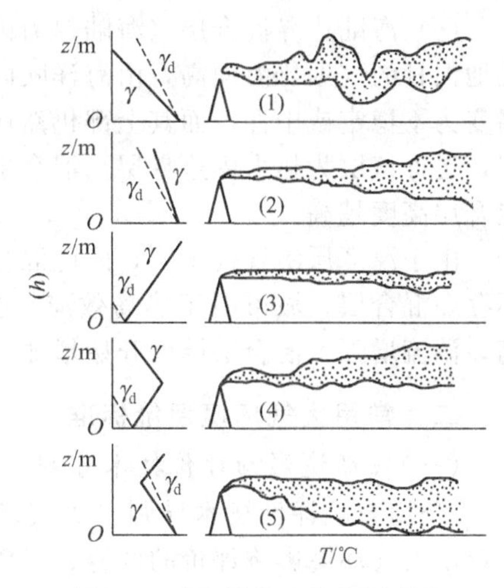

图 4-1　大气稳定度与烟羽形态

(3) 扇型　当气温自下向上增加，大气处于稳定状态，一般风速微弱，烟气在逆温层内只能在水平方向呈扇型逐渐散开，扩散极慢。这种烟形的大气污染物可以传输到很远的地方，如遇山丘或高建筑物则发生下沉作用以致对该地区造成严重污染。如果污染源的高度高于逆温层则近源处地面的污染物浓度低；如污染源在逆温层内则污染物难以稀释扩散，易造成大气污染。这种烟形多发生在晴天的夜间或清晨风速较小的情况下。

(4) 屋脊型　其成因与熏烟型的大气状况正好相反，烟囱高度以下的大气层处于稳定状态，烟囱高度顶部以上的大气层处于不稳定状态，此时下面的逆温层阻止烟气向下扩散而只向上部扩散，烟形呈层脊型。这种烟形下部浓度小，如不与山丘或建筑相遇不会造成严重污染。这种情况下多发生于晴天傍晚。

(5) 熏烟型　在烟囱顶部以上的大气层处于稳定状态，烟囱高度以下的大气层处于不稳定状态，此时上面的逆温层好像一个“锅盖”，使烟气不能向上扩散而只能大量下沉，在下风向地面造成严重污染，许多烟雾事件是在此条件下形成的。这种烟形发生在冬季日出 1～2h，持续时间约 0.5～1h。

(四) *混合层厚度*

1. 混合层的概念

由于热力和动力作用，大气边界层内会出现上、下层湍流强度不同的现象。若下层空气湍流强，上层空气湍流弱，中间存在一个湍流强度不连续面，此时湍流不连续面上下两侧污染物浓度差别很大，该不连续面犹如一个盖子一样，抑制下层空气向上输送，污染物在下层空气强烈混合。称不连续面以下能发生强烈湍流混合的层次为混合层，其高度称为混合层高度或混合层厚度。在混合层内气温随高度呈中性或不稳定分布，在混合层以上则是稳定分布。混合层厚度是地面热空气对流所能到达的高度，因此它是影响污染物铅直扩散的重要因素，它表示污染物在垂直方向上能被热力湍流影响的范围。

2. 混合层的成因

大气混合层产生的主要原因是温度层结的不连续性，即有上部逆温的存在。根据成因的不同，混合层可分为以下几类。

(1) 逆温破坏产生的混合层　日出以后，由于太阳辐射对地面的加热作用，辐射逆温自地面开始向上逐渐破坏，逆温层底的高度不断上升。逆温层底以下的气层湍流混合强，呈中性或不稳定层结，其上的逆温层起着顶盖的作用，使染物不能向上扩散。

(2) 对流混合层　随着辐射逆温的消失和地面的进一步加热，底部气层的空气在热力作用下，上升运动增强。由于空气内部的混合、周边的夹卷和外部下沉，空气湍流交换强烈，在对流减弱处以下的层次即为对流混合层。

(3) 下沉逆温混合层　高度较低（例如几百米至 1 千米）的下沉逆温的逆温层底对污染物的扩散也起混合层顶盖的作用，这种混合层称为下沉逆温混合层。

(4) 城市热岛混合层　由于城市热岛效应，城市气温比郊区高，当夜间呈稳定层结的郊区气流流入市区时，气流下部温度逐渐升高，下部湍流增强，而其上部仍然保持稳定层结，这样就形成了城市热岛混合层。其厚度随气流深入市区的距离而逐渐增加。

（5）海陆边界混合层（海陆热力内边界层） 在海岸地带，白天有海风吹向陆地时，因陆地白日的气温比海面高，由海洋吹向陆地的气流下部逐渐被陆地地面加热，湍流增强，层结变为不稳定或中性。而其上部仍然保持来自海洋上的稳定层结，此时气流下部即形成混合层，也称该层为热力内边界层。混合层的高度随距海陆交界处的距离而变化，越深入内陆，混合层高度越高。

由于温度层结昼夜不同，因此混合层厚度也有日变化。晴朗微风的夜间，乡村地区可能不存在混合层，城市由于热岛效应，会有高度很低的混合层。日出后，随着地面温度的升高，湍流增强，混合层厚度开始增加，到午后达最大值。

二、常用大气环境评价标准

（一）《环境影响评价技术导则　大气环境》

《环境影响评价技术导则　大气环境》是1993年制定的，2008年进行了第一次修订，规定了大气环境影响评价的内容、工作程序、方法和要求，适用于建设项目新建或改、扩建工程的大气环境影响评价，区域和规划的大气环境影响评价亦可参照使用。主要内容包括评价工作等级的划分、大气环境影响评价范围的确定原则、污染源调查与分析、环境空气质量现状调查与评价、气象观测资料调查、大气环境影响预测与评价、大气环境防护距离、大气环境影响评价结论与建议等。

（二）《环境空气质量标准》

环境空气质量标准最初是1982年制定的，经1996年修订和2000年发布《环境空气质量标准》的修改后，形成现在的9项污染物的空气质量标准。

1. 环境空气质量功能区的分类

环境空气质量功能区分为三类。一类区为自然保护区、风景名胜区和其它需要特殊保护的地区；二类区为城镇规划中确定的居住区、商业交通居民混合区、文化区、一般工业区和农村地区；三类区为特定工业区。

功能区的划分是根据不同功能对环境质量的不同要求，实现对不同保护对象进行分区保护而制定的。一类区以保护自然生态及公众福利为主要对象，二类及三类区以保护人体健康为主要对象。标准中制定的三类区是从当时国民经济技术能力考虑，有些污染严重、大气自净能力又较低的地区，短期内进行污染治理有一定的困难，允许这部分地区采用三类区的空气质量标准，但其标准限值也是接近或在环境基准阈值之内。随着国民经济技术能力的提高，目前各城市的环境空气质量功能区划分已经很少有三类区了。

2. 环境空气质量标准分级

标准分级是对应于不同环境空气质量功能区，为不同保护对象而建立的评价和管理环境空气质量的定量目标。环境空气质量标准共分为三级，一类区执行一级标准，二类区执行二级标准，三类区执行三级标准。

（三）大气污染物综合排放标准

在我国现有的国家大气污染物排放标准体系中，按照综合性排放标准与行业性排放标准不交叉执行的原则，有专项排放标准的执行相应的专项排放标准。例如：除有专项锅炉标准的锅炉执行《锅炉大气污染物排放标准》（GB 13271—2001），火电厂执行《火电厂大气污染物排放标准》（GB 13233—2003），工业炉窑执行《工业炉窑大气污染物排放标准》（GB 9078—1996），炼焦炉执行《炼焦炉大气污染物排放标准》（GB 16171—1996），水泥厂执行《水泥厂大气污染物排放标准》（GB 4915—2004），恶臭物质排放执行《恶臭污染物排放标准》（GB 14554—93），各类机动车排放执行相应的标准，其它大气污染物排放均执行《大气污染物综合排放标准》。

再颁布的行业性国家大气污染物排放标准，按其适用范围规定的污染源不再执行《大气污染物综合排放标准》。《大气污染物综合排放标准》适用于现有污染源大气污染物排放管理以及建设项目的环境影响评价、设计、环境保护设施竣工验收及其投产后的大气污染物排放管理。

（四）《恶臭污染物排放标准》

《恶臭污染物排放标准》规定了本标准的适用范围、各功能区应执行的标准的级别、恶臭污染物厂界标准限值、恶臭污染物排放标准值以及有关恶臭污染物监测技术与方法等。标准中规定了氨（NH_3）、三甲胺 [$(CH_3)_3N$]、硫化氢（H_2S）、甲硫醇（CH_3SH）、甲硫醚 [$(CH_3)_2S$]、二甲二硫醚、二硫化碳、苯乙烯等恶臭污染物的一次最大排放限值、复合恶臭物质的臭气浓度限值及无组织排放源的厂界浓度限值。

人为活动产生的恶臭污染物主要来源于石油及天然气的精炼工厂、石油化工厂、焦化厂、牛皮纸纸浆厂、缫丝厂、金属冶炼厂、水泥厂、胶合剂厂、化肥厂、食品厂、油脂厂、皮革厂、养猪场、养鸡场、污水处理厂、粪便无害化处理厂及柴油汽车等。

（五）《锅炉大气污染物排放标准》

《锅炉大气污染物排放标准》规定了本标准的适用范围、适用区域划分及年限划分、分时段的锅炉烟尘最高允许排放浓度和烟气黑度限值、锅炉二氧化硫和氮氧化物最高允许排放浓度、燃煤锅炉烟尘初始排放浓度和烟气黑度限值以及有关烟囱高度和监测的规定等。

（六）《工业炉窑大气污染物排放标准》

《工业炉窑大气污染物排放标准》规定了本标准的适用范围、适用区域划分、分时段的10类19种工业炉窑烟（粉）尘浓度、烟气黑度，6种有害污染物的最高允许排放浓度（或排放限值）和无组织排放烟（粉）尘的最高允许浓度，各种工业炉窑的二氧化硫、氟及其化合物、铅、汞、铍及其化合物、沥青油烟等有害污染物最高允许排放浓度以及有关烟囱高度和监测的规定等。

三、大气环境影响评价的任务

大气环境影响评价的基本任务是从对环境空气影响的角度对建设项目或开发活动进行可行性论证，通过调查、预测等手段，分析、判断建设项目或开发活动在建设施工期和建成后生产期所排放的大气污染物对大气环境质量影响的程度和范围，为建设项目的厂址选择、污染源设置、制定大气污染防治措施以及其它有关的工程设计提供科学依据或指导性意见。

四、大气环境影响评价的工作程序

大气环境影响评价工作可分为三个阶段。第一为准备阶段，主要工作为研究有关文件，进行初步的工程分析和环境现状调查，确定评价工作等级和编制评价大纲。第二为正式工作阶段，其主要工作包含三大部分，它们依次为调查、预期和评价。第三为报告书编制阶段，其主要工作为给出结论，完成环境影响报告书中大气部分的编写。

五、大气环境影响评价等级与范围

（一）评价工作等级的分级

划分评价等级的目的是为了区分出不同的评价对象，以便在保证评价质量的前提下尽可能节约经费和时间。

《大气环境影响评价技术导则》（HJ/T 2.2—2008）规定，根据评价项目主要污染物排放量、周围地形的复杂程度以及当地应执行的大气环境质量标准等因素，将大气环境影响评价工作划分为一级、二级、三级，见表4-1。

评价工作等级划分是在工程分析的基础上，选择建设项目可能排放的1～3个主要大气

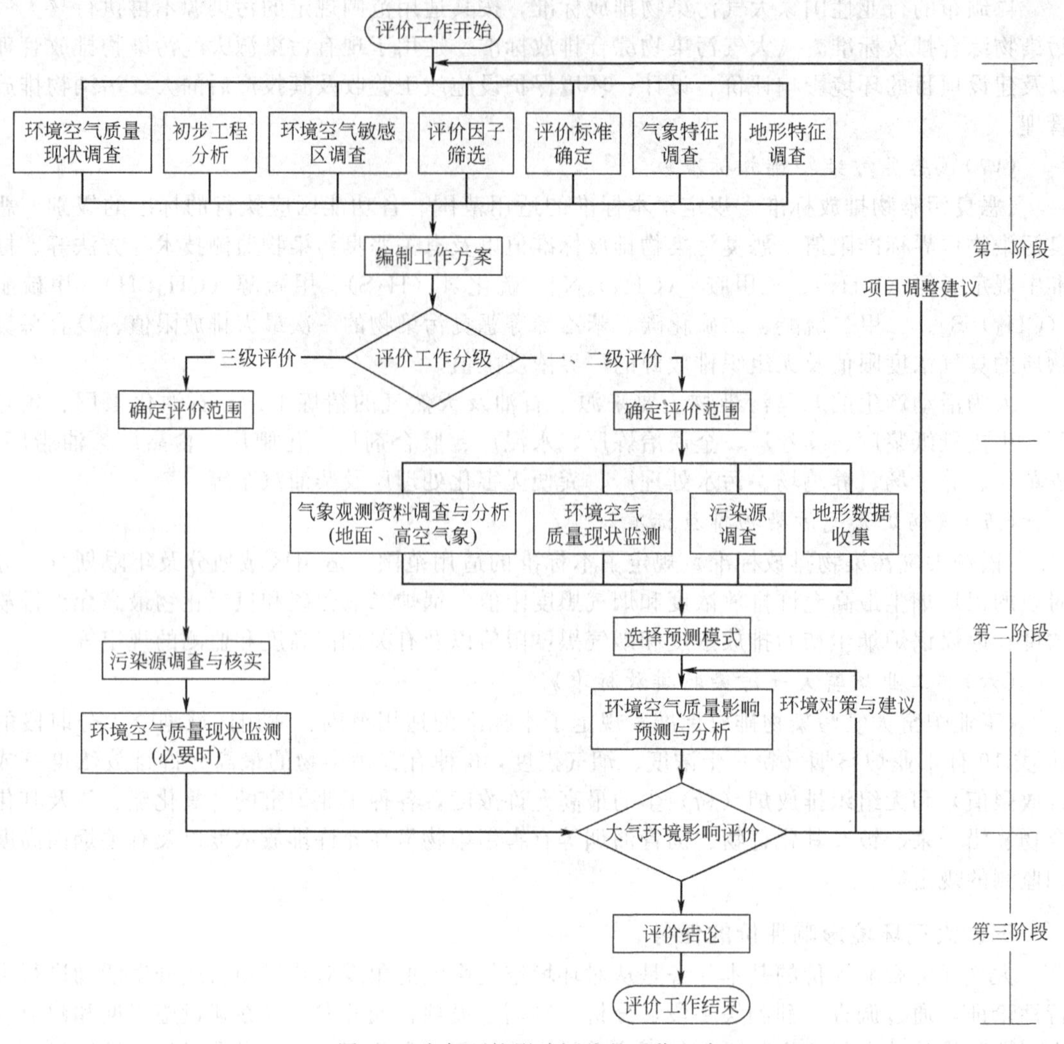

图 4-2 大气环境影响评价的工作程序

污染物，计算其等标排放量 P_i（下标表示第 i 种污染物，$i=1,2,3$），同时应考虑建设项目周围地形特征，以确定评价工作等级。P_i 的通用计算公式为

$$P_i=\frac{Q_i}{C_{0i}}\times 10^9 \tag{4-2}$$

式中，P_i 为等标排放量，m^3/h；Q_i 为第 i 种污染物的单位时间排放量，t/h；C_{0i} 为第 i 种污染物的环境空气质量标准，mg/m^3。

C_{0i} 一般选用 GB 3095 中 1 小时平均取样时间的二级标准的浓度限值；对于没有小时浓度限值的污染物，可取日平均浓度限值的三倍值；对该标准中未包含的污染物，可参照 TJ36 中居住区大气中有害物质的最高容许浓度的一次浓度限值。如已有地方标准，应选用地方标准中的相应值。对某些上述标准中都未包含的污染物，可参照国外有关标准选用，但应做出说明，报环保主管部门批准后执行。

距污染源中心点 5km 内的地形高度（不含建筑物）等于或超过排气筒高度时，定义为复杂地形，复杂地形见图 4-3。

评价工作的级别按表 4-2 划分，P 只按公式(4-2) 计算。如污染物数量大于 1，取 P_i 值中最大者。

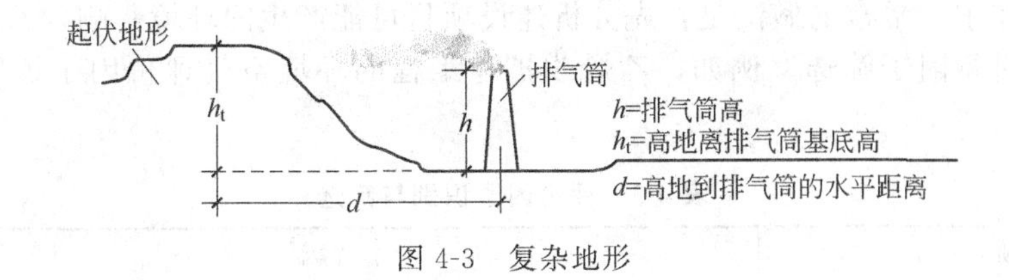

图 4-3　复杂地形

表 4-2　评价工作级别（一级、二级、三级）

评价工作等级	评价工作分级判据
一级	P_{max}≥80%且 $D_{10\%}$≥5km
二级	其它
三级	P_{max}<10%或 $D_{10\%}$<污染源距厂界最近距离

可以根据项目的性质、总投资额和产值、周围地形的复杂程度、环境敏感区的分布情况以及当地大气污染程度，对评价工作的级别做适当调整，但调整幅度上下不应超过一级。

（二）评价范围确定的原则

建设项目的大气环境影响评价范围主要根据项目的级别确定。此外还应考虑评价区内和评价区边界外有关区域（以下简称界外区域）的地形、地理特征及该区域内是否包括大中城区、自然保护区、风景名胜区等环境保护敏感区。

根据项目排放污染物的最远影响范围确定项目的大气环境影响评价范围。即以排放源为中心点，以 $D_{10\%}$ 为半径的圆或以 $2\times D_{10\%}$ 为边长的矩形作为大气环境影响评价范围；当最远距离超过 25km 时，确定评价范围为半径 25km 的圆形区域或边长 50km 的矩形区域。

评价范围的直径或边长一般不应小于 5km。

对于以线源为主的城市道路等项目，评价范围可设定为线源中心两侧各 200m 的范围。

如果界外区域包含有环境保护敏感区，则应将评价区扩大到界外区域。如果评价区包含有荒山、沙漠等非大气环境保护敏感区，则可适当缩小评价区的范围。

核设施的大气环境影响评价范围一般是以该设施为中心、半径为 80km 的圆形地区。

空气质量预测范围可根据烟囱高度对计算范围做适当的调整。

第二节　大气环境现状调查与评价

大气环境现状调查内容主要包括自然环境状况、社会环境概况、项目和区域大气污染源以及评价区域内的空气环境质量现状等。自然环境状况包括评价区域的地理概况、地形概况、土地利用情况和气象概况等。社会环境概况包括城市总体发展规划、环境功能区划以及评价区的环境敏感点（区）的分布。

一、污染因子的筛选

在污染源调查中，应根据评价项目的特点和当地大气污染状况对污染因子（即待评价的大气污染物）进行筛选。首先应选择该项目等标排放量较大的污染物为主要污染因子，其次，还应考虑在评价区内已造成严重污染的污染物。污染源调查中的污染因子数一般不宜多于 5 个。对某些排放大气污染物数目较多的企业，如钢铁、化工企业，其污染因子可适当增加。

在实际工作中，常常的做法是：先分析建设项目可能产生的环境影响，即环境影响因素识别，然后再进行因子筛选。例如，乙烯改扩建工程的环境空气评价因子识别与筛选见表4-3。

表 4-3 评价因子识别与筛选

类别	项目	因子									
环境空气	废气产生因子	TSP	SO_2	NO_2	H_2S	NMCH	苯	乙烯	甲苯	二甲苯	丁二烯
	区域污染源调查因子	●	●	●							
	依托单位污染源调查因子	●	●	●	●	●	●	●	●	●	●
	区域质量评价因子	●	●	●							
	厂界质量评价因子				●	●	●	●	●	●	●
	区域预测因子	●	●	●							
	厂界及关心点预测因子				●	●	●	●	●	●	●

二、大气污染源调查对象

污染源一般可分为固定污染源和移动污染源两大类。固定污染源包括工业污染源和民用污染源。

对于一级、二级评价项目，应包括拟建项目污染源（对改扩建工程应包括新、老污染源）及评价区的工业和民用污染源；对于三级评价项目可只调查拟建项目工业污染源。

如建设项目将替代区域污染源时，则对替代的污染源要做详细的调查。若评价区域内有在建、拟建项目，则需对其污染源进行详细调查。

三、污染源调查的基本内容

对于一级评价项目应进行以下各方面的调查。

① 按生产工艺流程或按分厂、车间分别绘制污染流程图。

② 按分厂或车间逐一统计各有组织排放源和无组织排放源的主要污染物排放量。

③ 对改扩建项目的主要污染物排放量应给出：现有工程排放量、新扩建工程排放量以及预计现有工程经改造后污染物的削减量，并按上述三个量计算最终排放量。

④ 除调查统计主要污染物正常生产的排放量外，对于毒性较大的物质还应估计其非正常排放量，如点火开炉、设备检修、原燃料中毒性较大的成分含量波动、净化措施达不到应有效率的设备及管理事故等。除极少数要求较高的一级评价项目外，一般只对上述各项中排放量显著增加的非正常排放进行统计。

⑤ 将污染源按点源和面源进行统计。面源包括无组织排放源和数量多、源强和源高都不大的点源。可根据污染源源强和源高的具体分布状况确定点源的最低源高和源强。厂区内某些属于线源性质的排放源可并入其附近的面源，按面源排放统计。

⑥ 点源调查统计内容一般包括：a. 排气筒底部中心坐标（相对评价范围内定义的坐标）和海拔高度以及位置图；b. 排气筒几何高度（m）及出口内径（m）；c. 排气筒出口烟气温度（K）；d. 烟气出口速度（m/s）；e. 各主要污染物正常排放量（t/a、t/h 或 kg/m）；f. 毒性较大物质的非正常排放量（kg/m）；g. 排放工况，如连续排放或间断排放，间断排放应注明具体排放时间、时数和可能出现的频率。

⑦ 面源调查统计内容如下。将评价区在选定的坐标系内网格化。以评价区的左下角为原点，分别以东（E）和北（N）为正 x 轴和正 y 轴，网格单元一般可取 1km×1km，评价区较小时，可取 500m×500m，建设项目所占面积小于网格单元，可取其为网格单元面积。

然后，按网格统计面源的下述参数：a. 主要污染物排放量 [t/(h・km^2)]；b. 面源有效排放高度（m）和网格的平均海拔高度，如网格的排放高度不等时，可按排放量加权平均取平均排放高度；c. 面源分类，如果源分布较密且排放量较大，当其高度差较大时，可酌情按不同平均高度将面源分为 2～3 类。

⑧ 对于颗粒物污染源，还应调查其颗粒物的密度及粒径分布。

⑨ 原料、固体废物等堆放场所产生的扬尘可按面源处理，应通过试验或类比调查确定其启动风速和扬尘量。

对于二级评价项目，污染源调查内容可参照一级评价项目进行，但可适当从简；对于三级评价项目，可只调查③、⑤、⑥、⑦、⑧等条内容。

四、污染气象参数调查

对于一级评价项目，至少应获取最近三年的常规气象资料，对于二级、三级评价项目至少应获取最近一年的常规气象资料。

（一）地面气象资料调查内容

一级评价项目应至少包括以下各项：

① 年、季（期）地面温度、露点温度及降雨量。

② 年、季（期）风玫瑰图。

③ 月平均风速随月份的变化（曲线图）。

④ 季（期）小时平均风速的日变化（曲线图）。

⑤ 年、季（期）各风向，各风速段，各级大气稳定度的联合频率及年、季（期）的各级大气稳定度的出现频率；风速段可分为 5 档，即＜1.5m/s，1.5～3m/s，3.1～5m/s，5.1～7m/s，＞7m/s；段数可适当增减；稳定度可按标准中附录 B 或其它符合该建设项目实际的方法划分。

⑥ 确定主导风向。主导风向指风频最大的风向角的范围。风向角范围一般为 22.5 度～45 度之间的夹角。

某区域的主导风向应有明显的优势，其主导风向角风频之和应≥30%，否则可称该区域没有主导风向或主导风向不明显。

在没有主导风向的地区，应考虑项目对全方位的环境空气敏感区的影响。

二级、三级评价项目至少应进行②和④两项的调查。

风玫瑰图是统计所收集的地面气象资料中 16 个风向出现的频率，然后在极坐标中按 16 个风向标出其频率的大小。

混合层高度的调查可把高空探空资料中各层的气温和高度在直角坐标上表示出来（标准层可直接使用探空数据，特性层应利用气压、气温和绝对温度等参数换算出高度和气温的关系），再与以干绝热递减率 γ_d 为斜率的直线进行比较，当探空曲线斜率 $\gamma<\gamma_d$ 时，大气为稳定状态，$\gamma>\gamma_d$ 和 $\gamma_d=\gamma_d$ 时，大气分别为不稳定和中性状态。混合层高度即从地面算起至第一层稳定层底的高度。任一时间的地面温度按 γ_d 斜率绘制的直线与北京时间 07 时探空曲线的交点（或切点）可作为该时间的混合层高度。日最高地面温度按 γ_d 绘制的直线与北京时间 07 时探空曲线的交点（或切点）即日混合层最大高度。计算时可取 γ_d ＝0.0098℃/m。

（二）高空气象资料调查内容

如果可直接使用的气象台（站）有高空探空资料，对于一级、二级评价项目，可酌情调查下述距该气象台（站）地面 1500m 高度以下的风和气温资料。

① 规定时间的风向、风速随高度的变化。

② 年、季（期）的规定时间的逆温层（包括从地面算起第一层和其它各层逆温）及其出现频率，平均高度范围和强度。

③ 规定时间各级稳定度的混合层高度。

④ 日混合层最大高度及对应的大气稳定度。

五、污染气象分析的基本内容

根据气象台（站）距建设项目所在地的距离以及二者有地形、地貌和土地利用等地理环境条件方面的差异确定该气象台（站）的气象资料的使用价值。

对于一级、二级评价项目，如果气象台（站）在评价区域内，且和该建设项目所在地的地理条件基本一致，则其大气稳定度和可能有的探空资料可直接使用，其它地面气象要素可作为该点的资料使用。

如果气象台（站）不符合上述条件，则应进行气象现场观测。

对于三级评价项目，可直接使用建设项目所在地距离最近的气象台（站）的资料。

对于不能直接使用的气象台（站）资料，必须在与现场观测资料进行相关分析后方可考虑其使用价值。

相关分析方法建议采用分量回归法，即将两地的同一时间风矢量投影在 X（可取 E-W 向）和 Y（可取 N-S 向）轴上，然后分别计算其 X、Y 方向速度分量的相关。所用资料的样本数不得少于观测周期所获取的数量。对于符合上述条件的资料，可根据求得的线性回归系数 a、b 值对气象台（站）的长期资料进行订正。一级评价项目，相关系数 r 不宜小于 0.45，二级评价项目不得小于 0.35。

六、大气环境现状评价

（一）大气环境现状评价的作用

大气环境现状评价是环境大气影响评价的重要组成部分，通过环境大气质量现状的调查和监测，了解评价区环境大气质量的背景值，对拟建的建设项目或区域开发建设起到以下作用。

① 了解环境大气质量现状及其变化规律，为环境大气影响评价提供背景资料，为分析和计算拟建项目对环境大气的影响提供基础数据。

② 为分析拟建项目选址是否适当提供参考资料。若当地的环境大气污染较严重，则一些要求洁净环境的建设项目（如电子仪表等）则不宜在该地建设。同时，从环境保护的角度来看，若预选厂址现有的主要污染物恰是拟建项目排放的主要污染物，而环境大气质量现状显示这些污染物已超过《环境空气质量标准》所规定的限值，则新项目若无有效的治理措施，是不应该再在该地区进行建设的。如果新项目的建设有较好的替代作用，能起到改善当地环境空气质量的作用，有必要尽快进行项目的建设。

③ 为区域大气污染物总量控制措施提供科学依据。

④ 为处理在拟建工程项目投产后可能发生的环境纠纷提供科学依据和基础资料。

（二）环境大气质量现状评价的内容

环境大气质量现状评价一般包括以下内容。

① 确定调查、监测和评价的主要污染物。通过对建设项目的工程分析以及对当地环境空气质量状况的调查，确定需要评价的主要污染因子。

② 收集当地环境大气质量状况的监测资料，特别是各级环境监测站的例行监测资料，因为例行监测资料时间序列长，其代表性比仅进行几天的监测少数因子的资料要好得多。

③ 布设监测网点，进行环境大气质量现状监测和分析，得到背景浓度资料。

④ 对调查和监测结果进行统计分析。

⑤ 建立和选择评价模式，对大气环境质量现状做出评价。

（三）环境大气现状监测与评价

1. 环境大气现状监测

（1）监测项目　选择筛选出的污染因子作为监测因子。

（2）监测布点　在评价区内按以环境功能区为主兼顾均布性的原则布点。一级评价项目监测点不应少于 10 个；二级评价项目监测点数不应少于 6 个；三级评价项目，如果评价区内已有例行监测点，可不再安排监测，否则，可布置 1～3 个点进行监测。

（3）监测制度　一级评价项目不得少于二期（夏季、冬季）；二级评价项目可取一期不利季节，必要时也应做二期；三级评价项目必要时可做一期监测。

每期监测时间，一级评价项目至少应取得有季节代表性的 7d 有效数据，对二级、三级评价项目，全期至少监测 5d，数据统计的有效性应符合《环境空气质量标准》（GB 3095—1996）中的要求。

监测应与气象现场观测同步进行，对于不需气象观测的三级评价项目应收集其附近有代表性的气象台站各监测时间的地面风向、风速资料。

（4）监测结果统计分析　各点各期各主要污染物浓度范围，一次最高值，日均浓度波动范围，一次值及日均值超标率，不同功能区浓度变化特点及平均超标率，浓度日变化及季节变化规律，浓度与地面风向、风速的相关特点等。

监测结果统计分析常规做法是：根据不同的需要和监测的具体情况，要以列表的方式给出各监测点各种主要大气污染物的不同取值周期的浓度变化范围，计算并列表给出超标率和最大超标倍数，评价达标情况。统计分析监测周期内短期浓度（日均浓度、小时平均浓度）的超标率情况，同时分析评价主要污染物和重点控制污染物，分析大气污染物浓度的日变化规律、逐日变化规律以及大气污染物浓度与地面风向、风速等气象因素和污染源排放的关系。评估分析重污染时间分布情况及其影响因素。监测数据资料计算统计时，要注意监测时间满足评价标准对数据统计有效性的要求。

2. 环境大气质量现状评价与分析

评价和分析环境大气质量，应从以下几个方面着手。

（1）污染物的空间分布特征分析　分析污染物浓度的空间分布特征，如果监测点位比较多，最好能画出污染物浓度的等值线图。根据污染源的分布状况，监测期间的气象条件、评价点的位置等因素，分析污染物空间变化规律及其原因。

（2）分析污染物浓度的时间变化规律　根据污染物的性质和环境条件等因素分析污染物浓度的日变化、季节变化和年变化规律。在有条件的地方，还应绘出污染物浓度随时间变化的曲线。通常在环评中由于受人力、物力、时间等因素的限制，监测时间不会太长。有时，为了建设项目的时间要求，实际监测期不一定是在最不利污染物扩散的季节进行。为了对污染物浓度的时间变化规律做科学的分析与评价，应尽可能利用例行监测资料和在评价区进行的其它环评时的监测资料。

（3）分析污染物浓度和气象条件的关系　根据监测期内气象条件变化的特点、污染物浓度与气象条件之间的关系，如风向、风速、稳定度、逆温层特征等对污染物浓度的影响。

若有两期以上的监测，或是利用例行监测资料或其它已有的监测资料，还应分析气象条件的季节变化对污染物浓度的影响。

（4）环境大气质量现状评价　目前，一般用简单、直观的单因子指数法对大气环境质量现状做出评价。单因子指数 P_i 的表达式为

$$P_i = S_i / C_i \tag{4-3}$$

式中，P_i 为单因子指数；S_i、C 为 i 污染物的浓度和评价标准，mg/m^3。

当 $P_i>1$ 时，表示实测的污染物浓度已超过评价标准。

需要特别强调的是：如果仅进行了一期监测，又没有直接可用的例行监测资料，不能轻易以这几天的监测值代表整个评价区不同时期的环境空气质量现状，因为正如前面已多次分析过的，不同季节、不同时间的气象条件差别大，污染源也在变化，致使环境空气污染物的浓度差别很大。

第三节　大气环境影响预测

一、大气环境影响预测方法

在环评中通常是采用大气环境影响预测方法判断拟建项目或规划项目完成后对评价区域大气环境的影响程度和范围，并由此得到建设项目或规划项目的选址、建设规模是否合理，环保措施和建设项目或规划项目是否可行等结论。常用的大气环境影响预测方法是通过建立数学模型来模拟各种气象条件、地形条件下的污染物在大气中输送、扩散、转化和清除等物理、化学机制。

大气环境影响预测的前提是必须掌握评价区域内的污染源源强、排放方式和布局等有关污染排放的参数，同时还须掌握评价区域内的大气传输与迁移扩散规律等。大气环境影响预测的步骤一般为：①确定预测因子。②确定预测范围与计算点。③确定污染源计算清单。④确定气象条件。⑤确定地形数据。⑥确定预测内容和设定预测情景。⑦选择预测模式。⑧确定模式中的相关参数。⑨进行大气环境影响预测与评价。

（一）预测因子

预测因子应根据评价因子而定，选取有环境空气质量标准的评价因子为预测因子，对于项目排放的特征污染物也应该选择有代表性的作为预测因子。预测因子应结合工程分析的污染源分析，区别正常排放、非正常排放下的污染因子。尤其在非正常排放情况下，应充分考虑项目的特征污染物对环境的影响。此外，对于评价区域污染物浓度已经超标的物质，如果拟建项目也排放此类污染物，即使排放量比较小，也应该在预测因子中考虑此类污染物。

（二）预测范围和计算点

预测受体即为计算点，一般可分为预测网格点及预测关心点。对于需要计算网格浓度的区域，网格点的分布应具有足够的分辨率以尽可能精确预测污染源对评价区的最大影响，网格计算点可以根据具体情况采用直角坐标网格或极坐标网格，计算点网格应覆盖整个评价区域。而预测关心点的选择则应该包括评价范围内所有的环境空气质量敏感点（区）和环境质量现状监测点。需要注意的是，环境空气质量敏感区是指评价范围内按 GB 3095—1996 规定划分为一类功能区的自然保护区、风景名胜区和其它需要特殊保护的地区，二类功能区中的居民区、文化区等人群较集中的环境空气保护目标以及对项目排放大气污染物敏感的区域，包括对排放污染物敏感的农作物的集中种植区域、文物古迹建筑等。

预测范围应至少包括整个评价范围，并覆盖所有关心的敏感点，同时还应考虑污染源的排放高度、评价范围的主导风向、地形和周围环境敏感区的位置等以进行适当调整。计算污染源对评价范围的影响时，一般取东西向为 x 坐标轴、南北向为 y 坐标轴，项目位于预测范围的中心区域。在使用 AERMOD 及 CALPUFF 时，应注意保证预测范围要略大于评价范围，以避免在“地形预处理”或气象预处理时可能产生的边界效应而引起的浓度偏差。在使用 CALPUFF 时，计算网格的范围应在模拟气象场网格的内部，不能超出模拟气象场网格的边界，而是要离模拟气象场网格边界有一缓冲距离，以减少模拟气象场网格的边界影响效应。

预测网格点设置方法见表 4-4。

表 4-4　预测网格点设置方法

预测网格方法		直角坐标网格	极坐标网格
布点原则		网格等间距或近密远疏法	径向等间距或距源中心近密远疏法
预测网格点网格距	距离源中心≤1000m	50～100m	50～100m
	距离源中心>1000m	100～500m	100～500m

区域最大地面浓度点的预测网格设置，应依据计算出的网格点浓度分布而定，在高浓度分布区，计算点间距应不大于 50m。对于临近污染源的高层住宅楼，应适当考虑不同代表高度上的预测受体。

（三）污染源计算清单

大气污染源按预测模式的模拟形式分为点源、面源、线源、体源四种类别。

颗粒物污染物还应按不同粒径分布计算出相应的沉降速度。如果符合建筑物下洗的情况，还应调查建筑物下洗参数，建筑物下洗参数应根据所选预测模式的需要按相应要求内容进行调查。

点源源强计算清单中包含了排气筒底部中心坐标、排气筒底部的海拔高度（m）、排气筒几何高度（m）、排气筒出口内径（m）、烟气出口速度（m/s）、排气筒出口处烟气温度（K）、各主要污染物正常排放量（g/s）、毒性较大物质的非正常排放量（g/s），点源（包括正常排放和非正常排放）参数调查清单见表 4-5。

表 4-5　点源参数调查清单

项目	点源编号	点源名称	X坐标	Y坐标	排气筒底部海拔高度	排气筒高度	排气筒内径	烟气出口速度	烟气出口温度	年排放小时数	排放工况	评价因子源强				
												烟尘	粉尘	SO_2	NO_x	其它
符号	Code	Name	P_x	P_y	H_0	H	D	V	T	Hr	Cond	$Q_{烟尘}$	$Q_{粉尘}$	Q_{SO_2}	Q_{NO_x}	…
单位			m	m	m	m	m	m/s	K	h		g/s	g/s	g/s	g/s	
数据																

面源源强计算清单按矩形面源、多边形面源和近圆形面源进行分类，其内容包括面源起始点坐标、面源所在位置的海拔高度（m）、面源初始排放高度（m）、各主要污染物正常排放量［g/(s・m²)］、排放工况、年排放小时数（h）。各类面源参数调查清单见表 4-6～表 4-8。

表 4-6　矩形面源参数调查清单

项目	面源编号	面源名称	面源起始点		海拔高度	面源长度	面源宽度	与正北夹角	面源初始排放高度	年排放小时数	排放工况	评价因子源强				
			X坐标	Y坐标								烟尘	粉尘	SO_2	NO_x	其它
符号	Code	Name	X_s	Y_s	H_0	L_1	L_W	Arc	$\overline{H}$	Hr	Cond	$Q_{烟尘}$	$Q_{粉尘}$	Q_{SO_2}	Q_{NO_x}	…
单位			m	m	m	m	m	°	m	h		g/(s・m²)				
数据																

表 4-7　多边形面源参数调查清单

项目	面源编号	面源名称	顶点1坐标		顶点2坐标		其它顶点坐标	海拔高度	面源初始排放高度	年排放小时数	排放工况	评价因子源强				
			X坐标	Y坐标	X坐标	Y坐标						烟尘	粉尘	SO_2	NO_x	其它
符号	Code	Name	X_{s1}	Y_{s1}	X_{s2}	Y_{s2}	……	H_0	$\overline{H}$	Hr	Cond	$Q_{烟尘}$	$Q_{粉尘}$	Q_{SO2}	Q_{NOx}	…
单位			m	m	m	m		m	m	h		$g/(s \cdot m^2)$				
数据																

表 4-8　近圆形面源参数调查清单

项目	面源编号	面源名称	中心坐标		海拔高度	近圆形半径	顶点数或边数	面源初始排放高度	年排放小时数	排放工况	评价因子源强				
			X坐标	Y坐标							烟尘	粉尘	SO_2	NO_x	其它
符号	Code	Name	X_s	Y_s	H_0	R	n	$\overline{H}$	Hr	Cond	$Q_{烟尘}$	$Q_{粉尘}$	Q_{SO2}	Q_{NOx}	…
单位			m	m	m	m		m	h		$g/(s \cdot m^2)$				
数据															

体源源强计算清单包括中心点坐标、体源所在位置的海拔高度（m）、体源高度（m）、体源排放速率（g/s）、排放工况、年排放小时数（h）、体源的边长（m）、初始横向扩散参数（m）、初始垂直扩散参数（m）。体源参数调查清单见表 4-9。

表 4-9　体源参数调查清单

项目	体源编号	体源名称	体源中心坐标		海拔高度	体源边长	体源高度	年排放小时数	排放工况	初始扩散参数		评价因子源强				
			X坐标	Y坐标						横向	垂直	烟尘	粉尘	SO_2	NO_x	其它
符号	Code	Name	P_x	P_y	H_0	W	H	Hr	Cond	σ_y	σ_z	$Q_{烟尘}$	$Q_{粉尘}$	Q_{SO2}	Q_{NOx}	…
单位			m	m	m	m	m	h		m	m	g/s				
数据																

线源源强计算清单包括线源几何尺寸（分段坐标）、线源距地面高度（m）、道路宽度（m）、街道街谷高度（m）、各种车型的污染物排放速率［g/(km·s)］、平均车速（km/h）、各时段车流量（辆/h）、车型比例。线源参数调查清单见表 4-10。

表 4-10　线源参数调查清单

项目	线源编号	线源名称	分段坐标1		分段坐标2		分段坐标n	道路高度	道路宽度	街道窄谷高度	平均车速	车流量	车型/比例	各车型污染物排放速率				
			X坐标	Y坐标	X坐标	Y坐标								NO_x	粉尘	CO	VOC	其它
符号	Code	Name	X_{s1}	Y_{s1}	X_{s2}	Y_{s2}	……	$\overline{H}$	H_W	H_s	U	Vel		Q_{NOx}	$Q_{粉尘}$	Q_{CO}	Q_{VOX}	…
单位			m	m	m	m		m	m	m	km/h	Pcu/h		$g/(km \cdot s)$				
数据																		

颗粒物沉降参数用于计算不同粒径的颗粒物的沉降速度。颗粒物粒径＜15μm 时，可以不考虑沉降作用，按气态污染物考虑；当颗粒物粒径＞15μm 时，则需考虑颗粒物的沉降作用；当颗粒物粒径＞100μm 时，则认为此种颗粒物很快沉降，不参与传输和扩散，所以在

模式中不考虑该污染物。颗粒物污染源调查内容包括颗粒物粒径分级（最多不超过20级）、颗粒物的分级粒径（μm）、各级颗粒物的质量密度（g/cm^3）以及各级颗粒物所占的质量比（0～1）。颗粒物粒径分布调查清单见表4-11。

表4-11　颗粒物粒径分布调查清单

项　目	粒径分级	分级粒径	颗粒物质量密度	所占质量比
符号	Label	Label_D	Density	Percent
单位		μm	g/cm^3	
数据				

（四）气象条件

大气中污染物的扩散和当地气象条件密切相关，大气预测所采用的气象参数能否代表评价项目所在区域的气象特征，是影响预测结果是否准确的一个重要因素。对于不同的评价等级，所需长期气象条件也有不同，其中评价等级为一级的需要近5年内的至少连续3年的逐日、逐次气象数据；评价等级为二级的需要近3年内的至少连续1年的逐日、逐次气象数据。此外不同的预测模式所需气象参数也略有不同，见表4-12。

表4-12　不同的预测模式气象参数要求

气象条件	ADMS-EIA	AERMOD	CAILPUFF
常规地面气象观测数据	必须为地面逐时气象参数	必须为地面逐时气象参数	必须为地面逐时气象参数
高空气象数据	可选	必须为对应每日至少一次探空数据	必须有一个或以上探空站，对应每日至少一次探空数据
近地面补充高空数据	可选	可选	可选

地面观测资料的常规调查项目：时间（年、月、日、时）、风向（以角度或按16个方位表示）、风速、干球温度、低云量、总云量。根据不同评价等级预测精度要求及预测因子特征，可选择调查的观测资料的内容有：湿球温度、露点温度、相对湿度、降水量、降水类型、海平面气压、观测站地面气压、云底高度、水平能见度等。

常规高空探测资料的常规调查项目包括时间（年、月、日、时），探空数据层数，每层的气压、高度、气温、风速、风向（以角度或按16个方位表示）。每日观测资料的时次，根据所调查常规高空气象探测站的实际探测时次确定，一般应至少每日1次（北京时间08点）调查距地面1500m高度以下的高空气象探测资料。高空气象探测资料应采用距离项目最近的常规高空气象探测站，如果高空气象探测站与项目的距离超过50km，高空气象资料可采用中尺度气象模式模拟的50km内的格点气象资料。

根据《环境影响评价技术导则　大气环境》的要求，对于一级和二级评价项目，计算小时平均浓度需采用长期气象条件，进行逐时或逐次计算。选择污染最严重的（针对所有计算点）小时气象条件和对各环境空气保护目标影响最大的若干个小时气象条件（可视对各环境空气敏感区的影响程度而定）作为典型小时气象条件。计算日平均浓度需采用长期气象条件进行逐日平均计算。选择污染最严重的（针对所有计算点）日气象条件和对各环境空气保护目标影响最大的若干个日气象条件（可视对各环境空气敏感区的影响程度而定）作为典型日气象条件。

长期气象条件是指达到一定时限及观测频次要求的气象条件。长期气象条件中，每日地面气象观测时次应至少4次或以上，对于仅能提供一日3次的气象数据，应按国家气象局

《地面气象观测规范要求》对夜间 02 时的缺测数据进行补充。

（五）地形数据

在非平坦的评价范围内，地形的起伏对污染物的传输、扩散会有一定的影响。对于复杂地形下的污染物扩散模拟需要输入地形数据。

对于复杂地形的判断方法，在《环境影响评价技术导则　大气环境》（HJ 2.2—2008）中的规定是：距污染源中心点 5km 内的地形高度（不含建筑物）等于或超过排气筒高度时，定义为复杂地形。如果评价区域属于复杂地形，应该根据模式需要收集地形数据。地形数据除包括预测范围内各网格点高度外，还应包括各污染源、预测关心点、监测点的地面高程。此外，对于不同的预测范围，地形数据应该满足一定的分辨率要求。地形数据的来源应予以说明，地形数据的精度应结合评价范围及预测网格点的设置进行合理选择，不同的评价范围所对应的地形数据精度可以参考表 4-13 收集。

表 4-13　不同评价范围建议地形数据精度

评价范围	5～10km	10～30km	30～50km	＞50km
地形数据网格距	≤100m	≤250m	≤500m	500～1000m

（六）确定预测内容和设定预测情景

设定合理有效的预测方案，有利于全面了解污染源对区域环境的影响。预测方案的设计，关键因素是合理选择污染源的组合方案。在选择污染源及其排放方案时，应注意结合工程特点，将污染源类别分为新增加污染源、削减污染源、被取代污染源以及评价范围内其它污染源，而新增污染源又分正常排放和非正常排放两种排放形式。在预测结果中，应能明确反映出拟建项目新增污染源在正常排放、非正常排放下对环境的最大影响，并能有效分析预测范围内是否超标、超标程度、超标位置、超标概率等；不同厂址布局、污染物排放方式、污染治理方案时环境污染物浓度的变化；改扩建项目建成后环境污染物浓度的变化情况以及叠加背景浓度后环境空气质量的变化情况等。

预测情景根据预测内容设定，一般考虑五个方面的内容：污染源类别、排放方案、预测因子、气象条件、计算点。常规预测情景组合见表 4-14。

表 4-14　常规预测情景组合

序号	污染源类别	排放方案	预测因子	计算点	常规预测内容
1	新增污染源(正常排放)	现有方案/推荐方案	所有预测因子	环境空气保护目标 网格点 区域最大地面浓度点	小时浓度 日平均浓度 年均浓度
2	新增污染源(非正常排放)	现有方案/ 推荐方案	主要预测因子	环境空气保护目标 区域最大地面浓度点	小时浓度
3	削减污染源(若有)	现有方案/ 推荐方案	主要预测网子	环境空气保护目标	日平均浓度 年均浓度
4	被取代污染源(若有)	现有方案/ 推荐方案	主要预测因子	环境空气保护目标	日平均浓度 年均浓度
5	其它在建、拟建项目相关污染源(若有)		主要预测因子	环境空气保护目标	日平均浓度 年均浓度

（七）预测模式

采用《环境影响评价技术导则　大气环境》（HJ 2.2—2008）推荐模式清单中的进一步预测模式进行大气环境影响预测。选择模式时，应结合模式的适用范围和对参数的要求进行合理选择。进一步预测模式是一些多源预测模式，包括 AERMOD、ADMS 和 CALPUFF，适用于一级、二级评价工作的进一步预测工作。

各预测模式可基于评价范围的气象特征及地形特征，模拟单个或多个污染源排放的污染物在不同平均时限内的浓度分布。不同的预测模式有其不同的数据要求及适用范围，不同推荐预测模式的适用范围见表 4-15。

表 4-15　推荐预测模式一般适用范围

分　类	AERMOD	ADMS	CALPUFF
适用评价等级	一级、二级评价	一级、二级评价	一级、二级评价
污染源类型	点源、面源、体源	点源、面源、线源和体源	点源、面源、线源和体源
适用评价范围	小于等于 50km	小于等于 50km	大于 50km
对气象数据最低要求	地面气象数据及对应高空气象数据	地面气象数据	地面气象数据及对应高空气象数据
适用污染源类型	点源、面源和体源	点源、面源、线源和体源	点源、面源、线源和体源
适用地形及风场条件	简单地形、复杂地形	简单地形、复杂地形	简单地形、复杂地形、复杂风场
模拟污染物	气态污染物、颗粒物	气态污染物、颗粒物	气态污染物、颗粒物、恶臭、能见度
其它	街谷模式		长时间静风、岸边熏烟

（八）模式中的相关参数

在进行大气环境影响预测时，应针对区域特征以及不同的污染物及预测范围、预测时段，对模式参数进行比较分析，合理选择模式参数。如计算 TSP 的长期平均浓度（日均及以上平均时段），需注意合理选择重力沉降及干、湿沉降参数，计算 SO_2 和 NO_2 浓度时，应注意根据输出结果选用合理的半衰期及化学转化系数等，并对预测模式中的有关模型选项及化学转化等参数进行说明。不同预测模式主要输入模式参数见表 4-16。

表 4-16　不同预测模式所需主要参数

参数类型	ADMS-EIA	AERMOD	CALPUFF
地表参数	地表粗糙度、最小 M-O 长度	地表反照率、BOWEN 率、地表粗糙度	地表粗糙度、土地使用类型、植被代码
干沉降参数	干沉降参数	干沉降参数	干沉降参数
湿沉降参数	湿沉降参数	湿沉降参数	湿沉降参数
化学反应参数	化学反应选项	半衰期、NO_x转化系数、臭氧浓度等	化学反应计算选项

（九）大气环境影响预测分析与评价

按设计的各种预测情景和方案分别进行模拟计算，并对结果进行分析与评价，主要内容如下。

① 对环境空气敏感区的环境影响分析，应考虑其预测值和同点位处的现状背景值的最大值的叠加影响；对最大地面浓度点的环境影响分析可考虑预测值和所有现状背景值的平均值的叠加影响。

② 叠加现状背景值，分析项目建成后最终的区域环境质量状况，即新增污染源预测值＋现状监测值－削减污染源计算值(如果有)－被取代污染源计算值(如果有)＝项目建成后最终的环境影响。若评价范围内还有其它在建项目、已批复环境影响评价文件的拟建项目，也应考虑其建成后对评价范围的共同影响。

③ 分析典型小时气象条件下，项目对环境空气敏感区和评价范围的最大环境影响，分

析是否超标、超标程度、超标位置，分析小时浓度超标概率和最大持续发生时间，并绘制评价范围内出现区域小时平均浓度最大值时所对应的浓度等值线分布图。

④ 分析典型日气象条件下，项目对环境空气敏感区和评价范围的最大环境影响，分析是否超标、超标程度、超标位置，分析日平均浓度超标概率和最大持续发生时间，并绘制评价范围内出现区域日平均浓度最大值时所对应的浓度等值线分布图。

⑤ 分析长期气象条件下项目对环境空气敏感区和评价范围的环境影响，分析是否超标、超标程度、超标范围及位置，并绘制预测范围内的浓度等值线分布图。

⑥ 分析评价不同排放方案对环境的影响，即从项目的选址、污染源的排放强度与排放方式、污染控制措施等方面评价排放方案的优劣，并针对存在的问题（如果有）提出解决方案。

⑦ 对解决方案进行进一步预测和评价，并给出最终的推荐方案。

（十）评价结论与建议

在环境影响报告中预测部分的最后，应结合不同预测方案的预测结果，从项目选址、污染源的排放强度与排放方式、大气污染控制措施、区域环境空气质量承载能力以及总量控制等方面综合进行评价，并明确给出大气环境影响可行性结论。

二、大气环境影响预测推荐模式说明

HJ 2.2—2008 给出了大气环境影响预测推荐模式清单。推荐模式清单包括估算模式、进一步预测模式和大气环境防护距离计算模式等。

（一）估算模式

估算模式是一种单源预测模式，可计算点源、面源和体源等污染源的最大地面浓度，以及建筑物下洗和熏烟等特殊条件下的最大地面浓度，估算模式中嵌入了多种预设的气象组合条件，包括一些最不利的气象条件，此类气象条件在某个地区有可能发生，也有可能不发生。经估算模式计算出的最大地面浓度大于进一步预测模式的计算结果。对于小于 1 小时的短期非正常排放，可采用估算模式进行预测。

估算模式适用于评价等级及评价范围的确定。

估算模式所需输入基本参数如下。

① 点源参数：点源排放速率（g/s）；排气筒几何高度（m）；排气筒出口内径（m）；排气筒出口处烟气排放速度（m/s）；排气筒出口处的烟气温度（K）。

② 面源参数：面源排放速率 [g/(s·m^2)]；排放高度（m）；长度（m，矩形面源较长的一边）；宽度（m，矩形面源较短的一边）。

③ 体源参数：体源排放速率（g/s）；排放高度（m）；初始横向扩散参数（m）；初始垂直扩散参数（m）。

④ 如评价范围属复杂地形，需提供地形参数：主导风向下风向的计算点与源基底的相对高度（m）；主导风向下风向的计算点距源中心的距离（m）。

⑤ 如周围建筑物可能导致建筑物下洗，需要提供建筑物参数：建筑物高度（m）；建筑物宽度（m）；建筑物长度（m）。

⑥ 如项目污染源位于海岸或宽阔水体岸边可能导致岸边熏烟，需提供排放源到岸边的最近距离（m）。

⑦ 其它参数：计算点的离地高度（m）；风速计的测风高度（m）。

（二）进一步预测模式

1. AERMOD 模式系统

AERMOD 是一个稳态烟羽扩散模式，可基于大气边界层数据特征模拟点源、面源、体源等排放出的污染物在短期（小时平均、日平均）、长期（年平均）的浓度分布，适用于农村或城市地区简单或复杂地形。AERMOD考虑了建筑物尾流的影响，即烟羽下洗，模式使用每小时连续预处理气象数据模拟大于等于1小时平均时间的浓度分布。AERMOD包括两个预处理模式，即AERMET气象预处理模式和AERMAP地形预处理模式。

AERMOD适用于评价范围小于等于50km的一级、二级评价项目。

2. ADMS模式系统

ADMS可模拟点源、面源、线源和体源等排放出的污染物在短期（小时平均、日平均）、长期（年平均）的浓度分布，还包括一个街道窄谷模型，适用于农村或城市地区简单或复杂地形。模式考虑了建筑物下洗、湿沉降、重力沉降和干沉降以及化学反应等功能。化学反应模块包括计算一氧化氮、二氧化氮和臭氧等之间的反应。ADMS有气象预处理程序，可以用地面的常规观测资料、地表状况以及太阳辐射等参数模拟基本气象参数的廓线值。在简单地形条件下，使用该模型模拟计算时，可以不调查探空观测资料。

ADMS-EIA版适用于评价范围小于等于50km的一级、二级评价项目。

3. CALPUFF模式系统

CALPUFF是一个烟团扩散模型系统，可模拟三维流场随时间和空间发生变化时污染物的输送、转化和清除过程。CALPUFF适用于从50km到几百千米范围内的模拟尺度，包括了近距离模拟的计算功能，如建筑物下洗、烟羽抬升、排气筒雨帽效应、部分烟羽穿透、次层网格尺度的地形和海陆的相互影响、地形的影响；还包括长距离模拟的计算功能，如干、湿沉降的污染物清除、化学转化、垂直风切变效应，跨越水面的传输、熏烟效应以及颗粒物浓度对能见度的影响。适用于特殊情况，如稳定状态下的持续静风、风向逆转、在传输和扩散过程中气象场时空发生变化下的模拟。

CALPUFF适用于评价范围大于等于50km的一级评价项目以及复杂风场下的一级、二级评价项目。

第四节　大气环境污染控制管理

一、大气环境容量

（一）大气环境容量的基本属性

在给定的区域内，达到环境空气保护目标而允许排放的大气污染物总量就是该区域大气污染物的环境容量。

特定地区的大气环境容量与以下因素有关：

① 涉及的区域范围与下垫面复杂程度。

② 空气环境功能区划及空气环境质量保护目标。

③ 区域内污染源及其污染物排放强度的时空分布。

④ 区域大气扩散、稀释能力。

⑤ 特定污染物在大气中的转化、沉积、清除机理。

（二）大气环境容量的计算方法

1. 修正的A-P值法

A-P值法是最简单的大气环境容量估算方法，其特点是不需要知道污染源的布局、排放量和排放方式，就可以粗略地估算指定区域的大气环境容量，对决策和提出区域总量控制指标有一定的参考价值，适用于开发区规划阶段的环境条件的分析。

利用A-P值法估算环境容量需要掌握以下基本资料：

① 开发区范围和面积。

② 区域环境功能分区。

③ 第 i 个功能区的面积 S_i。

④ 第 i 个功能区的污染物控制浓度（标准浓度限值）c_i。

⑤ 第 i 个功能区的污染物背景浓度 c_i^b。

⑥ 第 i 个功能区的环境质量保护目标 c_i^0。

在掌握以上资料的情况下，可以按如下步骤估算开发区的大气环境容量。

① 根据所在地区，按《制定地方大气污染物排放标准的技术方法》（GB/T 13201—91）表 1 查取总量控制系数 A 值（取中值）。

② 确定第 i 个功能区的控制浓度（标准年平均浓度限值）：$c_i=c_i^b-c_i^0$。

③ 确定各个功能区总量控制系数 A_i 值：$A_i=A\times c_i$

④ 确定各个功能区允许排放总量：$Q_{ai}=A_i\dfrac{S_i}{\sqrt{S}}$

⑤ 计算总量控制区允许排放总量：$Q_a=\sum\limits_{i=0}^{n}Q_{ai}$

允许排放总量 Q_a 是对新开发区大气环境容量的一个估计，要将其转变为建议的总量控制指标，还需要考虑开发区的发展定位、布局、产业结构、环境基础设施建设等因素。

以上方法原则只适用于大气 SO_2 环境容量的计算，在计算大气 PM_{10} 的环境容量时，可作为参考方法。

2. 模拟法

模拟法是利用环境空气质量模型模拟开发活动所排放的污染物引起的环境质量变化是否会导致环境空气质量超标。如果超标可按等比例或按对环境质量的贡献率对相关污染源的排放量进行削减，以最终满足环境质量标准的要求。满足这个充分必要条件所对应的所有污染源排放量之和便可视为区域的大气环境容量。

模拟法适用于规模较大、具有复杂环境功能的新建开发区或将进行污染治理与技术改造的现有开发区，但使用这种方法时需要通过调查和类比了解或虚拟开发区大气污染源的布局、排放量和排放方式。

运用模拟法可按如下步骤估算开发区的大气环境容量：

① 对开发区进行网格化处理，并按环境功能分区确定每个网格的环境质量保护目标 Q_{ij}^a $(i=1,\cdots,N;j=1,\cdots,M)$。

② 掌握开发区的空气质量现状 c_{ij}^b，确定污染物控制浓度 $c_{ij}=c_{ij}^0-c_{ij}^b$。

③ 根据开发区发展规划和布局，利用工程分析、类比等方法预测污染源的分布、源强（按达标排放）和排放方式，并分别处理为点源、面源、线源和体源。

④ 利用《环境影响评价技术导则》规定的模式或经过验证适用于本开发区的其它模式模拟在所有预测污染源达标排放的情况下对环境质量的影响 c_{ij}^a 和 c_{ij}。

⑤ 比较 c_{ij}^a 和 c_{ij} $(i=1,\cdots,N;j=1,\cdots,M)$，如果影响值超过控制浓度，提出布局、产业结构或污染源控制调整方案，然后重新开始计算，直到所有点的环境影响都等于或小于控制浓度为止。

⑥ 加和满足控制浓度的所有污染源的排放量，即可把这个排放量之和视为开发区的环境容量。

需要指出的是，采用模拟法估算开发区大气环境容量时应充分考虑周边发展的影响，这也是采用模拟法的优势所在。

3. 线性优化法

对于特定的开发区，如果污染源布局、排放方式已确定，那么我们就可以建立源排放和环境质量之间的输入响应关系，然后根据区域空气质量环境保护目标，采用最优化方法便可以计算出各污染源的最大允许排放量，而各污染源最大允许排放量之和就是给定条件下的最大环境容量。

采用线性优化法，关键是将环境容量的计算变为一个线性规划问题并求解。

一般情况下，可以将不同功能区的环境质量保护目标作为约束条件，以区域污染物排放量极大化为目标函数，建立基本的线性规划模型，这种满足功能区空气质量达标对应的区域污染物极大排放量可视为区域的大气环境容量。

目标函数为：$\max f(Q)=\sum D^{\mathrm{T}}Q$

约束条件为：$\sum AQ \leqslant c_{\mathrm{s}}-c_{\mathrm{a}}$

$$Q \geqslant 0$$

$$Q=(q_1, q_2, \cdots, q_m)^{\mathrm{T}}$$

$$c_{\mathrm{s}}=(c_{\mathrm{s1}}, c_{\mathrm{s2}}, \cdots, c_{\mathrm{s}n})^{\mathrm{T}}$$

$$A=\begin{Bmatrix} a_{11}, a_{12}, \cdots, a_{1m} \\ a_{21}, a_{22}, \cdots, a_{2m} \\ \vdots \\ a_{n1}, a_{n2}, \cdots, a_{nm} \end{Bmatrix}$$

$$c_{\mathrm{a}}=(c_{\mathrm{a1}}, c_{\mathrm{a2}}, \cdots, c_{\mathrm{a}n})^{\mathrm{T}}$$

$$\mathrm{D}=(d_1, d_2, \cdots, d_n)^{\mathrm{T}}$$

式中，m 为排放源总数；n 为空气环境质量控制点总数；q_i 为第 i 个污染源的排放量；$c_{\mathrm{s}j}$ 为第 j 个空气环境质量控制点的标准限值；$c_{\mathrm{a}j}$ 为第 j 个环境质量控制点的现状浓度；a_{ij} 为第 i 个污染源排放单位污染物对第 j 个环境质量控制点的浓度贡献；d_i 为第 i 个污染源的价值（权重）系数。

浓度贡献系数矩阵 A 中各项可采用《环境影响评价技术导则　大气环境》中的推荐模式或其它通过验证的模式计算。价值系数矩阵 D 中各项在没有特殊要求时可取 1。

线性规划模型可用单纯形法或改进单纯形法求解，具体计算过程参阅有关线性规划理论书籍，计算工作可由计算机辅助完成。

二、大气环境防护距离

凡不通过排气筒或通过 15m 高度以下排气筒的有害气体排放，均属无组织排放。工业企业应采用合理的生产工艺流程，加强生产管理与设备维护，最大限度地减少有害气体的无组织排放。在无组织排放的气体进入呼吸带大气时，如果其浓度超过 GB 3095 与 GBZ 1—2002 规定的居住区容许浓度限值，则无组织排放源所在的生产单元（生产区、车间或工段）与居住区之间应设置卫生防护距离，计算出的距离是以污染源中心点为起点的控制距离，并结合厂区平面布置图确定控制距离范围，超出厂界以外的范围，即为项目大气环境防护区域。

当各类无组织源排放多种污染物时，应分别计算，并按计算结果的最大值确定其大气环境防护距离。

对于属于同一生产单元（生产区、车间或工段）的无组织排放源，应合并作为单一面源计算并确定其大气环境防护距离。

对于大气环境防护距离参数选择，根据本章第一节五、（一）评价工作等级的分级中的相关规定确定。

有场界排放浓度标准的，大气环境影响预测结果应首先满足场界排放标准。如预测结果在场界监控点处（以标准规定为准）出现超标，应要求削减排放源强。计算大气环境防护距离的污染物排放源强应采用削减达标后的源强。

大气环境防护距离计算采用导则推荐的大气环境防护距离计算模式。

大气环境防护距离计算模式是基于估算模式开发的计算模式，此模式主要用于确定无组织排放源的大气环境防护距离。大气环境防护距离一般不超过2000m，如计算无组织排放源超标距离大于2000m，则应建议削减源强后重新计算大气环境防护距离。

大气环境防护距离计算模式主要输入参数包括：面源有效高度（m）；面源宽度（m）；面源长度（m）；污染物排放速率（m/s）；小时评价标准（mg/m^3）。

大气环境防护距离计算模式的执行文件及使用说明可到环境保护部环境工程评估中心环境质量模拟重点实验室网站（http://www.lem.org.cn/）下载。

三、大气环境保护对策

大气污染控制技术是重要的大气环境保护对策措施，大气污染的常规控制技术分为洁净燃烧技术、高烟囱烟气排放技术、烟（粉）尘和气态污染物净化技术等。

洁净燃烧技术是在燃烧过程中减少污染物排放与提高燃料利用效率的加工、燃烧、转化和污染排放控制等所有技术的总称。

洁净煤燃烧技术主要包括以下几个方面。

(1) 先进的燃煤技术　①整体煤气化联合循环发电（IGCC）；②循环流化床燃烧（CFBC）；③煤和生物质及废弃物联合气化或燃烧；④低 NO_x 燃烧技术；⑤改进燃烧方式；⑥直接燃烧热机。

(2) 燃煤脱硫、脱氮技术　①先进的煤炭洗选技术；②型煤固硫技术；③烟气处理技术；④先进的焦炭生产技术等。

(3) 煤炭加工成洁净能源技术　①洗选；②温和气化；③煤炭直接液化；④煤气化联合燃料电源；⑤煤的热解等。

(4) 提高煤炭及粉煤灰的有效利用率和节能技术。

烟气的高烟囱排放就是通过高烟囱把含有污染物的烟气直接排入大气，使污染物向更大的范围和更远的区域扩散、稀释。经过净化达标的烟气通过烟囱排放到大气中，利用大气的作用进一步降低地面空气污染物的浓度。

烟（粉）尘净化技术又称为除尘技术，它是将颗粒污染物从废气中分离出来并加以回收的操作过程，实现该过程的设备称为除尘器。

气态污染物种类繁多，特点各异，因此采用的净化方法也不相同，常用的方法有吸收法、吸附法、催化法、燃烧法、冷凝法、膜分离法、电子束照射净化法和生物净化法等。

二氧化硫、氮氧化物和烟（粉）尘是我国主要的大气污染物，《中华人民共和国大气污染防治法》、《燃煤二氧化硫排放污染防治技术政策》及《我国酸雨控制区和二氧化硫污染控制区环境政策》对二氧化硫、氮氧化物和烟（粉）尘的控制提出了明确而严格的要求。尽量减少二氧化硫、氮氧化物和烟（粉）尘的排放，对于保护和改善大气环境不仅十分重要，而且十分紧迫，故对二氧化硫、氮氧化物和烟（粉）尘控制技术做一概述。

（一）二氧化硫控制技术

二氧化硫的控制方法有采用低硫燃料和清洁能源替代、燃料脱硫、燃烧过程中脱硫和末端尾气脱硫，以下就燃料燃烧前、燃烧过程和末端尾气的脱硫方式进行讨论。

1. 燃烧前燃料脱硫

煤炭作为天然化石燃料含有众多矿物质，其中硫分约为1%。目前世界广泛采用的选煤工艺仍是重力分选法，分选后的原煤含硫量可降低40%～90%。正在研究的新脱硫方法有浮选法、氧化脱硫法、化学浸出法、化学破碎法、细菌脱硫、微波脱硫、磁力脱硫等多种方法。在工业实际应用中型煤固硫是一条控制二氧化硫污染的经济、有效途径。选用不同煤种，以无黏结剂法或以沥青等为黏结剂，用廉价的钙系固硫剂经干馏成形或直接压制成形，制得多种型煤。此方法对解决高硫煤地区的二氧化硫污染有重要意义。同时，为了提高煤炭利用率和保护环境，将煤炭转化为清洁燃料一直是科学界致力的方向。煤炭转化主要有气化和液化，即对煤进行脱碳或加氢改变其原有的碳氢比，把煤转化为清洁的二次燃料。

对于重油脱硫，常用的方法是在钼、钴和镍等金属氧化物催化剂作用下，通过高压加氢反应切断碳与硫的化合键，以氢置换出碳，同时氢与硫作用形成硫化氢，从重油中分离出来。

2. 燃烧脱硫

目前较为先进的燃烧方式是流化床燃烧脱硫技术。其原理为使内部气速产生的升力和煤粒重力相当（达到临界速度），此时煤粒将开始浮动流化。为使流化方式更好地进行，一般气流实际速度要大于临界速度。在锅炉流化燃烧过程中向炉内喷入石灰石粉末与二氧化硫发生反应以达到脱硫效果，化学反应方程式如下：

$$CaCO_3 \longrightarrow CaO + CO_2$$

$$CaO + SO_2 + \frac{1}{2}O_2 \longrightarrow CaCO_4$$

按流态不同把流化床锅炉分为鼓泡流化床锅炉和循环流化床锅炉两类。

3. 燃烧烟气脱硫

从排烟中去除SO_2的技术简称烟气脱硫。烟气脱硫方法有上百种，通常将烟气脱硫方法分为抛弃法与回收法两大类。在抛弃法中，吸收剂与二氧化硫结合，形成废渣，其中包括烟灰、硫酸钙、亚硫酸钙和部分水，没有再生步骤，废渣最终被综合利用或填埋处理。在回收法中，吸收剂吸收或吸附二氧化硫，然后再生或循环使用，烟气中二氧化硫被回收，转化成可出售的副产品如硫黄、硫酸或浓二氧化硫气体。SO_2排放控制技术也可以按图4-4进行分类。

SO_2控制技术方法分类（按使用的吸收剂或吸附剂的形态和处理过程）
- 干法排烟脱硫
  - 活性炭法
  - 接触氧化法
  - 石灰粉吹入法
  - 活性氧化锰法
  - 氧化铜法
- 湿法排烟脱硫
  - 氨法
    - 回收硫铵法
    - 回收石膏法
    - 回收硫黄法
  - 钙法：石灰-石膏法
  - 钠法
    - 中和法
    - 直接利用法
    - 回收亚硫酸钠法
    - 回收石膏法
    - 回收硫法
  - 镁法
  - 碱式硫酸铝法
  - 磷铵肥法
- 洁净燃烧技术（循环流化床等）

图4-4　SO_2控制技术方法分类

一般习惯以使用吸收剂或吸附剂的形态和处理过程将回收法分为干法与湿法两类。干法烟气脱硫是用固态吸附剂或固体吸收剂去除烟气中二氧化硫的方法。湿法烟气脱硫，是用液态吸收剂吸收烟气中二氧化硫的方法。按所使用的吸收剂不同，分为氨法、钠法、石灰-石膏法、镁法以及催化氧化法等。

在众多方法中以湿法石灰石/石灰浆液脱硫技术应用最为广泛。在现代的烟气脱硫工艺中，烟气用含亚硫酸钙和硫酸钙的石灰石/石灰浆液洗涤，二氧化硫与浆液中的碱性物质发生化学反应生成亚硫酸盐和硫酸盐，新鲜石灰石或者石灰石浆液不断加入脱硫液的循环回路，浆液中的固体连续地从浆液中分离出来并排往沉淀池。总化学反应方程式分别为

$$CaCO_3+SO_2+\frac{1}{2}O_2+2H_2O \longrightarrow CaSO_4 \cdot 2H_2O+CO_2$$

$$CaO+SO_2+\frac{1}{2}O_2+2H_2O \longrightarrow CaSO_4 \cdot 2H_2O$$

（二）氮氧化物控制技术

从烟气中去除氮氧化物（NO_x）的过程简称烟气脱氮或氮氧化物控制技术，俗称烟气脱硝。它与烟气脱硫相似，也需要应用液态或固态的吸收剂或吸附剂来吸收吸附 NO_x，以达到脱氮目的。

目前烟气脱氮技术有 20 多种，从物质的状态来分，可分为湿法和干法两大类。一般习惯从化工过程来分，大致可分三类：催化还原法、吸收法和固体吸附法等，见图 4-5。

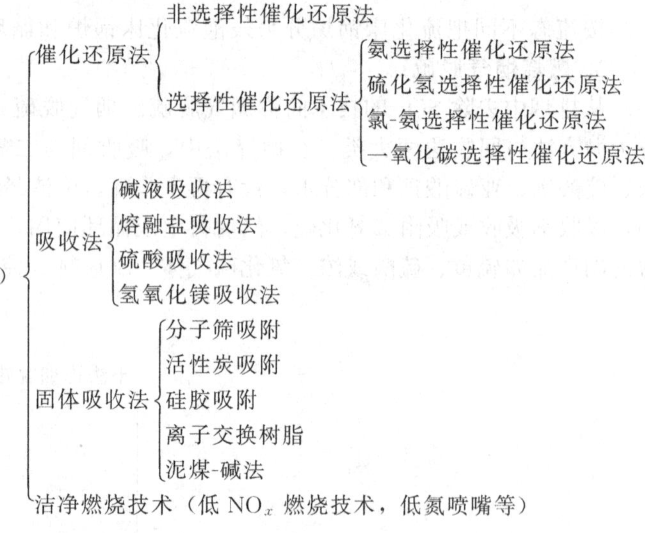

图 4-5 氮氧化物控制技术方法分类

（三）烟（粉）尘控制技术

烟（粉）尘的治理主要是通过改进燃烧技术和采用除尘技术来实现。

（1）改进燃烧技术　完全燃烧产生的烟尘和煤尘等颗粒物要比不完全燃烧产生得少。因此，在燃烧过程中供给的空气量要适当，使燃料完全燃烧。供给的空气量要大于通过氧化反应式计算出的理论空气量，一般手烧式水平炉排的供给量要比理论量多 50%～100%，油类或气体燃料喷烧则要多 10%～30%。供给的空气量少了不能完全燃烧，多了则会降低燃烧室温度，增加烟气量。空气和燃烧料充分混合是实现完全燃烧的条件。

（2）采用除尘技术　这是治理烟（粉）尘的有效措施。除尘技术根据在除尘过程中有没有液体参加，可分为干式除尘和湿式除尘。一般根据除尘过程中的粒子分离原理，除尘技术大体上可分为：①重力除尘；②惯性力除尘；③离心力除尘；④洗涤除尘；⑤过滤除尘；

⑥电除尘；⑦声波除尘。

合理地选择除尘器，既可保证达标排放所要求的适当的除尘效率，又能组成最经济的除尘系统，对工程十分重要。

思考题与习题

1. 描述不同大气层结下烟流的扩散特征及其可能出现的时间。
2. 简述大气污染源的分类，并说明污染源现状调查应包括的内容和常用的调查方法。
3. 简述常见的不利气象条件及其特点。
4. 制定一个比较完善的大气环境质量现状监测方案通常应考虑哪些方面的内容？
5. 判定大气环境影响评价工作等级的依据有哪些？简述之。
6. 简述大气环境影响评价的主要内容和方法。
7. 简述大气环境影响预测的目的与内容？
8. 在选取大气环境预测方法时，应考虑哪些方面的因素？
9. 简述各等级评价大气环境影响的预测内容及要求。
10. 简述大气环境容量的计算方法。

第五章　声环境影响评价

噪声污染是当今世界主要污染之一。随着工业以及社会经济的发展，噪声污染有越来越严重的发展趋势，环境噪声评价是环境质量评价的重要内容。

第一节　概　　述

一、基本概念

通俗地讲，噪声就是在人们生活、学习和工作时所不需要的声音。物理学上它是指无规律的声波信号。但是从环境角度来看，噪声与人们所处的环境和主观感受有着密切的关系。例如，在休闲的时候，音乐对人们是一种美好的享受，但如果它影响人们的工作、睡眠、谈话和思考则成为一种噪声。

二、环境噪声的主要特征

环境噪声污染是一种能量污染，与其它工业污染一样，是危害人类环境的公害。但噪声污染有其自身的特点。噪声是暂时性的，噪声源停止发声，噪声便消失。环境噪声源分布是分散性的，噪声影响的范围是局限性的。对其评价还取决于受害人的生理与心理因素。环境噪声标准也要根据不同时间、不同地区和人处于不同的行为状态来决定。

三、噪声源及分类

产生噪声的声源称为噪声源，噪声源有以下几种分类方法。

① 按噪声产生的机理，可分为机械噪声、空气动力噪声和电磁噪声三大类。机械设备在运转时，部件之间的相互撞击摩擦产生交变作用力，使得设备结构和运动部件发生振动产生的噪声称为机械噪声。空气压缩机、鼓风机等设备运转时，叶片高速旋转使得叶片两侧空气产生压力突变，以及气流经过进、排气口时激发声波产生的噪声，称为空气动力噪声。电动机、变压器等设备运行时，交替变化的电磁场引起金属部件与空气间隙周期性振动产生的噪声，称为电磁噪声。

② 按照噪声随时间的变化关系，可以分为稳态噪声和非稳态噪声两类。稳态噪声的强度不随时间变化，非稳态噪声的强度随时间变化。

③ 按照与人们日常活动的关系，可以分为工业噪声源、建筑噪声源、交通噪声源、日常活动噪声等。工业噪声调查表明，电子工业和一般轻工业产生的噪声为90dB，纺织工业的噪声为90～106dB，机械工业噪声为80～120dB，大型鼓风机、凿岩机等产生的噪声都在120dB以上。同时建筑内各种设施及人群活动产生的噪声也是不可忽视的噪声源。

④ 按照声源固定与否，可以分为固定声源和流动声源。在声源发声时间内，声源位置不发生移动的声源称为固定声源，反之按照一定轨迹移动的声源称为流动声源。

四、噪声的影响

噪声污染已成为当今的一个世界性问题，是一种危害人类健康的环境公害。噪声对人体有下列危害。

1. 听觉器官损害

人们短期在强噪声环境中，感到声音刺耳、不适、耳鸣，出现一时听力下降，但只要离开噪声环境休息一段时间，人的听觉就会逐渐恢复原状，这种现象称为暂时性听力偏移，也叫听力疲劳。它只是暂时性的生理现象，听觉器官没有受到损害。若长时间受到过强噪声刺激，会引起内耳感声性器官的退行性变化，受到器质性损伤，这种听力下降称为噪声性听力下降。根据卫生部调查，在 90dB 环境中连续暴露 30 年，听力损伤率为 6.4%；95dB 环境中为 18.9%；100dB 环境中为 29.3%。如果噪声高于 140dB 以上，能致鼓膜破裂，甚至双耳完全失聪。

2. 神经性损害

噪声作用于人的神经系统，使人的基本生理过程即大脑皮层的兴奋与抑制的平衡失调，导致条件反射异常，使人感到疲劳、头昏脑涨等，如果这种平衡失调得不到及时恢复，久而久之，就形成牢固的兴奋灶，导致神经衰弱，出现头痛、头昏、耳鸣、心悸、易疲劳、易激动、失眠、记忆力减退等神经衰弱症状。

3. 心血管系统损害

噪声对交感神经有兴奋作用，可导致心动过速、心率失常，噪声还可引起神经系统功能紊乱、血压异常。

4. 内分泌系统失调

影响甲状腺，使其功能亢进，肾上腺皮质功能增强或减弱，在噪声的长期刺激下，还可导致性功能紊乱、月经失调以及孕妇流产率、畸胎率、死胎比例增加。

5. 消化系统疾病

噪声引起胃肠消化功能紊乱、胃液分泌异常、食欲下降，甚至发生恶心呕吐，使胃炎、胃溃疡和十二指肠溃疡发病率升高。

噪声还妨碍睡眠与休息，使人烦躁、疲乏、反应迟钝、注意力难以集中，影响工作效率和工作质量。

噪声对建筑物和仪器设备也有损害。当大型喷气式飞机以超声速低空掠过时，由于空气冲击波引起强烈噪声会使地面建筑受到很大损伤，烟囱倒塌和建筑物破坏，如墙壁开裂、窗玻璃和瓦损坏等。

在强噪声的作用下，材料因声疲劳而引起裂纹甚至断裂，一些灵敏和自动遥控精密仪表设备会因受到噪声损害而失灵。

五、常用环境噪声评价标准

①《声环境质量标准》(GB 3096—2008)。

②《机场周围飞机噪声环境标准》(GB 9660—88)。

③《工业企业厂界环境噪声排放标准》(GB 12348—2008)。

④《社会生活环境噪声排放标准》(GB 22337—2008)。

⑤《建筑施工场界噪声限值》(GB 12523—90)。

⑥《铁路边界噪声限值及其测量方法》(GB 12525—2008)。

⑦《建筑施工场界噪声测量方法》(GB 12524—90)。

⑧《机场周围飞机噪声测量方法》(GB/T 9661—88)。

第二节 声环境影响评价的物理基础

一、声音的物理量

(一) 声波

声音是由振动而产生的。物体振动引起周围介质的质点位移，介质密度产生疏密变化，这种变化的传播就是声波。它是弹性介质中传播的一种机械波。

(二) 声速 (C)

声波在介质中的传播速度，即振动在媒质中的传递速度称为声速，单位为米每秒 (m/s)。在任何媒质中，声速的大小只取决于介质的弹性和密度，而与声源无关。如常温下，在空气中的声速为 345m/s；在钢板中的声速为 5000m/s。在空气中，声速 (C) 与温度 (t) 的关系为

$$C=331.4+0.607t \tag{5-1}$$

(三) 波长 (λ)

声波相邻的两个压缩层（或稀疏层）之间的距离称为波长，单位为米 (m)。

(四) 频率 (f)

频率 (f) 为每秒钟媒质质点振动的次数，单位为赫兹 (Hz)。人耳能感觉到的声波频率在 20～20000Hz 内，低于 20Hz 的叫次声，高于 20000Hz 的称为超声。

(五) 周期 (T)

周期 (T) 指波行经一个波长的距离所需要的时间，即质点每重复一次振动所需的时间就是周期，单位为秒 (s)。

对正波来说，频率和周期互为倒数，即

$$T=\frac{1}{f} \quad 或 \quad f=\frac{1}{T} \tag{5-2}$$

频率（周期）、声波和波长三者之间的关系为

$$C=f\lambda \quad 或 \quad C=\frac{\lambda}{T} \tag{5-3}$$

(六) 声压 (p)

当有声波存在时，介质中的压强超过静止的压强值。声波通过介质时引起介质压强的变化（瞬时压强减去静止压强），变化的压强称为声压，单位为 Pa，$1Pa=1N/m^2$。描述声压可以用瞬时声压和有限声压等。瞬时声压是指某瞬时介质内部压强受到声波作用后的改变量，即单位面积的压力变化。瞬时声压的均方根值称为有效声压。通常所说（一般应用时）的声压即指有效声压，用 p 表示。

人耳能听到的最小声压称为人耳的听阈，声压值为 2×10^{-5}Pa，如蚊子飞过的声音。使人耳产生疼痛感觉的声压称为人耳的痛阈，声压为 20Pa，如飞机飞过的噪声。

(七) 声强

声强指单位时间内，声波通过垂直于声波传播方向单位面积的声能量，单位为 W/m^2。声压与声强有密切的关系。在自由声场中，对于平面波和球面波某处的声强与该处声压的平方成正比，即

$$I=\frac{p^2}{\rho C} \tag{5-4}$$

式中，p 为有效声压，Pa；ρ 为介质密度，kg/m^2；C 为声速，m/s，常温时，ρC 为 415 $N\cdot s/m^2$。

(八) 声功率 (W)

指声源在单位时间内向外发出的总声能，单位为 W 或 μW。声功率和声强之间的关系为

$$I=\frac{W}{s} \tag{5-5}$$

二、噪声的物理量

（一）声压级

从听阈到痛阈声压的绝对值相差非常大（即 $2\times10^{-5}\sim20\text{Pa}$），达 100 万倍。因此，用声压的绝对值表示声压的强弱是很不方便的。再者，人对声音的响度感觉是与声音强度的对数成比例的，为了方便起见，引进了声压比或者能量比的对数来表示声音的大小，这就是声压级。

声压级的单位是分贝（dB），分贝是一个相对单位，将有效声压（p）与基准声压（p_0）的比取以 10 为底的对数，再乘以 20，就是声压级的分贝数。即

$$L_p=20\lg\frac{p}{p_0} \tag{5-6}$$

式中，L_p 为声压级，dB；p 为有效声压，Pa；p_0 为基准声压，即听阈，$p_0=2\times10^{-5}\text{Pa}$。

（二）声强级

$$L_I=10\lg\frac{I}{I_0} \tag{5-7}$$

式中，L_I 为声强级，dB；I 为声强，W/m^2；I_0 为基准声强，$I_0=10^{-12}\text{W/m}^2$。

（三）声功率级

$$L_W=10\lg\frac{W}{W_0} \tag{5-8}$$

式中，L_W 为声功率级，dB；W 为声功率，W；W_0 为基准声功率，$W_0=10^{-12}\text{W}$。

三、噪声级（分贝）的计算方法

（一）噪声级（分贝）的相加

如果已知两个声源在某一预测点单独产生的声压级（L_1，L_2），这两个声源合成的声压级（L_{1+2}）就要进行噪声级（分贝）的相加。

1. 公式法

根据声压级的定义，分贝相加一定要按能量（声功率或声压平方）相加求合成的声压级 L_{1+2}，可按下列步骤计算。

① 因 $L_1=20\lg(p_1/p_0)$ 和 $L_2=20\lg(p_2/p_0)$，运用对数换算得

$$p_1=p_0 10^{L_1/20},p_2=p_0 10^{L_2/20}$$

② 合成声压 p_{1+2}，按能量相加则 $(p_{1+2})^2=p_1{}^2+p_2{}^2$，即

$$(p_{1+2})^2=p_0{}^2(10^{L_1/10}+10^{L_2/10}) \text{ 或 } (p_{1+2}/p_0)^2=10^{L_1/10}+10^{L_2/10}$$

③ 按声压级得定义合成的声压级

$$L_{1+2}=20\lg p_{1+2}/p_0=10\lg(p_{1+2}/p_0)^2$$

即

$$L_{1+2}=10\lg(10^{L_1/10}+10^{L_2/10}) \tag{5-9}$$

几个声压级相加的通用式为

$$L_{总}=10\lg\left(\sum_{i=1}^{n}10^{L_i/10}\right) \tag{5-10}$$

式中，$L_{总}$ 为几个声压级相加后的总声压级，dB；L_i 为某一个声压级，dB；

若上式的几个声压级均相同，即可简化为

$$L_{总}=L_p+10\lg N \tag{5-11}$$

式中，L_p 为单个声压级，dB；N 为相同声压级的个数。

2. 查表法

例如 $L_1=100\text{dB}$，$L_2=98\text{dB}$，求 L_{1+2}。

先算出两个声音的分贝差，$L_1-L_2=2\text{dB}$，再查表 5-1 找出 2dB 相对应的增值 $\Delta L=2.1\text{dB}$，然后加在分贝数大的 L_1 上，得出 L_1 与 L_2 的和 $L_{1+2}=100+2.1=102.1\text{dB}$，取整数为 102dB。

表 5-1 分贝和的数值表 单位：dB

声压级差(L_1-L_2)	0	1	2	3	4	5	6	7	8	9	10
增值 ΔL	3.0	2.5	2.1	1.8	1.5	1.2	1.0	0.8	0.6	0.5	0.4

（二）噪声级（分贝）的相减

如果已知两个声源在某一预测点产生的合成声压级（$L_合$）和其中一个声源在预测点单独产生的声压级 L_2，则另一个声源在此点单独产生的声压级 L_1 可用下式计算：

$$L_1=10\lg\left(10^{\frac{L_合}{10}}-10^{\frac{L2}{10}}\right) \tag{5-12}$$

四、噪声在传播过程中的衰减

噪声从声源传播到受声点，因传播发散、空气吸收、阻挡物的反射和屏障等因素的影响，会使其产生衰减。为了保证噪声影响预测和评价的准确性，对于上述各因素引起的衰减值需认真考虑，不能任意忽略。

（一）噪声随传播距离的衰减

噪声在传播过程中由于距离增加而引起的几何发散衰减与噪声固有的频率无关。

1. 点声源

① 点声源随传播距离增加而引起的衰减值

$$A_{\text{div}}=10\lg\frac{1}{4\pi r^2} \tag{5-13}$$

式中，A_{div} 为距离增加产生的衰减值，dB；r 为点声源至受声点的距离，m。

② 在距离点声源 r_1 处至 r_2 处的衰减值

$$A_{\text{div}}=20\lg\frac{r_1}{r_2} \tag{5-14}$$

当 $r_2=2r_1$ 时，$A_{\text{div}}=-6\text{dB}$，即点声源声传播距离增加 1 倍，衰减值是 6dB。

2. 线声源随传播距离增加而引起的衰减值

$$A_{\text{div}}=10\lg\frac{1}{2\pi rL} \tag{5-15}$$

式中，A_{div} 为距离衰减值，dB；r 为线声源至受声点的垂直距离，m；L 为线声源的长度，m。

分两种情况讨论：

① 当 $\frac{r}{L}<\frac{1}{10}$，可视为无限长线源。此时，在距离线声源 r_1 处至 r_2 处的衰减值为

$$A_{\text{div}}=10\lg\frac{r_1}{r_2} \tag{5-16}$$

当 $r_2=2r_1$ 时，由上式可计算出 $A_{\text{div}}=-3\text{dB}$，即线声源声传播距离增加 1 倍，衰减值是 3dB。

② 当 $\frac{r}{L}\gg 1$ 时，可视为点声源。

3. 面声源

面声源随传播距离的增加引起的衰减值与面源形状有关。

例如，一个有许多建筑机械的施工场地，设面声源短边是 a，长边是 b，随着距离的增加，引起其衰减值与距离 r 的关系为：当 $r<\frac{a}{\pi}$，在 r 处，$A_{div}=0\text{dB}$；当 $\frac{a}{\pi}<r<\frac{b}{\pi}$，在 r 处，距离 r 每增加 1 倍，$A_{div}=-(0\sim3)\text{dB}$；当 $\frac{b}{\pi}<r<b$，在 r 处，距离 r 每增加 1 倍，$A_{div}=-(3\sim6)\text{dB}$；当 $r>b$ 时，在 r 处，距离 r 每增加 1 倍，$A_{div}=-6\text{dB}$。

（二）噪声被空气吸收的衰减

空气吸收声波而引起的声衰减与声波频率、大气压、温度、湿度有关，被空气吸收的衰减值可由下列公式计算：

$$A_{atm}=\alpha r \text{ 或 } A_{oct,atm}=\frac{\alpha(r-r_0)}{100} \tag{5-17}$$

式中，A_{atm} 为空气吸收造成的衰减值，dB；α 为每 100m 空气的吸收系数，其值与温度、湿度有关；r_0 为参考位置距声源的距离，m；r 为声波传播距离，即预测点距声源的距离，m。

当 $r<200\text{m}$，A_{atm} 近似为 0。

如果声源位于硬平面上，则

$$A_{atm}=6\times10^{-6}fr \tag{5-18}$$

式中，f 为噪声的倍频带几何平均频率，Hz。

在实际评价中，为了简化手续，又常把距离衰减和空气吸收衰减两项合并，并用下列公式计算（声源位于硬平面上）：

$$\Delta L=20\lg r+6\times10^{-6}fr+8 \tag{5-19}$$

（三）声屏障引起的衰减

1. 墙壁屏障效应

室内混响声对建筑物的墙壁隔声影响十分明显，其总隔声量 TL 可用下列公式进行计算：

$$\text{TL}=L_{p1}-L_{p2}+10\lg\left(\frac{1}{4}+\frac{S}{A}\right) \tag{5-20}$$

所以，受墙壁阻挡的噪声衰减值为：

$$A_{b1}=\text{TL}-10\lg\left(\frac{1}{4}+\frac{S}{A}\right) \tag{5-21}$$

式中，A_{b1} 为墙壁阻挡产生的衰减值，dB；L_{p1} 为室内混响噪声级，dB；L_{p2} 为室外 1m 处的噪声级，dB；S 为墙壁的阻挡面积，m^2；A 为受声室内吸声面积，m^2。

2. 户外建筑物声屏障效应

声屏障的隔声效应与声源和接收点及屏障的位置和屏障高度、屏障长度、屏障的结构性质有关。可以根据它们之间的距离、声音的频率（一般铁路和公路的屏障用频率 500Hz）算出菲涅耳数 N，然后从图 5-1 的曲线查出相对应的衰减值，声屏障衰减值最大不超过 24dB。

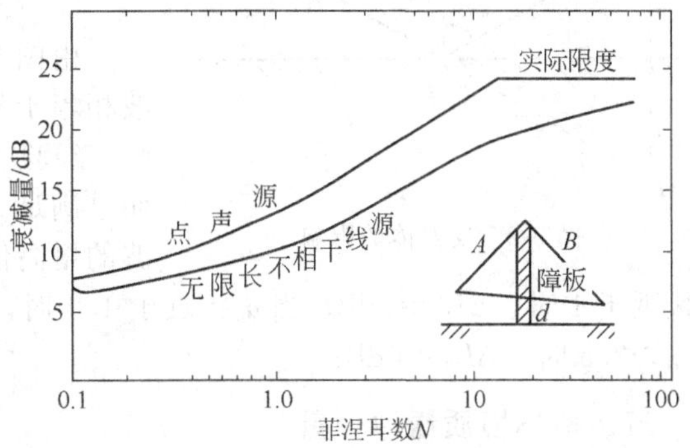

图 5-1　障板及其声衰减曲线

菲涅尔数 N 的计算可用下式：

$$N=\frac{2\times(A+B-d)}{\lambda} \tag{5-22}$$

式中，A 为声源与屏障顶端的距离；B 为接收点与屏障顶端的距离；d 为声源与接收点间的距离；λ 为波长。

3. 植物的吸收屏障效应

声波通过高于声线 1m 以上的密集植物丛时，即会因植物阻挡而产生声衰减。在一般情况下，松树林带能使频率为 1000Hz 的声音衰减 3dB/10m，杉树林带为 2.8dB/10m，槐树林带为 3.5dB/10m，高 30cm 的草地为 0.7dB/10m。阔叶林地带的声衰减值见表 5-2。

表 5-2 阔叶林地带的声衰减值

频率/Hz	250	500	1000	2000	4000	8000
衰减值/(dB/10m)	1	2	3	4	4.5	5

（四）附加衰减

附加衰减包括声波在传播过程中由于云、雾、温度梯度、风而引起的声能量衰减及地面反射和吸收，或近地面的气象条件等因素所引起的衰减，但在环境影响评价中，一般不考虑风、云、雾以及温度梯度所引起的附加衰减。但是遇到下列情况时则必须考虑地面效应的影响：

① 预测点距声源 50m 以上。

② 声源距地面高度和预测点距地面高度的平均值小于 3m。

③ 声源与预测点之间的地坪被草地、灌木等覆盖。

地面效应引起的附加衰减量可按下式计算：

$$A_{\text{exc}}=5\lg\frac{r}{r_0} \tag{5-23}$$

应当注意，在实际应用中，不管传播距离多远，地面效应引起的附加衰减量上限为 10dB；在声屏障和地面效应同时存在的条件下，其衰减量之和的上限值为 25dB（A）。

（五）阻挡物的反射效应

声波在传播过程中，若遇到建筑物、地表面、墙壁、大型设备等阻挡时便会在这些物体的表面发生反射而产生反射效应，由图 5-2 可以看出，噪声从声源传播到受声点有直接和反射两条途径，到达受声点的声级是直达声与反射声叠加的结果，从而使受声点的声级增高 ΔL_r。

在下列情况时需考虑反射体引起的声级增高：

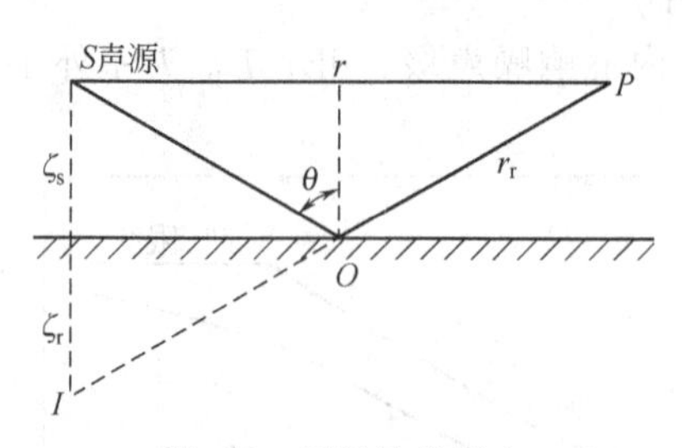

图 5-2 反射体的影响

① 反射体表面是平整、光滑、坚硬的。

② 反射体尺寸远大于所有声波的波长。

③ 入射角 $\theta<85°$。

由图 5-2 可以看出，被 O 点反射而到达 P 点的声波相当于从虚声源 I 辐射的声波，设 $SP=r$，$OP=r_r$。经验表明，声源辐射的声波一般都是宽频带的，而且满足 $r-r_r$ 远大于 λ 的条件。因反射而引起的声波的增高值 ΔL_r 可按以下关系确定（设 $\alpha=r/r_r$）：当 α 接近于 1 时，$\Delta L_r=3$dB；当 α 接近于 1.4 时，$\Delta L_r=2$dB；当 α 接近于 2 时，$\Delta L_r=1$dB；当 $\alpha>2.5$ 时，$\Delta L_r=0$dB；

五、声环境质量评价量

根据 GB 3096，声环境功能区的环境质量评价量主要为昼间等效声级（L_d）、夜间等效声级（L_n），突发噪声的评价量为最大 A 声级（L_{max}）。

根据 GB 9660，机场周围区域受飞机通过（起飞、降落、低空飞越）噪声影响的评价量主要为计权等效连续感觉噪声级（L_{WECPN}）。

（一）A 声级 L_A

环境噪声的度量，不仅与噪声的物理量有关，还与人们对声音的主观听觉有关。人耳对声音的感觉不仅和声压级大小有关，而且也和频率的高低有关。声压级相同而频率不同的声音，听起来不一样响，高频声音比低频声音响，这是人耳听觉特性所决定的。为了能用仪器直接量出人的主观响度感觉，研究人员为测量噪声的仪器声级计设计了一个特殊的滤波器——A 计权网络。通过 A 计权网络测得的噪声值更接近人的听觉，这个测得的声压级称为 A 计权声级，简称 A 声级。

声级也叫计权声级，指声级计上以分贝表示的读数，即声场内某一点的声级。声级计读数相当于全部可听声范围内按规定的频率计权的积分时间而测得的声压级，通常有 A、B、C 和 D 计权声级。其中 A 声级是模拟人耳对 55dB 以下低强度噪声的频率特性而设计的，以 L_{pA}或 L_A 表示，单位为 dB（A）。由于 A 声级能较好地反映出人们对噪声吵闹的主观感觉，因此，它几乎已成为一切噪声评价的基本值。

（二）等效连续 A 声级 L_{eq}

A 声级用来评价稳态噪声具有明显的优点，但是在评价非稳态噪声时又有明显的不足。因此，人们提出了等效连续 A 声级（简称“等效声级”），即将某一段时间内连续暴露的不同 A 声级变化，用能量平均的方法以 A 声级表示该段时间内的噪声大小，单位为 dB(A)。

等效连续 A 声级的数学表示：

$$L_{eq}=10\lg\left(\frac{1}{T}\int_0^T 10^{0.1L_A(t)}\,dt\right) \tag{5-24}$$

式中，L_{eq}为在 T 段时间内的等效连续 A 声级，dB(A)；$L_A(t)$ 为 t 时刻的瞬时 A 声级，dB(A)；T 为连续取样的总时间，min。

进行实际噪声测量时采用的噪声测量方法应根据噪声的实际情况而定。如果一日之内的声级变化较大，而每天的变化规律相同，则应选择有代表性的一天测量其等效连续 A 声级。若噪声级不但在日内变化，而且在日间变化也较大，但却有周期性的变化规律，也可选择有代表性的一周测量其等效连续 A 声级。

由于噪声测量实际上是采取等间隔取样的，所以等效连续 A 声级又按下列公式计算：

$$L_{eq(A)}=10\lg\left(\frac{1}{N}\sum_{i=1}^{N}10^{0.1L_i}\right) \tag{5-25}$$

式中，L_i 为第 i 次读数的 A 声级，dB(A)；N 为取样总数。

（三）昼夜等效声级 L_{dn}

昼夜等效声级是考虑了噪声在夜间对人影响更为严重，将夜间噪声另增加 10dB 加权处理后，用能量平均的方法得出 24h A 声级的平均值，单位为 dB（A）。计算公式为：

$$L_{dn}=10\lg\left(\frac{16\times10^{0.1L_d}+8\times10^{0.1(L_n+10)}}{24}\right) \tag{5-26}$$

式中，L_d 为昼间 T_d 各小时（一般昼间小时数取 16）的等效声级，dB(A)；L_n 为夜间 T_n 各小时（一般夜间小时数取 8）的等效声级，dB(A)；

（四）统计噪声级 L_n

统计噪声级是指在某点噪声级有较大波动时，用于描述该点噪声值随时间变化状况的统计物理量，一般用 L_{10}、L_{50}、L_{90}表示。

L_{10}表示在取样时间内10%的时间超过的噪声级，相当于噪声平均峰值；L_{50}表示在取样时间内50%的时间超过的噪声级，相当于噪声平均中值；L_{90}表示在取样时间内90%的时间超过的噪声级，相当于噪声平均底值。

其计算方法是：将测得的100个（或200个）数据按大小顺序排列，第10个数据（或总数200个的第20个数据）即为L_{10}，第50个数据（或总数200个的第100个数据）即为L_{50}，同理，第90个数据（或第180个数据）即为L_{90}。

（五）计权等效连续感觉噪声级L_{WECPN}

计权等效连续感觉噪声级是在等效感觉噪声级的基础上发展起来用于评价航空噪声的方法，其特点在于既考虑了在24h的时间内飞机通过某一固定点所产生的总噪声级，同时也考虑了不同时间内的飞机对周围环境所造成的影响。

一日计权等效连续感觉噪声级的计算公式如下：

$$L_{WECPN}=\overline{EPNL}+10\lg(N_1+3N_2+10N_3)-40 \tag{5-27}$$

式中，$\overline{EPNL}$为N次飞行的等效感觉噪声级的能量平均值，dB；N_1为7时～19时的飞行次数；N_2为19时～22时的飞行次数；N_3为22时～7时的飞行次数。

计算式中所需参数，如飞机噪声L_{EPNL}与距离的关系采用设计数据和飞机制造厂家的实测声学参数或通过类比实测获得。

第三节　声环境现状调查与评价

一、声环境现状调查

（一）声环境现状调查主要内容

1. 影响声波传播的环境要素

调查建设项目所在区域的主要气象特征：年平均风速和主导风向，年平均气温，年平均相对湿度等。

收集评价范围内1∶(2000～50000)地理地形图，说明评价范围内声源和敏感目标之间的地貌特征、地形高差及影响声波传播的环境要素。

2. 声环境功能区划

调查评价范围内不同区域的声环境功能区划情况，调查各声环境功能区的声环境质量现状。

3. 敏感目标

调查评价范围内的敏感目标的名称、规模、人口的分布等情况，并以图、表相结合的方式说明敏感目标与建设项目的关系（如方位、距离、高差等）。

4. 现状声源

建设项目所在区域的声环境功能区的声环境质量现状超过相应标准要求或噪声值相对较高时，需对区域内的主要声源的名称、数量、位置、影响的噪声级等相关情况进行调查。

有厂界（或场界、边界）噪声的改、扩建项目，应说明现有建设项目厂界（或场界、边界）噪声的超标、达标情况及超标原因。

（二）声环境现状调查的基本方法

环境现状调查的基本方法是：收集资料法；现场调查法；现场测量法。评价时，应根据评价工作等级的要求确定需采用的具体方法。

（三）典型工程声环境现状调查方法

1. 工矿企业声环境现状水平调查

现有车间的声环境现状调查，重点是处于85dB（A）以上的噪声源分布及声级分析。

厂区内噪声水平调查一般采用网格法，每隔 10～50m 划正方形网格，在交叉点布点测量，测量结果标在图上供数据处理用。

厂界噪声水平调查测量点布置在厂界外 1m 处，间隔可以为 50～100m，大型项目也可以取 100～300m，具体测量方法参照相应的标准规定。

生活居住区声环境水平调查，也可将生活区划成网格测量，进行总体水平分析，或针对敏感目标，参照《声环境质量标准》（GB 3096—2008）布置测点，调查敏感点处噪声水平。

所有调查数据按有关标准选用的参数进行数据统计和计算，所得结果供现状评价使用。

2. 公路、铁路声环境现状水平调查

公路、铁路为线路型工程，其声环境现状水平调查应重点关注沿线的环境噪声敏感目标，其具体方法为：调查评价范围内有关城镇、学校、医院、居民点或农村生活区在沿线的分布和建筑情况以及相应执行的噪声标准。通过测量调查环境噪声背景值。若敏感目标较多时，应分路段测量环境噪声背景值。若存在现有噪声源，应调查其分布状况和对周围敏感目标影响的范围和程度。

边界测点应设于距道路外侧一定距离处配对出现，其它测点应设在临路最近一排房屋窗外 1m 处、学校和医院等噪声保护目标的室外以及有代表性的背景噪声测量位置上。

声环境现状调查一般测量等效连续 A 声级。必要时，除给出白天和夜间背景噪声值外，还需给出噪声源影响的距离、超标范围和程度以及全天 24h 等效声级，作为现状评价和预测评价依据。

3. 飞机场声环境现状水平调查

在机场周围进行环境调查时，需调查评价范围内声环境功能区划、敏感目标和人口分布，噪声源种类、数量及相应的噪声级。当评价范围内没有明显的噪声源，且声级在 45dB（A）以下时可根据评价等级分别选择 3～6 个测点，测量等效连续 A 声级。

改扩建工程应根据现有飞机飞行架次、飞行程序、机场周围敏感点分布，分别选择 5～12 个测点进行飞机噪声监测，无敏感点的可在机场近台、远台设点监测。在每个测点分别测量不同机型起飞、降落时的最大 A 声级、持续时间或 EPNL，每种机型测量的起降状态不得少于 3 次，对于飞机架次较多的机场可实施连续监测，并根据飞跃该测点的不同机型和架次计算出该点的 WECPNL，同时给出年日平均飞行架次和机型，绘制现状声级线图。

二、声环境现状评价

声环境基本采用单因子评价方法，根据各环境噪声功能区噪声级，分析达标和超标状况及主要噪声源；评价范围边界或工业企业厂界噪声级、达标或超标状况及主要噪声源；做出典型测点昼夜 24h 连续监测声级分布图表及楼房垂直声场分布图表；机场改、扩建工程应给出各监测点主要机型的 L_{Amax}、L_{EPN}和该点的 L_{WECPN}值，给出现状 L_{WECPN}值 70dB、75dB、80dB、85dB、90dB 声级的等值曲线；明确评价范围内受噪声影响的人口分布、敏感目标昼夜声环境达标情况。

第四节　声环境影响评价

一、声环境影响评价的基本任务和工作程序

（一）声环境影响评价的基本任务

① 评价建设项目引起的声环境变化。

② 提出各种噪声防治对策，把噪声污染降低到现行标准允许的水平。

③ 为建设项目优化选址、合理布局以及城市规划提供科学依据。

（二）声环境影响评价的工作程序（图 5-3）

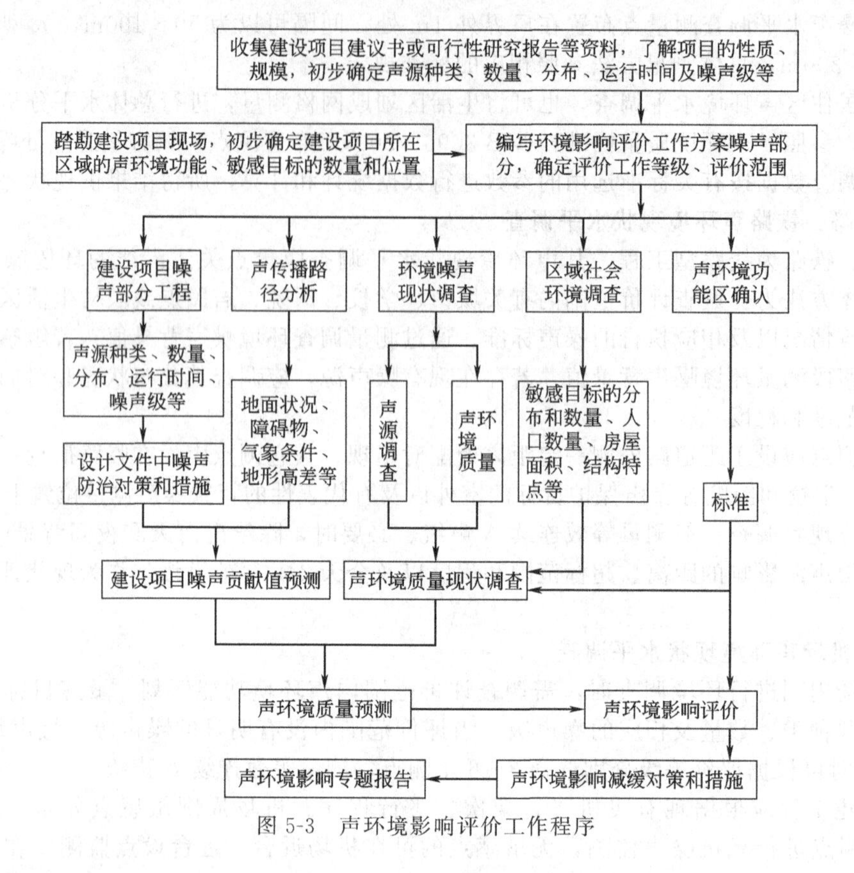

图 5-3 声环境影响评价工作程序

二、声环境影响评价的基本内容

声环境影响评价的基本内容包括以下七个方面。

① 项目建设前声环境状况。

② 根据噪声预测结果和声环境评价标准，评述建设项目在施工、运行阶段噪声的影响程度、影响范围和超标状况（以敏感区域或敏感点为主）。

③ 分析受噪声影响的人口分布（包括受超标和不超标噪声影响的人口分布）。可以通过两个途径估计评价范围内受噪声影响的人口：a. 城市规划部门提供的某区域规划人口数；b. 若无规划人口数，可以用现有的人口数和当地人口增长率计算预测年限的人口数。

④ 分析建设项目的噪声源和引起超标的主要噪声源或主要原因。

⑤ 分析建设项目的选址、设备布置和设备选型的合理性，分析在建设项目设计中已有的噪声防治对策的适用性和防治效果。

⑥ 为了使建设项目的噪声达标，评价必须提出需要增加的、适用于评价工程的噪声防治对策，并分析其经济、技术的可行性。

⑦ 提出针对该建设项目的有关噪声污染管理、噪声监测和城市规划方面的建议。

此外，拟建项目对野生动物的影响很重要。例如，海洋石油勘探的噪声对海洋哺乳动物如海豚、鲸等有影响；高压输电线通道的噪声刺激有些野生动物繁殖；噪声也能影响鱼类听力。一般来说，噪声的后果是破坏野生动物的正常繁殖形式和使栖息地环境恶化。在靠近珍稀和濒危野生生物保护区边界有开发行动时，应注意评估噪声对其影响。

三、声环境影响评价工作等级和工作范围

（一）声环境影响评价工作等级的划分依据

① 建设项目所在区域的声环境功能区类别。

② 建设项目建设前后所在区域的声环境质量变化程度。

③ 受建设项目影响人口的数量。

（二）声环境影响评价工作等级的划分

声环境影响评价工作等级一般分为三级，一级为详细评价，二级为一般性评价，三级为简要评价。

1. 一级评价

适用于 GB 3096 规定的 0 类声环境功能区域以及对噪声有特别限制要求的保护区等敏感目标，或建设项目建设前后评价范围内敏感目标噪声级增高量达 5dB(A) 以上［不含 5dB(A)］，或受影响人口数量显著增多的情况。

2. 二级评价

建设项目所处的声环境功能区为 GB 3096 规定的 1 类、2 类地区，或建设项目建设前后评价范围内敏感目标噪声级增高量达 3～5dB(A)［含 5dB(A)］，或受噪声影响人口数量增加较多时，按二级评价。

3. 三级评价

建设项目所处的声环境功能区为 GB 3096 规定的 3 类、4 类地区，或建设项目建设前后评价范围内敏感目标噪声级增高量在 3dB(A) 以下［不含 3dB(A)］且受影响人口数量变化不大时，按三级评价。

在确定评价工作等级时，如建设项目符合两个以上级别的划分原则，按较高级别的评价等级评价。

（三）声环境影响评价工作范围

声环境影响评价范围依据评价工作等级确定。

1. 对于以固定声源为主的建设项目（如工厂、港口、施工工地、铁路站场等）

① 满足一级评价的要求，一般以建设项目边界向外 200m 为评价范围。

② 二级、三级评价范围可根据建设项目所在区域和相邻区域的声环境功能区类别及敏感目标等实际情况适当缩小。如依据建设项目声源计算得到的贡献值到 200m 处，仍不能满足相应功能区标准值时，应将评价范围扩大到满足标准值的距离。

2. 城市道路、公路、铁路、城市轨道交通地上线路和水运线路等建设项目

① 满足一级评价的要求，一般以道路中心线外两侧 200m 以内为评价范围。

② 二级、三级评价范围可根据建设项目所在区域和相邻区域的声环境功能区类别及敏感目标等实际情况适当缩小。如依据建设项目声源计算得到的贡献值到 200m 处仍不能满足相应功能区标准值时，应将评价范围扩大到满足标准值的距离。

3. 机场周围飞机噪声评价范围应根据飞行量计算到 L_{WECPN} 为 70dB 的区域

① 满足一级评价的要求，一般以主要航迹离跑道两端各 6～12km、侧向各 1～2km 的范围为评价范围。

② 二级、三级评价范围可根据建设项目所处区域的声环境功能区类别及敏感目标等实际情况适当缩小。

四、声环境影响评价工作基本要求

（一）一级评价的基本要求

① 在工程分析中，给出建设项目对环境有影响的主要声源的数量、位置和声源源强，

并在标有比例尺的图中标识固定声源的具体位置或流动声源的路线、跑道等位置。在缺少声源源强的相关资料时，应通过类比测量取得，并给出类比测量的条件。

② 评价范围内具有代表性的敏感目标的声环境质量现状需要实测。对实测结果进行评价，并分析现状声源的构成及其对敏感目标的影响。

③ 噪声预测应覆盖全部敏感目标，给出各敏感目标的预测值及厂界（或场界、边界）噪声值。固定声源评价、机场周围飞机噪声评价、流动声源经过城镇建成区和规划区路段的评价应绘制等声级线图，当敏感目标高于（含）三层建筑时，还应绘制垂直方向的等声级线图。给出建设项目建成后不同类别的声环境功能区内受影响的人口分布、噪声超标的范围和程度。

④ 当预测不同代表性时段噪声级可能发生变化的建设项目，应分别预测其不同时段的噪声级。

⑤ 对工程可行性研究和评价中提出的不同选址（选线）和建设布局方案，应根据不同方案噪声影响人口的数量和噪声影响的程度进行比选，并从声环境保护角度提出最终的推荐方案。

⑥ 针对建设项目的工程特点和所在区域的环境特征提出噪声防治措施，并进行经济、技术可行性论证，明确防治措施的最终降噪效果和达标分析。

（二）二级评价的基本要求

① 在工程分析中，给出建设项目对环境有影响的主要声源的数量、位置和声源源强，并在标有比例尺的图中标识固定声源的具体位置或流动声源的路线、跑道等位置。在缺少声源源强的相关资料时，应通过类比测量取得，并给出类比测量的条件。

② 评价范围内具有代表性的敏感目标的声环境质量现状以实测为主，可适当利用评价范围内已有的声环境质量监测资料，并对声环境质量现状进行评价。

③ 噪声预测应覆盖全部敏感目标，给出各敏感目标的预测值及厂界（或场界、边界）噪声值，根据评价需要绘制等声级线图。给出建设项目建成后不同类别的声环境功能区内受影响的人口分布、噪声超标的范围和程度。

④ 当工程预测的不同代表性时段噪声级可能发生变化的建设项目，应分别预测其不同时段的噪声级。

⑤ 从声环境保护角度对工程可行性研究和评价中提出的不同选址（选线）和建设布局方案的环境合理性进行分析。

⑥ 针对建设项目的工程特点和所在区域的环境特征提出噪声防治措施，并进行经济、技术可行性论证，给出防治措施的最终降噪效果和达标分析。

（三）三级评价的基本要求

① 在工程分析中，给出建设项目对环境有影响的主要声源的数量、位置和声源源强，并在标有比例尺的图中标识固定声源的具体位置或流动声源的路线、跑道等位置。在缺少声源源强的相关资料时，应通过类比测量取得，并给出类比测量的条件。

② 重点调查评价范围内主要敏感目标的声环境质量现状，可利用评价范围内已有的声环境质量监测资料，若无现状监测资料时应进行实测，并对声环境质量现状进行评价。

③ 噪声预测应给出建设项目建成后各敏感目标的预测值及厂界（或场界、边界）噪声值，分析敏感目标受影响的范围和程度。

④ 针对建设项目的工程特点和所在区域的环境特征提出噪声防治措施，并进行达标分析。

五、声环境影响预测

（一）预测工作的准备

收集有关资料，包括工程概况、噪声源声学数据、自然环境条件等，还要调查现有车间、厂区、厂界、生活区噪声现状等。

（二）预测范围和预测点布设原则

1. 预测范围

噪声预测范围一般与所确定的噪声评价等级所规定的范围相同，也可稍大于评价范围。

2. 预测点布设原则

① 所有环境噪声现状测量点都应作为预测点。现状测量点一般要覆盖整个评价范围，重点要布置在现有噪声源对敏感区有影响的点上。其中，点声源周围布点密度应高一些。对于线声源，应根据敏感区分布状况和工程特点确定若干测量断面，每一断面上设置一组测点。

② 为了便于绘制等声级线图，可以用网格法确定预测点。网格的大小应根据具体情况而定，对于建设项目包括线状声源特征的情况，平行于线状声源走向的网格间距可大些（如100～300m），垂直于线状声源走向的网格间距应小些（如20～60m）。对于建设项目包括呈点声源特征的情况，网格的大小一般在（20m×20m）～（100m×100m）。

③ 评价范围内需要特别考虑的预测点。

（三）预测点噪声级计算的基本步骤

① 选择一个坐标系，确定出各噪声源位置和预测点位置（坐标），并根据预测点与声源之间的距离把噪声源简化为点声源或线声源。

② 根据已获得的噪声源噪声级数据和声波从各声源到预测点的传播条件，计算出噪声从各声源传播到预测点的声衰减量，由此计算出各声源单独作用时预测点产生的A声级L_{Ai}。

③ 确定预测计算的时段T，并确定各声源的发声持续时间t_i。

④ 计算预测点T时段内的等效连续A声级：

$$L_{eq}(A)=10\lg\left(\frac{\sum_{i=1}^{n}t_i 10^{0.1L_{Ai}}}{T}\right) \tag{5-28}$$

在噪声环境影响评价中，因为声源较多，预测点数量比较大，因此常用电子计算机完成计算工作。可以利用有关噪声预测模型（如对于公路噪声预测，美国联邦公路管理局提出的"公路噪声预测模型"）。

（四）等声级图绘制

计算出各网格点上的噪声级（如L_{eq}、L_{WECPN}）后，采用某种数学方法（如双三次拟合法、按距离加权平均法、按距离加权最小二乘法等）计算并绘制出等声级线。

等声级线的间距不大于5dB。绘制L_{eq}的等声级线图，其等效声级范围可从35～75dB；对于L_{WECPN}，一般应有70dB、75dB、80dB、85dB、90dB的等声级线。

等声级线图直观地表明了项目的噪声级分布，对分析功能区噪声超标状况提供了方便，同时为城市规划、城市噪声管理提供了依据。

六、噪声防治对策和措施

确定环境噪声污染防治对策的一般原则为：以声音的三要素为出发点控制环境噪声的影响；以城市规划为先，避开产生环境噪声污染影响；关注环境敏感人群的保护，体现"以人为本"；管理手段和技术手段相结合控制环境噪声污染；依据针对性、具体性、经济合理、技术可行原则。

从声音三要素考虑噪声防治对策，应从声源、噪声传播途径和受敏感目标三个环节上降低噪声。

（一）从声源上降低噪声

从声源上降低噪声是指将发声大的设备改造成发声小的或者不发声的设备，有以下几种方法。

① 改进机械设计以降低噪声。如在设计和制造过程中选用发声小的材料来制造机件，改进设备结构和形状、改进传动装置及选用已有的低噪声设备。

② 改革工艺和操作方法以降低噪声。如用压力式打桩机代替柴油打桩机，把铆接改为焊接、液压代替锻压等。

③ 维持设备处于良好的运转状态。因设备运转不正常时噪声往往增高，所以要使设备处于良好的运转状态。

（二）在噪声传播途径上降低噪声

在噪声传播途径上降低噪声是常用的一种以使噪声敏感区达标为目的的噪声防治手段，具体做法如下。

① 采用“闹静分开”和“合理布局”的设计原则，使高噪声设备尽可能远离噪声敏感区。

② 利用自然地形物（如位于噪声源和噪声敏感区之间的山丘、土坡、地堑、围墙等）降低噪声。

③ 合理布局噪声敏感区中的建筑物功能和合理调整建筑物平面布局，即把非噪声敏感建筑或非噪声敏感房间靠近或朝向噪声源。

④ 采取声学控制措施。如对声源采用消声、隔振和减振措施，在传播途径上增设吸声、隔声等措施。由振动、摩擦、撞击等引发的机械噪声，一般采用减振、隔声措施，一般隔声材料隔声效果可达15～40dB。

（三）从受声敏感目标自身降低噪声

① 敏感目标安装隔声门窗或隔声通风窗。

② 置换改变敏感点使用功能。

③ 敏感目标搬迁远离高噪声建设项目。

思考题与习题

1. 简述噪声污染的特点。

2. 某工厂风机排气口外1m处噪声级为90dB，厂界值要求标准为60dB，厂界与锅炉房的最小距离应为多少米？

3. 一个拟建的住宅小区，计划施工进度为：场地清理50d，土方开挖45d，基础工程80d，上层建筑300d，工程收尾25d。在上层建筑施工和工程收尾阶段，只有少数必需设备在现场，设施工场地为150m×150m的范围。现要求：

① 试画出场地四周L_{eq}的廓线。

② 算出在离场地50m处的民宅噪声是否超标。

4. 声环境影响评价的工作等级是如何划分的？

5. 噪声防治的对策和措施有哪些？

第六章　固体废物环境影响评价

第一节　概　　述

建设项目在建设和运行阶段都会产生固体废物，对环境造成不同程度的影响。固体废物环境影响评价是确定拟开发行动或建设项目建设和运行过程中固体废物的种类、产生量，对人群和生态环境影响的范围和程度，提出处理处置方法以及避免、消除和减少其影响的措施。

一、固体废物的定义

固体废物是指在生产、生活和其它活动中产生的丧失原有利用价值或者虽未丧失利用价值但被抛弃或者放弃的固态、半固态和置于容器中的气态物、物质，以及法律、行政法规规定纳入固体废物管理的物品、物质。不能排入水体的液态废物和不能排入大气的置于容器中的气态废物，由于多数具有较大的危害性，一般也被归入固体废物管理体系。

二、固体废物的来源

固体废物来自人类活动的许多环节，主要包括生产过程和生活活动的一些环节。表 6-1 列出从各类发生源产生的主要固体废物。

表 6-1　从各类发生源产生的主要固体废物

产生源	产出的主要固体废物
居民生活	食物、垃圾、纸、木、布、家庭植物修剪物、金属、玻璃、塑料、陶瓷、燃料灰渣、脏土、碎砖瓦、废器具、粪便、杂品等
商业、机关	除上述废物外，另有管道、碎砌体、沥青及其它建筑材料，易爆、易燃、腐蚀性、放射性废物，废汽车、废电器等
市政维护、管理部门	脏土、碎砖瓦、树叶、死畜禽、金属、锅炉灰渣、污泥等
矿业	废石、尾矿、金属、废木、砖瓦、水泥、砂石等
冶金、金属结构、交通、机械等工业	金属、渣、砂土、模型、芯、陶瓷、涂料、管道、绝热和绝缘材料、黏结剂、废木、塑料、橡胶、各种建筑材料、烟尘等
建筑材料工业	金属、水泥、黏土、陶瓷、石膏、石棉、砂、石、纸、纤维等
食品加工业	肉、谷物、蔬菜、硬壳果、水果、烟草等
橡胶、皮革、塑料等工业	橡胶、塑料、皮革、布、线、纤维、染料、金属等
石油化工工业	化学药剂、金属、塑料、橡胶、陶瓷、沥青、油毡、涂料等
电器、仪器仪表等工业	金属、玻璃、木、橡胶、化学药剂、研磨料、绝缘材料等
纺织服装工业	布头、纤维、金属、橡胶、塑料等
造纸、木材、印刷等工业	刨花、锯末、碎木、化学药剂、金属填料、塑料等
核工业和放射性医疗单位	金属、含放射性废渣、粉尘、污泥、器具和建筑材料等
农业	秸秆、蔬菜、水果、果树枝条、糠秕、人和畜禽粪便、农药等

三、固体废物的分类

固体废物种类繁多，主要来自于生产过程和生活活动的一些环节，按其污染特性可分为一般废物和危险废物。按废物来源又可分为城市固体废物、工业固体废物和农业固体废物。

（一）城市固体废物

城市固体废物是指居民生活、商业活动、市政建设与维护、机关办公等过程产生的固体废物，一般分为以下几类。

1. 生活垃圾

是指在日常生活中或者为日常生活提供服务的活动中产生的固体废物，以及法律、行政法规规定的视为生活垃圾的固体废物，主要包括厨余物、废纸、废塑料、废金属、废玻璃、陶瓷碎片、废家具、废旧电器等。

2. 城建渣土

包括废砖瓦碎石、渣土、混凝土碎块（板）等。

3. 商业固体废物

包括废纸，各种废旧的包装材料，丢弃的主、副食品等。

4. 粪便

工业先进国家城市居民产生的粪便，大都通过下水道输入污水处理厂处理。我国情况不同，城市下水设施少，粪便需要收集、清运，是城市固体废物的重要组成部分。

（二）工业固体废物

工业固体废物是指工业生产活动中产生的固体废物，主要包括以下几类。

1. 冶金工业固体废物

主要包括各种金属冶炼或加工过程所产生的废渣，如高炉炼铁产生的高炉渣；平炉转电炉炼钢产生的钢渣、铜镍铅锌等；有色金属冶炼过程中产生的有色金属渣、铁合金渣及提炼氧化铝时产生的赤泥等。

2. 能源工业固体废物

主要包括燃煤电厂产生的粉煤灰、炉渣、烟道灰、采煤及洗煤过程中产生的煤矸石等。

3. 石油化学工业固体废物

主要包括石油及加工工业产生的油泥、焦油页岩渣、废催化剂、废有机溶剂等，化学工业生产过程中产生的硫铁矿渣、酸渣、碱渣、盐泥、釜底泥、精（蒸）馏残渣，以及医药和农药生产过程中产生的医药废物、废药品、废农药等。

4. 矿业固体废物

矿业固体废物主要包括采矿石和尾矿。采矿石是指各种金属、非金属矿山开采过程中从主矿上剥离下来的各种围岩；尾矿是指在选矿过程中提取精矿以后剩下的尾渣。

5. 轻工业固体废物

主要包括食品工业、造纸印刷工业、纺织印染工业、皮革工业等工业加工过程中产生的污泥、动物残体、废酸、废碱及其它废物。

6. 其它工业固体废物

主要包括机械加工过程中产生的金属碎屑、电镀污泥、建筑废料及其它工业加工过程中产生的废渣等。

（三）农业固体废物

农业固体废物来自农业生产、畜禽饲养、农副产品加工所产生的废物，如农作物秸秆、农田薄膜及畜禽排泄物等。

（四）危险废物

危险废物泛指除放射性废物以外，具有毒性、易燃性、反应性、腐蚀性、爆炸性、传染性，因而可能对人类的生活环境产生危害的废物。《中华人民共和国固体废物污染环境防治法》中规定："危险废物是指列入国家危险废物名录或者根据国家规定的危险废物鉴别标准和鉴别方法认定的具有危险特性的固体废物。"

环境保护部和国家发改委联合发布的《国家危险废物名录》中，危险废物类别有49类，把具有腐蚀性、毒性、易燃性、反应性或者感染性等特性的固体废物和液态废物均列入名录，还特别将医疗废物因其具有感染性而列入危险废物范畴，同时明确家庭日常生活中产生的废药品及其包装物、废杀虫剂和消毒剂及其包装物、废油漆和溶剂及其包装物、电子类危险废物等，可以不按照危险废物进行管理，但是将上述家庭生活中产生的废物从生活垃圾中分类收集后，其运输、储存、利用或者处置须按照危险废物进行管理。

四、固体废物对环境的污染

（一）对大气环境的影响

固体废物在堆放和处理处置过程中会产生有害气体，若不加以妥善处理将对大气环境造成不同程度的影响。例如，露天堆放和填埋的固体废物会由于有机组分的分解而产生沼气，一方面，沼气中的NH_3、H_2S、甲硫醇等的扩散会造成恶臭的影响；另一方面，沼气的主要成分CH_4是一种温室气体，其温室效应是CO_2的21倍，而CH_4在空气中含量达到5%～15%时很容易发生爆炸，对生命安全造成很大威胁。固体废物在焚烧过程中会产生粉尘、酸性气体等，也会对大气环境造成污染。

另外，堆放的固体废物中的细微颗粒、粉尘等可随风飞扬，从而对大气环境造成污染。据研究表明：当发生4级以上的风力时，在粉煤灰或尾矿堆表层的粉末会出现剥离，其飘扬的高度可达20～50m以上；在季风期间可使平均视程降低30%～70%。一些有机固体废物，在适宜的湿度和温度下被微生物分解能释放出有害气体，可以在不同程度上产生毒气或恶臭，造成地区性污染。

此外，采用焚烧法处理固体废物，如露天焚烧法处理塑料，排出Cl_2、HCl和大量粉尘，也将造成大气污染；而一些工业和民用锅炉，由于收尘效率不高造成的大气污染更是屡见不鲜。

（二）对水环境的影响

固体废物对水环境的污染途径有直接污染和间接污染两种。前者是把水体作为固体废物的接纳体，向水体直接倾倒废物，从而导致水体的直接污染；后者是固体废物在堆放过程中，经过自身分解和雨水淋溶产生的渗滤液流入江河、湖泊和渗入地下而导致地表水和地下水的污染。

此外，向水体倾倒固体废物还将缩减江河湖面的有效面积，使其排洪和灌溉能力降低。在陆地堆积的或简单填埋的固体废物，经过雨水的浸渍和废物本身的分解，将会产生含有有害化学物质的渗滤液，会对附近地区的地表及地下水系造成污染。

（三）对土壤环境的影响

固体废物对土壤环境的影响有两个方面。第一个影响是废物在堆放、存储和处置过程中，其中的有害组分容易污染土壤。土壤是许多细菌、真菌等微生物聚居的场所，这些微生物与其周围的环境构成了一个生态系统，在大自然的物质循环中，担负着碳循环和氮循环的一部分重要任务。工业固体废物特别是有害固体废物，经过风化、雨雪淋溶、地表径流的侵蚀，产生高温和有毒液体渗入土壤，能杀害土壤中的微生物，改变土壤的性质和土壤结构，破坏土壤的腐解能力，导致草木不生。第二个影响是固体废物的堆放需要占用土地。据估计，每堆积10000t废渣约需占用土地$0.067\times10^{-4}km^2$。我国仅2003年全国工业固体废物的产生量约为1×10^9t，堆存占地约$6.7km^2$。我国许多城市的近郊也常常是城市垃圾的堆放场所，形成了垃圾围城的状况。

（四）固体废物对人体健康的影响

固体废物处理或处置过程中，特别是露天存放，其中的有害成分在物理、化学和生物的作用下会发生浸出，含有害成分的浸出液可通过地表水、地下水、大气和土壤等环境介质直接或间接被人体吸收，从而对人体健康造成威胁。

根据物质的化学特性，当某些不相容物质相混时，可能发生不良反应，包括热反应（燃烧或爆炸），产生有毒气体（砷化氢、氰化氢、氯气等）和产生可燃性气体（氢气、乙炔等）。若人体皮肤和废强酸或废强碱接触，将发生烧灼性腐蚀作用。若误吸收一定量的农药，能引起急性中毒，出现呕吐、头晕等症状。存储化学物品的空容器，若未经过适当处理或管理不善，能引起严重中毒事件。化学废物的长期暴露会产生对人类健康有不良影响的恶性物质，对这类潜在的负面效应，应予以高度重视。

（五）景观影响

固体废物不适当堆置会破坏周围自然景观。

（六）放射性危害

一些放射性物质含量较高的废耐火砖、废渣被用作建筑材料，使居住者受到额外的辐射照射。

五、固体废物的管理

（一）固体废物管理体系

我国固废管理体系是以环境保护主管部门为主，结合有关工业主管部门及城市建设主管部门，共同对固体废物实行全过程管理。各主管部门在所辖的职权范围内建立相应的管理体系和管理制度，对固废污染环境的防治工作实行统一监督管理，其主要工作有：

① 制定有关固废管理的规定、规则和标准。

② 建立固废污染环境的监测制度。

③ 审批产生固废的项目以及建设储存、处置固废的项目的环境影响评价。

④ 验收、监督和审批固废污染环境防治设施的“三同时”及其关闭、拆除。

⑤ 对与固废污染环境有关的单位进行现场检查。

⑥ 对固废的转移、处置进行审批、监督。

⑦ 进口可用作原料的废物的审批。

⑧ 制定防治工业固废污染环境的技术措施，组织推广先进的防止工业固废污染环境的生产工艺设备。

⑨ 制定工业固废污染环境的防治工作规划。

⑩ 组织工业固废和危险废物的申报登记。

⑪ 对所产生的危险废物不处置或处置不符合国家有关规定的单位实行行政代执行审批，颁发危险废物经营许可证。

⑫ 对固废污染事故进行监督、调查和处理。

国务院有关部门及地方人民政府有关部门在其职责范围内负责固废环境污染防治的监督管理工作，主要有：

① 对所管辖范围内的有关单位的固废污染环境防治工作进行监督管理。

② 对造成固废严重污染环境的企事业单位进行限期治理。

③ 制定防治工业固废污染环境的技术政策，组织推广先进的防止工业固废污染环境的生产工艺和设备。

④ 组织、研究、开发和推广减少工业固废产生量的生产工艺和设备，限期淘汰产生严重污染环境的工业固废的落后生产工艺和设备。

⑤ 制定工业固废污染环境的防治工作规划，组织建设工业固废和危险废物储存、处置设施。

各级政府环境卫生行政主管部门负责城市生活垃圾的清扫、储存、运输和处置的监督工作，主要包括：

① 组织制定有关城市生活垃圾管理的规定和环境卫生标准。

② 组织建设城市生活垃圾的清扫、储存、运输和处置设施，对其运转进行监督管理。

③ 对城市生活垃圾的清扫、储存、运输和处置经营单位进行统一管理。

（二）固体废物管理新概念

固体废物特别是有毒有害废物的无序管理已经严重地影响到一些大江、大河的水质和某些地区的地下水质，威胁着人们赖以生存的环境。许多发达国家在工业发展道路上曾经有过十分沉痛的教训，所以，近二三十年来，在实践中逐步确定了一个新的废物管理模式。

1. 设立专门的废物管理机构

国家设立专门的废物管理机构，负责制定废物管理的法规和方针政策；审批和发放废物经营单位废物经营许可证；对废物科研进行统一安排和协调；对废物产生和运输、储存、加工处理、最终处置实行监督管理；对废物经营者和经营效果进行评估奖惩；推广废物经营管理经验。

2. 全过程管理

从废物“初生”那一刻起，对废物的产生、收集、运输、储存、再循环、再利用、加工处理直至最终处理实行全过程管理，以实现废物减量化、资源化和无害化。

3. 固体废物最小量化

现代固体废物管理的基点是废物最小量化，是针对废物最终体积而言的，它包括以下内容：

① 培养每个生产人员和生产管理人员，在每个岗位、每个工段、每个环节树立废物最小量化意识，负起最小量化责任，建立废物最小量化制度和操作规范。

② 改进生产工艺或设计、选择适当原料，使生产过程不产生废物或少产生废物。

③ 制定科学的运行操作程序，使废物产生量达到尽可能小。

④ 对有可能利用的废物进行循环和回收利用。

⑤ 采用压缩、焚烧等技术，减少处置废物的体积。

⑥ 实行奖惩制度，提高员工废物量最小化的积极性和创新精神。

4. 实行废物交换

通常，一个行业或企业的废物有可能是另一个行业或企业的原料，通过现代信息技术对废物进行交换。这种废物交换已不同于一般意义上的废物综合利用，而是现代信息技术对废物资源实行合理配置的一种系统工程。

5. 废物审计

过去粗放型的管理对废物产生、收集、处理、处置和排放一般都没有严格的程序。工作人员缺乏必要的环保意识以致经常出现废物不应发生的增量或出现跑、冒、滴、漏甚至非法排放，造成环境污染。而废物审计制度是对废物从产生、处理到处置、排放实行全过程监督的有效手段，它的主要内容有：

① 废物合理产生的估量。

② 废物流向和分配及监测记录。

③ 废物处理和转化。

④ 废物有效排放和总量衡算。

⑤ 废物从产生到处置的全过程评估。

废物审计的结果可以及时判断工艺的合理性，发现操作过程中是否跑、冒、滴、漏或非法排放，有助于改善工艺、改进操作，实现废物最小量化。

6. 建立废物信息和转移跟踪系统

废物从产生起直至最终处理的每个环节实行申报、登记、监督跟踪管理。废物产生者和经营者要对所有产生的废物的名称、时间、地点、生产厂家、生产工艺、废物种类、组成、数量、物理化学特性和加工、处理、转移、储存、处置以及它们对环境的影响向废物管理机构进行申报、登记，所有数据和信息都存入信息系统并实行跟踪。管理部门对废物业主和经营者进行监督管理和指导。

7. 对废物储存、运输、加工处理、处置实行许可证制度

废物的储存、转运、加工处理特别是处置实行经营许可证制度。经营者原则上应独立于废物生产者，经营者和经营人员必须经过专门的培训，并经考核取得专门的资格证书，经营者必须持有专门的废物管理机构发放的经营许可证，并接受废物管理机构的监督检查。废物经营实行收费制，促使废物最小量化。

第二节 固体废物的处理与处置

《中华人民共和国固体废物污染环境防治法》确定了固体废物污染防治的主要原则为：减少固体废物的产生量和危害性、充分合理利用固体废物和无害化处置固体废物。

一、固体废物的综合利用和资源化

（一）一般工业固体废物的再利用

由矿物开采、火力发电及金属冶炼产生大量的一般工业固体废物，积存量大，处置占地多。主要固体废物有煤矸石、锅炉渣、粉煤灰、高炉渣、钢渣、尘泥等，这些废物多以SiO_2、Al_2O_3、CaO、MgO、Fe_2O_3为主要成分，只要适当进行调配，经加工即可生产水泥等多种建筑材料，这不仅实现了资源再利用，而且由于其产生量大，可以大大减少处置的费用和难度。表6-2列出了可作建筑材料的工业废渣。

表6-2 可作建筑材料的工业废渣

工业废渣	用途
高炉渣、粉煤灰、煤渣、电石渣、尾矿粉、赤泥、钢渣、镍渣、铅渣、硫铁矿渣、铬渣、废石膏、水泥、窑灰等	①制造水泥原料和混凝土材料。 ②制造墙体材料。 ③道路材料、制作低级垫层填料
高炉渣（气冷渣、粒化渣、膨胀化渣、膨珠）、粉煤灰（陶粒）、煤矸石（膨胀煤矸石）、煤渣、赤泥（陶粒）、钢渣和镍渣（烧胀钢渣和镍渣等）	作为混凝土骨料和轻质骨料
高炉渣、钢渣、镍渣、铬渣、粉煤灰、煤矸石等	制造热铸产品
高炉渣（渣棉、水渣）、粉煤灰、煤渣等	制造保温材料

（二）有机固体废物堆肥技术

固体废物生物转化技术是对固体废物进行稳定化、无害化处理的重要方式之一，也是实现固体废物资源化、能源化的系统技术之一。依靠自然界广泛分布的细菌、放线菌、真菌等微生物，人为地促进可生物降解的有机物向稳定的腐殖质生化转化的微生物学过程称为堆肥化。堆肥化的产物称为堆肥。

自然界中很多微生物具有氧化、分解有机物的能力，而城市有机废物则是堆肥化微生物赖以生存、繁殖的物质条件。根据生物处理过程中起作用的微生物对氧气要求不同，可以把固体废物堆肥分为好氧堆肥化和厌氧堆肥化。前者是在通风条件下，有游离氧存在时进行的分解发酵过程，由于堆肥堆温高，一般在55～65℃，有时高达80℃，故也称为高温堆肥化。后者是利用厌氧微生物发酵制肥。由于好氧堆肥化具有发酵周期短、无害化程度高、卫生条件好、易于机械化操作等特点，故国外利用垃圾、污染物、人畜粪尿等有机废物制造堆肥工厂，绝大多数都采用好氧堆肥化。

城市垃圾经分拣后，将分拣出的玻璃废物、塑料废物、金属物质回收再利用，剩余垃圾的有机质具有堆肥的极大潜力。

利用污水处理厂产生的污泥进行堆肥，产生的堆肥必须进行组分分析，只有符合国家农用标准的肥料才能用于农田，否则将会给农田带来土壤的污染，这是环境影响评价中经常遇到并必须注意的问题。

二、固体废物的焚烧处置技术

（一）焚烧处理的技术特点

焚烧法是一种高温热处理技术，即以一定的过剩空气量与被处理的有机废物在焚烧炉内进行氧化燃烧反应，废物中的有毒、有害物质在高温下氧化、热解而被破坏。焚烧处理的特点是可以实现废物无害化、减量化、资源化。焚烧的主要目的是尽可能焚毁废物，使被焚烧的物质无害化和最大限度地减容，并尽量减少新的污染物质产生，避免造成二次污染。对大、中型的废物焚烧厂都有条件同时实现使废物减量、彻底焚毁废物中的毒性物质以及回收利用焚烧产生的废热这三个目的。焚烧法不但可以处置固体废物，而且可以用于处置危险废物。危险废物中的有机固态、液态和气态废物常常采用焚烧来处置，在焚烧处置城市生活垃圾时，也常常将垃圾焚烧前暂时贮存过程中产生的渗滤液和臭气引入焚烧炉焚烧处置。

焚烧法适宜处置有机成分多、热值高的废物。当处置可燃有机物组分很少的废物时，须补加大量的燃料，这会使运行费用增高。但如果有条件辅以适当的废热回收装置，则可弥补上述缺点，降低废物焚烧成本，从而使焚烧法获得较好的经济效益。

（二）焚烧技术的废气污染

焚烧烟气中常见的空气污染物包括粒状污染物、酸性气体、氮氧化物、重金属、一氧化碳与有机卤化物等。

1. 在焚烧过程中产生的粒状污染物

① 废物中的不可燃物，在焚烧过程中（如较大残留物）成为底灰排出，而部分的粒状物则随废气排出炉外成为飞灰。飞灰所占的比例随焚烧炉操作条件（如送风量、炉温等）、粒状物粒径分布、形状与密度而定。所产生的粒状物粒径一般大于10μm。

② 部分无机盐类在高温下氧化排出，在炉外凝结成粒状物，或二氧化硫在低温下遇水滴形成硫酸盐雾状微粒等。

③ 未完全燃烧产生的炭颗粒物与煤烟，粒径为0.1～10μm。由于颗粒微细难以去除，最好的控制方法是在高温下使其氧化分解。

2. 焚烧产生的酸性气体

主要包括SO_2、HCl与HF等，这些污染物都是直接由废物中的S、Cl和F等元素经过焚烧反应而形成的。如含Cl的PVC塑料会形成HCl，含F的塑料会生成HF，而含S的煤焦油会产生SO_2。据国外研究，一般城市垃圾中S含量为0.12%，其中30%～60%转化为SO_2，其余则残留于底灰或被飞灰所吸收。

3. 焚烧所产生的氮氧化物

一是在高温下，N_2与O_2反应形成热氮氧化物，另一个来源为废物中的氮组分转化为NO_x，称为燃料氮转化氮氧化物。

4. 废物中所含重金属物质

高温焚烧后除部分残留于灰渣中外，部分则会在高温下气化挥发进入烟气，部分金属物质在炉中参与反应生成的氧化物或氮化物，比原金属元素更易气化挥发。这些氧化物及氮化物，因挥发、热解、还原及氧化等作用，可进一步发生复杂的化学反应，最终产物包括元素态重金属、重金属氧化物及重金属氮化物等。

5. 废物焚烧过程中产生的毒性有机卤化物

主要为二噁英类，包括多氯代二苯并-对-二噁英（PCDDs）和多氯代二苯并呋喃（PC-DFs）。废物焚烧时的二噁英类物质来自三条途径：废物本身、炉内形成及炉外低温再合成。由于二噁英类物质毒性较强，因此最为人们所关注。

三、固体废物的填埋处置技术

（一）填埋处置的技术特点

使用填埋处置生活垃圾是应用最早、最广泛的，也是当今世界各国普遍使用的一项技术。将垃圾埋入地下会大大减少因垃圾敞开堆放带来的环境问题，如散发恶臭、滋生蚊蝇等。但垃圾填埋处置不当，也会引起新的环境污染，如由于阵雨的淋洗及地下水的浸泡，垃圾中的有害物质溶出并污染地表水和地下水；垃圾中的有机物质在厌氧微生物的作用下产生以 CH_4 为主的可燃性气体，从而引发填埋场火灾或爆炸。

填埋处置对环境的影响包括多个方面，通常主要考虑占用土地、植被破坏所造成的生态环境影响及填埋场释放物（包括渗滤液和填埋气体）对周围环境的影响。

随着人们对填埋场所带来的各种环境影响的认识，填埋技术也得到不断发展，由最初的简易填埋发展到具有防渗系统、集排水系统、导气系统和覆盖系统的卫生填埋。填埋场的设计和施工要求则是最有效地控制和利用释放气体、最有效地减少渗滤液的产生量、最有效地收集渗滤液并加以处理，防止渗滤液对地下水的污染。

（二）填埋处置技术的污染

填埋处置技术尽管是固体废物的最终归宿，但生活垃圾的填埋过程中仍会产生二次污染，包括大气污染和渗滤液污染地表水和地下水。

① 生化垃圾填埋场大气污染主要是 TSP、氨、硫化氢、甲硫醇等臭气。《生活垃圾填埋污染控制标准》（GB 16889—2008）规定大气污染物排放限制对无组织排放源的控制。颗粒物场界排放限值不大于 $0.1mg/m^3$，氨、硫化氢、甲硫醇、臭气浓度场界排放限值根据生活垃圾填埋场所在区域分别按照《恶臭污染物排放标准》（GB 14554—93）中相应级别的指标值执行。

② 为防止垃圾渗滤液对表水和地下水造成污染，垃圾填埋已从过去的依靠土壤过滤自净的扩散型结构发展为密封结构。密封结构是在填埋场的底部设置人工合成的衬里，使环境完全屏蔽隔离，防止渗滤液的渗漏。常用的衬里材料有高强度聚乙烯膜、橡胶、沥青及黏土等，衬里防渗结构可分别采用天然材料衬层、复合衬层和双人工材料衬层。一般，衬层系统的防渗系数要小于 $10^{-7}cm/s$，浸出液则要加以收集和处理，地表径流要加以控制。

按照《生活垃圾填埋污染控制标准》（GB 16889—2008）的要求，渗滤液排放控制项目有 SS、COD、BOD_5 和大肠菌值。

四、垃圾填埋场的环境影响评价

根据垃圾填埋场建设及其排污特点，环境影响评价工作具有多而全的特征，主要工作内容涉及厂址合理性论证、环境质量现状调查、工程污染因素分析、大气环境和水环境影响预测与评价、污染防治措施制度等，详见表 6-3。

表 6-3　填埋场环境影响评价工作内容

评价项目	评价内容
厂址选择评价	主要评价拟选场地是否符合选址标准，其方法是根据场地自然条件，采用选址标准逐项进行评判。评价的重点是场地的水文地质条件、工程地质条件、土壤自净能力等
自然、环境质量现状评价	主要评价拟选场地及其周围的空气、地表水、地下水、噪声等自然环境质量状况，其方法一般是根据监测值与各种标准，采用单因子和多因子综合评判法
工程污染因素分析	主要分析填埋场建设过程和建成投产后可能产生的主要污染源及其污染物以及它们产生的数量、种类、排放方法等，其方法一般采用计算、类比、经验统计等。污染源一般有渗滤液、释放气、恶臭、噪声等
施工期影响评价	主要评价施工期场地内排放生活污水、各类施工机械产生的机械噪声、振动及二次扬尘对周围地区产生的环境影响
水环境影响预测与评价	主要评价填埋场衬里结构的安全性及渗滤液排出对周围水环境的影响，包括以下两方面的内容。①正常排放对地表水的影响。根据相关标准，主要预测、评价渗滤液经过处理达标排放后是否会对受纳水体产生影响，影响程度如何。②非正常渗漏对地下水的影响。主要评价衬里破裂后渗滤液下渗对地下水的影响，包括渗透方向、渗透速度、迁移距离、土壤的自净能力及效果等
大气环境影响预测及评价	主要评价填埋场释放气体及恶臭对环境的影响。①释放气体。主要根据排放系统的结构，预测和评价排放系统的可靠性、排气利用的可能性及排气对环境的影响，预测模式可采用地面源模式。②恶臭。主要是评价运输、填埋过程中及封场后可能对环境的影响。评价时要根据垃圾的种类，预测各阶段臭气产生的位置、种类、浓度及影响范围
噪声环境影响预测及评价	主要评价垃圾运输、场地施工、垃圾填埋操作、封场各阶段由各种机械产生的振动和噪声对环境的影响。噪声评价可根据各种机械的特点采用机械噪声声压级预测，然后再结合卫生标准和功能区标准评价是否满足噪声控制标准，是否会对最近的居民区点产生影响
污染防治措施	①渗滤液的治理和控制措施及填埋场衬里破裂补救措施；②释放气的导排或综合利用措施及防臭措施；③减振防噪措施
环境经济损益评价	计算评价污染防治设施投资及所产生的经济、社会、环境效益
其它评价项目	结合填埋场周围的土地、生态情况，对土壤、生态、景观等进行评价；对洪涝特征年产生的过量渗滤液及垃圾释放气因物理、化学条件变异而产生垃圾爆炸等进行风险事故评价

第三节　危险废物定义与鉴别

危险废物是造成燃烧、爆炸、腐蚀、毒化和感染等的灾害之源。由于对危险废物管理不当，国内外均有不少惨痛的教训，因而，1984 年联合国环境规划署即把有毒废物的污染危害列为全球性环境问题之一。20 世纪，由于一些发达国家处置危险废物在征地、投资、技术、环保等方面的困难，有的不法厂商千方百计将自己的危险废物向不发达国家出口，致使进口国深受其害。为了控制危险废物的污染转嫁，联合国环境署主持于 1989 年 3 月 22 日通过了《控制危险废物越境转移及处置巴塞尔公约》（简称巴赛尔公约），我国政府于 1991 年 9 月批准了该公约。

一、危险废物定义

危险废物又称为“有害废物”、“有毒废渣”等（以下统称为危险废物）。发达国家虽然对危险废物已经建立了各种法规和制度，但关于危险废物的定义，各国、各组织有自己的提法，还没有在国际上形成统一的意见。例如，前联邦德国定义危险废物为“有害于人类健康、污染空气和水质的一些易爆、易燃或能引起疾病的废弃物”；英国的定义是“凡是有毒、有害、污染和存在于地面上能危害环境的所有物质”为危险废物；加拿大则将危险废物定义为“特殊废弃物”，即指废弃物中不适合采用一般处理方法或不适合进入城市污水或生活垃圾处理系统处理处置的有害物质，这些物质往往要单独进行焚烧、安全填埋或其它的特殊处置。

我国出版的有关著作对危险废物的提法也不完全统一。首先危险废物应属于“废物”的范畴，也就是指没有直接用途并且可以丢弃的物质。美国和欧洲的危险废物法规都把危险废物归在固体废物中，把危险废物的管理系统列为固体废物管理系统的子集。但随着危险废物概念的发展及其管理系统的完善，危险废物的概念已经超出了常规的固体废物的范畴。因此，危险废物的范围正随着对废物性质认识的加深而逐渐扩大，现在危险废物形态的定义已包括固体、半固体、液体以及贮存在容器中的气体。

“有害”是认识和鉴别危险废物的关键，可以说“有害”是危险废物的基本性质，因此，在定义危险废物之前应先了解有害物质的概念。有害物质是指一些对生物体、饮用水、土壤环境、水体环境以及大气环境具有直接危害或者潜在危害的物质，这些危害主要包括爆炸性、易燃性、腐蚀性、活泼化学反应性、毒性、传染性以及某些令人厌恶的特性。综上所述，危险废物是指含有一种或一种以上有害物质或其中的各组分相互作用后会产生有害物质的废弃物，一般具有毒性、易燃性、反应性、传染性、腐蚀性、放射性等危害。所以，危险废物对人类或其它生物构成危害或存在潜在危害。

二、国家危险废物名录

国家环境保护部与发改委于2008年6月6日联合发布的《国家危险废物名录》（表6-4）于2008年8月1日起正式施行，废止了1998年1月4日由原国家环境保护总局、国家经济贸易委员会、对外贸易经济合作部、公安部发布的《国家危险废物名录》。新发布的《国家危险废物名录》共涉及49类废物，其中编号为HW01～HW18的废物名称具有行业来源特征，是以来源命名的，主要有医院临床废物、医药废物、废药品、农药废物、木材防腐剂废物等18个大类；编号为HW19～HW47的废物名称具有成分特征，是以危害成分命名的，主要有含金属羰基化合物废物、含铍废物、含铬废物、含砷废物、含有机溶剂废物、废酸、废碱等31类物质。在《国家危险废物名录》中没有限定危害成分的含量，需要依赖其它的标准鉴别这些物质的危害程度。

表6-4 国家危险废物名录

编号	废物类别	废物来源
HW01	医院临床废物	从医院、医疗中心和诊所的医疗服务中产生的临床废物
HW02	医药废物	从医用药品的生产制作过程中产生的废物，包括兽药产品（不含中药类废物）
HW03	废药物、药品	过期、报废的、无标签的及多种混杂的药物、药品（不包括HW01，HW02类中的废药品）
HW04	农药废物	来自杀虫、杀菌、除草、灭鼠和植物生长调节剂的生产、经销、配制和使用过程中产生的废物
HW05	木材防腐剂废物	从木材防腐化学品的生产、配制和使用中产生的废物（不包括与HW04类重复的废物）
HW06	有机溶剂废物	从有机溶剂生产、配制和使用过程中产生的废物（不包括HW42类的废有机溶剂）
HW07	热处理含氰废物	含有氰化物热处理和退火作业中产生的废物
HW08	废矿物油	不适合原来用途的废矿物油
HW09	废乳化液	机械加工、设备清洗等过程中产生的废乳化液、废油水混合物
HW10	含多氯联苯废物	含有或沾染多氯联苯（PCBs）、多氯三联苯（PCTs）、多溴联苯（PBBs）的废物质和废物品
HW11	精（蒸）馏残渣	精炼、蒸馏和任何热解处理中产生的废焦油状残留物
HW12	染料、涂料废物	油墨、染料、颜料、涂料的生产配制和使用过程中产生的废物

续表

编号	废物类别	废物来源
HW13	有机树脂类废物	树脂、胶乳、增塑剂、胶水/胶合剂的生产、配制和使用过程中产生的废物
HW14	新化学品废物	在研究和开发或教学活动中产生的尚未鉴定的和(或)新的并对人类和(或)环境的影响未明的化学废物
HW15	爆炸性废物	在生产、销售、使用爆炸物品过程中产生的次品、废品及具有爆炸性质的废物
HW16	感光材料废物	在摄影化学品、感光材料的生产、配制、使用中产生的废物
HW17	表面处理废物	在金属和塑料表面处理过程中产生的废物
HW18	焚烧处置残渣	在工业废物处置作业中产生的残余物
HW19	含金属羰基化合物废物	在金属羰基化合物制造以及使用过程中产生的含有羰基化合物成分的废物
HW20	含铍废物	含铍及其化合物的废物
HW21	含铬废物	含有六价铬化合物的废物
HW22	含铜废物	含有铜化物的废物
HW23	含锌废物	含有锌化合物的废物
HW24	含砷废物	含砷及砷化合物的废物
HW25	含硒废物	含硒及硒化合物废物
HW26	含镉废物	含镉及其化合物废物
HW27	含锑废物	含锑及其化合物废物
HW28	含碲废物	含碲及其化合物废物
HW29	含汞废物	含汞及其化合物废物
HW29	含汞废物	农药及制药业
HW30	含铊废物	含铊及其化合物废物
HW31	含铅废物	含铅及其化合物废物
HW32	无机氟化物废物	含无机氟化物的废物(不包括氟化钙、氟化镁)
HW33	无机氰化物废物	在无机氰化物生产、使用过程中产生的含无机氰化物的废物(不包括 HW07 类热处理含氰废物)
HW34	废酸	在工艺生产、配制、使用过程中产生的废酸液、固态酸及酸渣(pH≤2 的液态酸)
HW35	废碱	在工业生产、配制、使用过程中产生的废碱液、固态碱及碱渣(pH≥12.5 的液态碱)
HW36	石棉废物	在生产和使用过程中产生的石棉废物
HW37	有机磷化合物废物	在农药以外其它有机磷化合物生产、配制和使用过程中产生的含有机磷废物
HW38	有机氰化物废物	在生产、配制和使用过程中产生的含有机氰化物的废物
HW39	含酚废物	酚、酚化合物的废物(包括氯酚类和硝基酚类)
HW40	含醚废物	在生产、配制和使用过程中产生的含醚废物
HW41	废卤化有机溶剂	在卤化有机溶剂生产、配制、使用过程中产生的废溶剂
HW42	废有机溶剂	在有机溶剂的生产、配制和使用中产生的其它废有机溶剂(不包括 HW41 类的卤化有机溶剂)
HW42	废有机溶剂	
HW43	含多氯苯并呋喃类废物	含任何多氯苯并呋喃类同系物的废物
HW44	含多氯苯并二噁英废物	含任何多氯苯并二噁英同系物的废物
HW45	含有机卤化物废物	在其它有机卤化物的生产、配制、使用过程中产生的废物(不包括上述 HW39、HW41、HW42、HW43、HW44 类别的废物)
HW46	含镍废物	含镍化合物的废物
HW47	含钡废物	含钡化合物的废物(不包括硫酸钡)

三、危险废物鉴别

危险废物的鉴别方法主要有两种：一是危害特性鉴别法；二是危险废物定义法。

（一）危害特性鉴别法

根据危险废物的定义，某种废物只要具备一种或一种以上的危险特性就属于危险废物。所谓危险特性鉴别法，就是按照一定的标准通过测试废物的性质来判别该废物是否属于危险废物。由于危险特性种类较多，从实用的角度通常主要鉴别废物的腐蚀性、可燃性、反应性、毒性这 4 种性质。

我国在危害特性鉴别方面的工作起步较晚。直到 1996 年，原国家环保总局和国家技术监督局才联合发布了 3 项《危险废物鉴别标准》，分别是腐蚀性鉴别、急性毒性初筛、浸出毒性鉴别。随着危险废物来源和种类的日益多样，危险废物中有毒有害物质成分日趋复杂，特别是大量持久性有机污染物（POPs）的出现，使得原有的 3 项鉴别标准已远远不能满足危险废物环境管理的需要。

于 2007 年 7 月 1 日执行的新的危险废物系列鉴别标准共包括 7 项，其中《危险废物鉴别标准通则》、《危险废物鉴别标准　易燃性鉴别》、《危险废物鉴别标准　反应性鉴别》、《危险废物鉴别标准　毒性物质含量鉴别》为新增制订标准，《危险废物鉴别标准　腐蚀性鉴别》、《危险废物鉴别标准　急性毒性初筛》、《危险废物鉴别标准　浸出毒性鉴别》为修订标准。

新颁布的七项标准中，《危险废物鉴别标准通则》规定了危险废物的鉴别程序和两个特殊的判定规则，即危险废物混合后的特性判定规则和处理后的特性判定规则；《危险废物鉴别标准　腐蚀性鉴别》除了仍然将 pH 值作为腐蚀性危险废物鉴别的指标外，还增加钢材腐蚀速度来确定非水溶液液态废物的腐蚀性危险特性；《危险废物鉴别标准　急性毒性初筛》增加了对非水溶性危险废物的急性毒性鉴别；《危险废物鉴别标准　浸出毒性鉴别》增加了具有浸出毒性特性的有毒物质鉴别项目，从原标准的 14 项增加至 36 项，新增项目主要为有机类毒性物质，重新制定了浸出毒性的标准浸出方法；《危险废物鉴别标准　易燃性鉴别》主要采用定性描述和定量的方法规定了液态、固态和气态 3 种不同状态下的易燃性危险废物的鉴别限值和相应的鉴别方法；《危险废物鉴别标准　反应性鉴别》主要采用了定性描述的方法，规定了具有爆炸性、与水接触后产生易燃气体、与水或酸接触后产生有毒或剧毒气体 3 种主要类型危险废物的鉴别要求和鉴别方法；《危险废物鉴别标准　毒性物质含量鉴别》主要是借鉴欧盟的经验，确定相关毒性物质含量的限值，同时列出了我国有毒和剧毒物质的类别。

七项危险废物鉴别标准的颁布，对提高危险废物管理水平将发挥更重要的作用。标准涉及了易燃性、反应性、腐蚀性和毒性，基本涵盖了我国危险废物类型（医疗废物除外）的各个方面，为全面监管各种类型的危险废物提供了技术基础。

（二）列表定义鉴别法

为了方便危险废物的管理工作，完善危险废物的管理系统，许国国家和机构对各类废物的性质进行了检验和评价，针对其中危险程度高、对环境和健康影响大的危险废物，用列表的形式把这些废物的名称、来源、性质及危害归纳出来，并作为危险废物管理工作的依据。危险废物的名录一经正式颁布，就可以根据名录的内容进行危险废物的判别，这就是危险废物的列表定义鉴别法。

根据《固体废物污染环境防治法》第七十四条第（四）项的规定，列入国家危险废物名录或者根据国家规定的危险废物鉴别标准和鉴别方法认定的具有危险特性的废物，属危险废物。据此，某类废物虽未列入《国家危险废物名录》，但若根据国家规定的危险废物鉴别标准和鉴别方法认定其具有危险特性，也属危险废物。因此，危险废物既可以通过危险特性进行鉴别，也可以根据危险废物名录进行判断。根据危险废物名录判断危险废物，即所谓的列表定义法鉴别危险废物，必须注意以下两点。

① 列入《国家危险废物名录》的废物分为两类：一类不需要鉴别；另一类需要依据标准进一步鉴别。对前一类不需要鉴别的废物，即按危险废物管理。对需要进一步鉴别的废物，如经鉴别其危险特性高于鉴别标准的应按危险废物管理，低于鉴别标准的不按危险废物管理。

② 危险废物鉴别标准的制定和完善需要一个过程。对列入《国家危险废物名录》且需要进行鉴别，但其鉴别标准尚未颁布的废物，暂按危险废物登记。

四、医疗废物分类名录

医疗废物，是指医疗卫生机构在医疗、预防、保健以及其它相关活动中产生的具有直接或者间接感染性、毒性以及其它危害性的废物。

2003 年，国家卫生部及原国家环保总局根据《医疗废物管理条例》有关规定制定了《医疗废物分类目录》。《医疗废物分类目录》将医疗废物分为五类。

(1) 感染性废物　是指携带病原微生物、具有引发感染性疾病传播危险的医疗废物，包括被病人血液、体液、排泄物污染的物品，传染病病人产生的垃圾等。

(2) 病理性废物　是指在诊疗过程中产生的人体废弃物和医学试验动物尸体，包括手术中产生的废弃人体组织、病理切片后废弃的人体组织、病理蜡块等。

(3) 损伤性废物　是指能够刺伤或割伤人体的废弃的医用锐器，包括医用针、解剖刀、手术刀、玻璃试管等。

(4) 药物性废物　是指过期、淘汰、变质或被污染的废弃药品，包括废弃的一般性药品、废弃的细胞毒性药物和遗传毒性药物等。

(5) 化学性废物　是指具有毒性、腐蚀性、易燃易爆性的废弃化学物品，如废弃的一次性使用卫生用品是指使用一次后即丢弃的、与人体直接或者间接接触的、并为达到人体生理卫生或者卫生保健目的而使用的各种日常生活用品。

五、危险废物对人类的危害

近年来，危险废物对环境和健康的影响日益受到公众和法律的关注。危险废物中的有害物质不仅能造成直接的危害，还会在土壤、水体、大气等自然环境中迁移、滞留、转化，污染土壤、水体、大气等人类赖以生存的生态环境，从而最终影响到生态和健康。

（一）对土壤的污染

危险废物是伴随生产和生活过程中发生的，如处置不当，任意露天堆放，不仅会占用一定的土地，导致可利用土地资源减少，而且大量的有毒废渣在自然界的风化作用下到处流失，很容易就接触到土壤，而这些有毒物质一旦进入土壤，会被土壤所吸附，对土壤造成污染。其中的有毒物质会杀死土壤中微生物和原生动物，破坏土壤中的微生态，反过来又会降低土壤对污染物的降解能力。其中的酸、碱和盐类等物质会改变土壤的性质和结构，导致土质酸化、碱化、硬化，影响植物根系的发育和生长，破坏生态环境；同时许多有毒的有机物和重金属会在植物体内积蓄，当土壤中种有牧草和食用作物时，由于生物积累作用，会最终在人体内积聚，对肝脏和神经系统造成严重损害，诱发癌症和使胎儿畸形。

（二）对水域的污染

危险废物可以通过多种途径污染水体，如可随地表径流进入河流湖泊，或随风迁徙落入水体，特别是当危险废物露天放置时，有害物质在雨水的作用下很容易流入江河湖海，造成水体的严重污染与破坏。最为严重的是有些企业甚至将危险废物直接倒入河流、湖泊或沿海海域中，造成更大的污染。其中的有毒有害物质进入水体后，首先会导致水质恶化，对人类的饮用水安全造成威胁，危害人体健康；其次会影响水生生物正常生长，甚至杀死水中生物，破坏水体生态平衡；危险废物中往往含有大量的重金属和人工合成的有机物，这些物质大都稳定性极高，难以降解，水体一旦遭受污染就很难恢复；对于含有传染性病原菌的危险废物，如医院的医疗废物等，一旦进入水体，将会迅速引起传染性疾病的快速蔓延，后果不堪设想。许多有机型的危险废物长期堆放后也会和城市垃圾一样产生渗滤液。渗滤液危害众所周知，它可进入土壤使地下水受污染，或直接流入河流、湖泊和海洋，造成水资源的水质型短缺。

（三）对大气的污染

危险废物在堆放过程中，在温度、水分的作用下，某些有机物质发生分解，产生有害气体；有些危险废物本身含有大量的易挥发的有机物，在堆放过程中会逐渐散发出来；还有一些危险废物具有强烈的反应性和可燃性，在和其它物质反应过程中或自燃时会放出大量SO_2、CO_2等气体，污染环境，而火势一旦蔓延，则难以救护；以微粒状态存在的危险废物，在大风吹动下将随风飘扬，扩散至远处，既污染环境、影响人体健康，又会污建筑物、花果树木，影响市容与卫生，扩大危害面积与范围；此外，危险废物在运输与处理的过程中，产生的有害气体和粉尘也常是十分严重的。扩散到大气中的有害气体和粉尘不但会造成大气质量的恶化，一旦进入人体和其它生物群落，还会危害到人类健康和生态平衡。

（四）危险废物中有害物质的物理、化学和生物转化

危险废物对健康和环境的危害除了与有害物质的成分、稳定性有关外，还与这些物质在自然条件下的物理、化学和生物转化规律有关。

1. 物理转化

自然条件下危险废物的物理转化主要是指其成分相的变化，而相变化中最主要的形式就是污染物由其它形态转化为气态，进入大气环境。气态物质产生的主要机理是挥发、生物降解和化学反应，其中挥发是最为主要的，属于物理过程。挥发的数量和速度与污染物的分子量、性质、温度、气压、比表面积、吸附强度等因素有关，通常低分子有机物在温度较高、通风良好的情况下较易挥发，因而挥发是危险废物污染大气的主要途径之一。

2. 化学转化

危险废物的各种组分在环境中会发生各种化学反应而转化成新的物质。这种化学转化有两种结果：一是理想情况下，反应后的生成物稳定、无害，这样的反应可作为危险废物处理的借鉴；二是反应后的生成物仍然有毒有害，比如不完全燃烧后的产物，不仅种类繁多，而且大都是有害的，甚至某些中间产物的毒性还大大超过了原始污染物（如无机汞在环境中会转化成毒性更大的有机汞等），这也是危险废物受到越来越多关注的原因之一。在自然的环境中，除反应性物质外，大多数危险废物的稳定性很强，化学转化过程非常缓慢，因此，要通过化学转化在短时间内实现危险废物的稳定化、无害化，必须采用人为干扰的强制手段，比如焚烧。

3. 生物转化

除化学反应外，危险废物裸露在自然环境中，在迁移的同时还会和土壤、大气及水环境中的各种微生物及动植物接触，这就给危险废物的生物转化创造了条件。危险废物中的铬、铅、汞等重金属单质和无机化合物能被生物转化成一些剧毒的化合物，例如在厌氧条件下，会产生甲基汞、二甲砷、二甲硒等剧毒化合物；电池的外壳腐烂后，汞被释放出来，在厌氧条件下，经过几年就会发生汞的生物转化。危险有机物同样具有以上特点，但是降解速率一般很慢。可生物降解的化合物在降解过程中往往会经历以下一个或多个过程：氨化和酯的水解；脱羧基作用；脱氨基作用；脱卤作用；酸碱中和；羟基化作用；氧化作用；还原作用；断链作用。这些作用多数使原化合物失去毒性，但也不排除产生新的有毒化合物的可能，有些产物可能会比原化合物毒性更强。

4. 化学和生物转化的协同作用

除了上面提到的化学和生物转化，某些危险废物的转化是化学与生物转化共同作用的结果。

综上所述，危险废物对环境的污染，对人体健康的影响，丝毫不弱于废水、废气，甚至其危险性还超过了后两者，因此，必须采取严格措施，进行及时、合理的处理处置。

第四节　危险废物的处置方法

用以处理危险废物的方法种类繁多，主要与废物的来源、性质、成分、数量等有关，一般需在处理前取适当样品进行试验，寻求最合适的处理方法。

一、物理、化学法

（一）物理处理

通常用物理处理进行废物的减容，通过浓缩或相变以改变其体积及结构外形，使之成为更加便于加工或处置的形式，物理处理技术包括磁选、液固分离、干燥、蒸馏、蒸发、洗提、吸收、溶剂萃取、吸附、膜工艺、冷冻等。

（二）化学处理

通过化学反应改变有害成分或将它们转变成更适合于做下一步处理或处置的形态。由于化学反应涉及一定条件下的特定过程，因此这些工艺一般只用于处理单一成分或几种化学特性类似的成分，当应用于成分复杂的混合物时，可能达不到预期目的。主要的化学处理技术有中和、沉淀、化学氧化或还原、水解等。

二、焚烧方法

焚烧法适用于处置有机废物。所谓焚烧法系指利用处理装置使废物在高温条件下分解，转化为可向环境排放的产物和热能的过程。

（一）焚烧厂的设计原则

焚烧厂的设计应考虑使用方便、运行费用低、建筑投资省、余热可以利用，能适应废物组分变化以及有配套的处置尾气和灰渣的装置，不产生二次污染。

（二）焚烧法的主要技术要点

1. 废物性质对焚烧的影响

废物的性质包括废物的物理性质、化学性质和热力学性质，是选择和确定焚烧工艺、装置、操作技术等的重要因素，是达到废物处置目的的重要依据。

① 废物的物理性质包括固体废物的形态、尺寸，液体废物的含水量、黏度等，这些性质影响焚烧炉的选型、进料系统及焚烧过程。

② 废物的化学成分是计算燃烧空气需要量、预测燃烧气体流量与组分的依据。

③ 废物的热力学性质主要考虑其热值。热值相当于单位质量废物燃烧时所释放的热量。为了维持释放的热量，必须满足废物入炉后从加热开始到着火的温度要求和满足燃烧反应所需的活化能。在实际焚烧运行中往往将经常处置的各种废物性质的数据制定成表格，供具体操作时选用。

2. 毒物去除率

毒物去除率是评价焚烧设备性能的依据。焚烧设备必须使废物在焚烧后烟气中的毒物分解和去除率达到排放标准要求。

3. 焚烧系统

焚烧系统由进料、焚烧炉、烟气净化装置、热能回收、废水处理以及自动控制与监测室等部分组成。焚烧炉和烟气净化系统是焚烧厂的核心。

三、安全填埋

填埋法被用来处置固体废物的历史最悠久，应用也最广泛。从绝对意义上讲，只要经过适当的预处理，任何废物均可经过填埋进行处置。但是，建填埋场需要占用大量土地，并且需要可行的技术方案，否则将会出现极难补救或无法补救的地下水污染问题。因此，填埋法只应在无其它可行的处置方法时方可加以采用，同时必须进行科学的设计、严格的施工和管理。

填埋法的技术关键即利用填埋场的防渗漏系统，将废物永久、安全地与周围环境隔离。一般，处置危险废物采用安全填埋法，处置生活垃圾采用卫生填埋法。安全填埋法在技术上要求更为严格。填埋技术的基本要素包括以下几点。

（一）废物控制及其预处理

填埋场只应接受符合设计规定的废物。安全填埋场应处置经过适度预处理的毒性和腐蚀性无机废物，不应处置易燃、易爆、有化学反应性或体积膨胀性的废物以及含油废物。卫生填埋场只应处置生活垃圾和某些医疗废物。

废物的预处理包括：分拣、剔除大件废物；脱水；混合于吸附剂；用容器包装；进行稳定化和固化预处理。

（二）场址选择

场址是关于一个填埋场的安全性、经济性的关键因素之一。选择场址时应考虑该地区的环境因素、水温和气候条件、交通运输和人文情况等，还应保证该填埋设施能与周围地区相容，不影响该地区的土地利用等。场址的位置要考虑以下两点。

1. 适宜地区

要选择在人口密度低、土地使用价值低、地表水和地下水利用潜力低的地区；土壤和地质条件能限制污染物迁移的地区；距离铁路、公路、水路运输系统较近，并尽量接近废物产生地的地区。

2. 不宜地区

填埋场绝不应建在紧靠水井、湿洼地和有地表水的地区；洪水危害区（低于100年的洪水水位）、用作或可能用作供水的主要蓄水层层面上；现有设施和地下浅蓄水层泄水点之间的地方。

（三）防渗层

防渗层是防止填埋场渗漏的又一重要环节。传统的由黏土、沥青、油毛毡、混凝土、塑料等材料制成的防渗层防渗效果均不理想，美国、德国等一些国家现使用的高密度聚乙烯（HDPE）复合衬垫效果较好。

（四）操作要点

填埋作业要按照设计要求精心操作。包括：严格验收废物，不符原合同规定的废物予以退货或另定填埋方案；废物最低填埋面至少高出基岩或季节性水位1.5m；每层填埋作业面完成后，必须覆盖土层和防雨雪的覆盖物；HDPE膜必须能使底部、侧面和顶部焊接连成整体；检测地下水本底，包括其化学成分、物理性质、生物和细菌的状况等，以对比填埋场封顶运营后的变化。

（五）浸出液的收集、处理和集排气系统

合理设置浸出液收集、处理和集排气系统，方可确保填埋废物产生的污染物得到有效的治理。如填埋物产生可燃气体，必须经燃烧后方可排放。简易的燃烧不但会造成能源的浪费，也会造成大气污染，故应尽量设计合理的工艺流程，做到有控制地燃烧。

（六）封场及关闭后的管理

填埋场在关闭后还应进行长期的监控管理。关闭后的填埋场如发现有渗漏，必须及时拦截受污染的地下水或地表水，采取消除污染措施，保护植被和场区不受任何破坏。关闭后的填埋场不可任意加以利用。

第五节　医疗废物的处置方法

一、焚烧处置医疗废物

医疗废物是危险废物中比较特殊的一类废物，由于其来源和组成中的病原体（病毒、病菌）危害特性非常巨大，因此在对其进行处理时需要特别仔细和注意防护。迄今为止，该类物质禁止混入城市生活垃圾处理、禁止随意填埋处理或露天堆放处理，也不允许进行开放式运输或转送，必须采取严格的控制进行密封式包装运输转送。经过大量研究报道表明，对医疗废物进行焚烧处理是目前最有效的技术方案。

（一）医疗废物的前处理工艺过程

医疗废物的前处理工艺过程包括医疗废物的收集（装袋或装箱）、封装登记、运送、贮藏以及入炉焚烧前的装料过程。由于医疗废物的病毒病菌污染危害特性，各过程中不允许有任何泄漏、扩散、接触感染现象，也不允许在中间出现打开箱包和手工检验运送。对于不同性质医疗废物必须采用不同的收集包装袋及保护措施收集。

（二）焚烧处理过程

医疗废物在焚烧过程中以原包装小袋或箱体为单元，直接投进焚烧炉进行焚烧处理。在加料时应避免包装袋破损及泄漏，加入焚烧炉后由初燃或一燃进行外部焚烧，然后进行正式焚烧或二次焚烧。如有必要，燃烧结束后排出的烟气到复燃室或三燃室进行进一步分解燃烧，在燃烧彻底完成后进入烟气净化系统进行净化处理。常见的焚烧炉系统如下所述。

1. 转窑式焚烧炉

转窑式焚烧炉如图 6-1 所示。其有两个焚烧室，第一个焚烧室为转窑焚烧室。医疗废物投入以后，边预热干燥边燃烧。废物的进料方式依靠转筒旋转中自身的倾斜角将物料缓慢移向下方。一次焚烧室中也可以加入辅助燃料进行助燃，其中的焚烧温度可以达到 1000℃以上；二次焚烧室中对未焚烧彻底的烟气和蒸发气体进行焚烧，其中主要依靠助燃燃料的焚烧

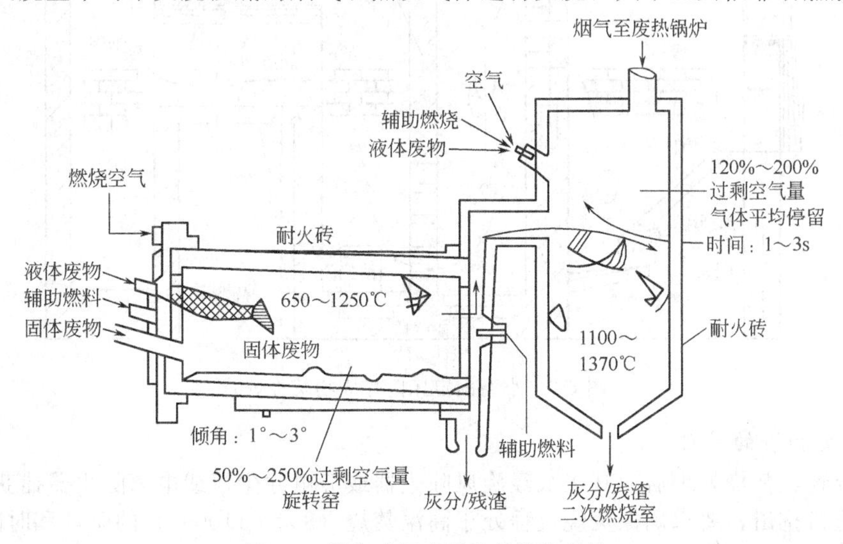

图 6-1　转窑式医疗废物焚烧处理炉

进行焚烧处理，温度可以调控在250～1000℃之间，最高温度可以到达1370℃。采用该焚烧炉可以焚烧潮湿的废物，例如污泥类废物，也可以处理具有滴液性的废物。

2. 机械炉排式焚烧炉

机械炉排式焚烧炉的特点是具有非常好的预热烘干功能。物料加入焚烧炉以后，初始由下部的吹风以及焚烧的高温烟气进行预热烘干，然后由炉排推入焚烧区域，焚烧结束后，残渣被推出燃烧炉排。机械炉排医疗废物焚烧炉如图6-2所示。

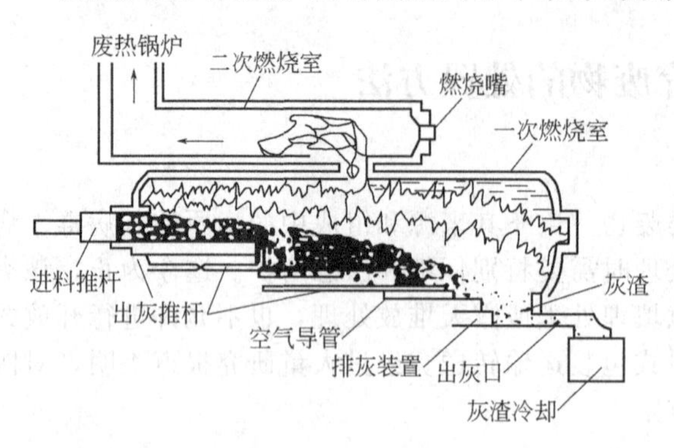

图6-2 机械炉排医疗废物焚烧处理炉

焚烧的过程可以按照设计较为严格的控制执行，如有需要也可以对焚烧过程各个阶段进行调整。焚烧过程中，一次焚烧主燃烧区的温度可以达到850℃，最高达到1050℃。焚烧结束后的烟气先加热初始入炉的物料，然后进入二次焚烧室进行彻底的焚毁处理。在二次焚烧过程中通过辅助燃料焚烧加热，二次焚烧室中的焚烧温度可以达到1250℃。

该焚烧炉中，加入的医疗废物不能太湿，一般含水率不能超过70%。而且物料不能是滴液性物质，如果加入滴液性物料，则非常容易引起滴液进入布风通道，从而引起污染扩散。

3. 小型固定床焚烧炉

如图6-3所示的小型固定床焚烧炉由一次固定倾斜炉排焚烧室和二次焚烧室组成。物料首先由左侧加料口加入，进入到倾斜炉排上，进行预热干燥和初燃烧，然后进行正式焚烧，正式焚烧时底部有进风吹出，上部可以由辅助燃料燃烧加热。焚烧产生的烟气进入二次焚烧室通过加入辅助燃料燃烧进行焚烧处理。一次焚烧的主区温度可以达到850℃，二次焚烧室的焚烧温度可以达到1250℃，这种焚烧炉中可以加入含有少量滴液的医疗废物。

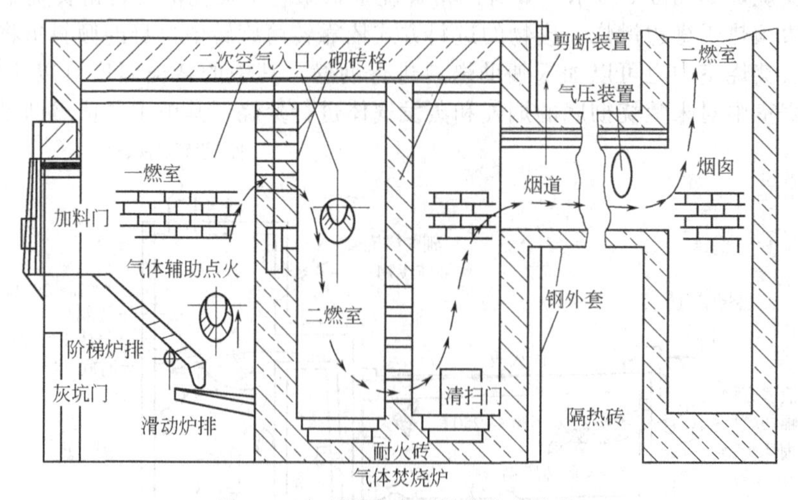

图6-3 小型固定床医疗废物焚烧炉

（三）灰和渣的处理

医疗废物经焚烧处理后，其飞灰经旋风除尘器或静电除尘器或电离除尘器捕获，残渣在炉排下排渣口排出，要求确保焚烧过程处于高温焚烧（850～1100℃）的条件和时间充分长。一般残余灰渣较少，大部分为玻璃熔聚物及金属，相对而言比较干净。对于未燃尽的医疗废物，一经发现必须立即重新投入焚烧炉内焚烧，直至全部焚烧焚毁为止。

通常医疗废物中重金属的含量较少，故焚烧处理结束以后的灰渣一般可以直接填埋入土。但在填埋前必须进行严格的重金属含量分析和毒性分析。

二、医疗废物的其它处理与处置方法

目前，医疗废物的处理处置方法中焚烧是最普遍的无害化处理方式，此外，还有消毒法和填埋法等。

（一）消毒法

消毒法最主要的是高压蒸汽灭菌法。如果采用高压灭菌法对医疗废物进行消毒，医院就必须购置较大的专用高压釜，而且在进行高压蒸汽消毒过程中还会产生挥发性有毒化学物质。也可以采用化学药剂消毒灭菌的方法，其常用于传染性液体废物的消毒，用于大量的固体废物还有一定的难度。除此之外，医疗废物灭菌处理方法还有微波灭菌、干燥处理、电浆喷枪、放射性处理、电热法活化、玻璃膏固化等方法，但是由于这些技术尚不成熟，在国内外都难以实施。

1. 高压蒸汽灭菌

高压消毒法是最常用的常规灭菌方法，这种方法既可现场处理医疗废物，又可定期处理存放的固体废物。此方法适用于受污染的敷料、工作服、培养基、注射器等，蒸汽在高压下具有温度高、穿透力强的优点，在130kPa、121℃维持20min能杀灭一切微生物，是一种简单、可靠、经济、快速的灭菌方法。其原理是：在压力下蒸汽穿透到物体内部，将微生物的蛋白质凝固变性而杀灭。压力蒸汽灭菌器的形式有立式压力蒸汽灭菌器和卧式压力灭菌器，大部分医疗单位使用的是卧式压力灭菌器。卧式压力灭菌器的容积比较大，有单门式的和双门式的，前者污染物进入和灭菌后的物品取出经同一道门；后者的污染物是从后门放入，灭菌后的物品从前门取出，可以防止交叉污染。

2. 微波消毒

微波是一种高频电磁波，消毒时使用的频率通常为915MHz和2450MHz。物体在微波作用下吸收其能量产生电磁共振效应并可加剧分子运动，微波能迅速转化为热能使物体升温，微波加热可以穿透物体，使其内部和外部同时均匀升温，因此比一般加热方法节省能耗、速度快、效率高。微波杀菌的原理一是热效应，二是综合效应。含水量高的物品最容易吸收微波，升温速度快，消毒效果好。

3. 化学消毒

化学消毒是对传染病患者污染的物品进行消毒的一种最常使用的方法。常用的消毒剂有含氯消毒剂、洗涤消毒剂、甲醛和环氧乙烷消毒剂等。

从理论上讲，医疗废物进行消毒灭菌处理后就可以进行回收和综合利用或与生活废物一同填埋处理，是一种医疗废物理想化的处理方法。但是，由于处理过程中存在的操作难度以及难以保证消毒灭菌的彻底性，我国卫生部并不主张对医疗废物全部采用消毒处理。

（二）填埋法

卫生填埋是废物处理的一种既节省又方便的处理方法。但是，对于医疗废物来说，直接采用填埋处理存在许多问题。由于医疗废物的传染性，一般不容许将其混入生活废物中进行填埋，我国的《生活废物填埋污染控制标准》中明确禁止传染性废物进入生活废物填埋场。实际上，医疗废物进入生活废物填埋场将会成为一个潜在的疾病传染源。危险废物安全填埋场一般是对无机废物进行最终安全处置，有机废物不能进入。而医疗废物中含有各种各样的成分，其中包括大量的易腐性废弃物，在进入填埋场后将会产生生物和化学反应，使得填埋场的稳定与安全受到威胁，因此我国颁布的《危险废物安全填埋场污染控制标准》中也明确规定禁止医疗废物进入危险废物安全填埋场。医疗废物专用填埋场如果采用石灰隔离或用其它灭菌方式将医疗废物掩埋，则由于病原体没有或难以杀灭，容易污染地下水；而且由于医疗废物产量较小，如果采用严格的安全填埋措施将大大增加废物的处理费用。

思考题与习题

1. 何谓固体废物？固体废物对人类的危害表现在哪些方面？
2. 固体废物常用的处理处置方法有哪些？各种方法分别有哪些特点？
3. 危险废物是如何鉴别的？
4. 医疗废物的常规处置方法有哪些？

第七章　土壤环境质量评价

第一节　概　　述

一、基本概念

土壤是位于陆地表层的具有一定肥力、能支持植物生长的疏松层，它是由地球陆地表面的岩石经风化作用发育而形成的，呈不完全连续的状态存在于陆地表面。它是人类环境的重要组成要素，是为人类提供食物的生产资料，是人类社会最基本、最重要、不可替代的自然资源。

土壤中有毒有害物质的输入、积累与土壤的自净作用是两个方向相反、同时存在的过程，在正常情况下两者处于动态平衡状态，此时不会发生土壤污染，但在输入土壤的有毒有害物质数量和速度超过土壤的自净能力时，打破了这种动态平衡，使有毒有害物质的积累占据优势，则可发生土壤污染，导致土壤正常功能失调、土壤环境质量下降。

对土壤的利用不当可加速土壤的退化和破坏。土壤退化一般是指土壤沙化、盐渍化、沼泽化和土壤侵蚀等引起的土壤肥力下降的现象，土壤破坏主要指土壤资源的损失。在自然状况下，纯粹由自然因素也能引起土壤退化和土壤破坏现象，但一般进行的速度非常缓慢，表现很不明显，而且其中一些过程，如土壤侵蚀，常和自然土壤形成过程处于相对稳定的平衡状态，保持了一定的土壤厚度和完整的土壤剖面，土壤侵蚀难以发现。

在人类活动作用下，直接、间接改变土壤发育方向和土壤环境条件或不合理的土壤利用，特别是一些建设项目直接占用或开挖土壤，往往会加速和扩大自然因素对土壤退化和破坏的作用。

二、土壤的主要特征

由于土壤处于地球陆地表面，其上界面与大气圈、生物圈相接，下界面与岩石圈、水圈相连，而作为生物圈主要组成部分的植物又植根于土壤之中，可见土壤在人类环境系统中占据着特有的空间地位——处于大气圈、生物圈、岩石圈和水圈的交接地带，成为人类环境系统中介于生物界与非生物界的中心环节、联结无机环境与有机环境的纽带。

土壤具有肥力，是指土壤具有能够不断供应和协调植物生长所必需的养分、水分、空气和热量的能力，这是土壤区别于其它自然体的本质特征。在人类环境中，土壤具有生产植物产品的独特功能，为人类生活、生产提供必需的食物和生产资料，是不可替代的、重要的自然资源。

土壤具有缓冲性，因而能抵抗、减缓土壤中酸性物质和碱性物质的作用，对大气降水和气温有调节和缓冲的作用，并有调节和平衡向大气环境中释放 CO_2、CH_4、N_2O、SO_2 等温室气体的能力。

土壤具有净化功能，土壤是一个多相的疏松多孔体，存在多种性质的化合物、无机及有机胶体和微生物，可以通过物理的、化学的、物理化学的和生物学的多种过程和作用，使有毒有害物质在土壤中的浓度、数量或活性、毒性降低。

土地处理系统主要根据土壤的缓冲性和净化功能，利用土壤特性及其中的微生物和植物根系对污水和污泥以及固体废物进行净化处理，土壤是土地处理系统中的主体部分。

三、影响土壤环境质量的主要因素

土壤环境质量是指土壤环境适宜人类健康的程度，包括土壤污染和土壤退化两个方面。影响土壤环境质量的因素有建设项目的类型、污染物的性质、污染源的特征与排放强度、污染途径以及土壤类型、特性和区域地理环境特征等。

不同的建设项目，排放的污染物类型不同。有色金属冶炼或矿山，主要污染物为重金属和酸性物质；化学工业或油田，主要污染物是矿物油和其它有机污染物；以煤为能源的火电厂，主要污染物为粉煤灰等固体废物。不同的污染因子性质不同，对环境的危害也不同。不同的污染源污染类型不同，对环境的影响范围也不同：工业污染源以点源污染为主，污染特征为污染局限、影响范围窄，而以农业和交通为主的污染源，主要为面源污染和线源污染，具有污染面大、影响范围宽的特点。污染源的排放强度与污染程度和污染范围有关。污染物通过大气与水的传输、扩散速度快，对土壤的污染地域宽，而垃圾和污泥等固体废物进入土壤后，污染的范围相对较小。土壤所处的区域地理环境条件决定了土壤的类型、性质和土壤演化，从而影响污染物进入土壤的速度、浓度和范围，影响土壤被污染的程度。特别是人类对土地的不合理利用和过度开发，将引起土壤系统的严重退化。农业生产中的不合理的耕作方式和过度施肥，不仅不能增加土壤的肥力，反而会引起土壤的退化。例如平原区的过度灌溉，引起地下水位上升，发生土壤沼泽化，在地下水矿化度较高地区则引起土壤的次生盐渍化；草原的过度放牧、牧草破坏，引起土壤沙化；丘陵、山区的过度垦殖，林地破坏，则导致土壤的严重侵蚀，造成水土流失；工矿企业的发展，在占用大量的土地、减少土壤资源的同时，破坏了成土因素之间的平衡，导致土壤退化和破坏。

第二节 土壤环境质量现状调查与评价

土壤环境质量现状调查与评价是土壤环境保护的基础性工作，是土壤环境影响预测、分析和影响评价的依据。

一、土壤环境质量现状调查

1. 区域自然地理环境特征调查

① 地质地貌特征：区域地层、岩性、地质构造特征；地貌类型与形态特征。

② 气候气象特征：区域内的风向与风速、气温、降水与蒸发以及干旱、湿润等气候类型与气象要素。

③ 水文特征：包括地表水与地下水两个方面。地表水的调查包括水系的空间分布、河流与湖泊的水文及其季节、年际间变化和空间变化情况；地下水的调查包括区域水文地质状况、地下水类型和水化学特征等。

④ 植被特征：包括植被类型、结构、空间分布特征和植被覆盖度。

区域自然地理环境特征的调查主要采用资料收集的方法，可利用当地气象部门的资料或查找相关的文章。对于没有资料的调查项目，应通过实地考察和监测获取第一手资料。对于不同的评价项目，所需调查的侧重点不同，应根据具体的情况和要求添加或减少调查项目。

2. 区域社会经济状况调查

区域社会经济的发展状况能够反映区域内人类活动的特点。由于区域经济结构的差异，对环境的影响特点和影响程度不同。因此，了解和调查区域社会经济发展状况是土壤环境影响评价的基础工作，其调查的内容主要有以下几方面。

① 人口情况：包括人口数量、密度、分布情况、年龄结构和职业等。

② 经济状况：包括产业结构与产值、人均收入、人均产值等。

③ 交通情况：主要交通方式、交通干线、流通量等。

④ 文教卫生等情况：主要设施、居民受教育程度、健康状况、地方病情况和发病率等。

3. 区域土壤类型及其环境特征调查

土壤是成土母岩经风化作用、成土作用形成的，与区域气候、地形、生物和成土时间有关。不同的土壤类型具有不同的土体结构、内在性质和肥力特征，不同土壤类型和土地利用状况对土壤中污染物的迁移转化规律的影响不同。因此土壤类型及其环境特征是土壤环境质量评价的基础资料，其调查内容主要有以下几个方面。

① 成土母质：包括成土母岩的类型、组成及其空间分布特征。

② 土壤类型：包括土类的名称、各类的面积及其空间分布规律等。

③ 土壤组成：土壤的矿物质成分、有机质成分、N、P、K 和微量元素含量特征。

④ 土壤性质：包括土壤的 pH 值、氧化还原电位、土壤质地、土壤代换量和盐基饱和度以及土壤结构等。

对土壤类型及其环境特征的调查，应采取资料收集和现场调查相结合的方法进行。

4. 土壤背景值的调查

区域土壤背景值是指在一定区域范围内、一定时期未受污染影响的土壤中，某种元素的平均含量。区域土壤背景值代表了自然和社会发展到一定历史时期，在一定科学技术水平的影响下土壤中化学元素的平均含量，是土壤环境质量评价的重要标准之一，是预测土壤环境质量变化趋势的重要依据。土壤背景值的调查方法如下。

(1) 土壤样品的采集和制备　土壤是非均质的多相体系，土壤背景值的研究对象是一定范围内土壤的总体。因此，土壤样品的采集应对所研究的对象具有足够的代表性，以客观地反映土壤总体的实际情况。

土壤背景值调查时，土壤采样点的分布应考虑以下三个因素：尽可能地远离已知的污染源，特别是污染源的下风口；所选的土壤样品应代表研究区域的主要成土母质类型；代表研究区域的主要土壤类型。

土壤样品的采集不要求“随机”布点，也不要求均匀布点，而是利用混合样品的采集方法进行，其目的就是在达到土壤样品的代表性的同时，降低工作量和分析成本。

按照统计学，采集的土壤样品数越多，平均值的标准差就越小，变异度越小，代表性越大。但是，从工作量的角度来看，土壤样品数也不宜过大。理论上组成混合土壤样品的样点数可根据下式计算。

$$n=\left(\frac{\mathrm{CV}}{m}\right)^2 \tag{7-1}$$

式中，CV 为变异系数；m 为所用分析方法允许的最大误差，%；n 为混合土壤应有的采样点数。

对于没有任何资料的地区，应对土壤的变异程度加以估计。对于一般较稳定的分析项目，如全量分析项目，在土壤变异程度不太大的地区，CV 值一般采用 10%～30%估计，而对于变异性大的项目，CV 可到 50%左右。

此外，采样点的多少还应考虑所研究地区的范围大小、研究对象的复杂性和要求的精度等因素。一般来讲，研究范围越大，研究对象越复杂，精度要求越高，采样点数应越大。

采样点的布置方法有网格布点法、对角线布点法、梅花形布点法、棋盘式布点法和蛇形布点法。网格法布点分布均匀，代表性强，网格的大小视评价区范围的大小、工作量和评价要求而定；对角线布点适宜面积小、地形平坦、受污水灌溉的田块；梅花布点法适宜面积小、土地较均匀的地块，样点一般在 5～10 个以内；棋盘式布点法适应中等面积、地形完整、土壤不均匀的田块，采样点在10个以上；蛇形布点法适应面积大、地势不平坦、土壤不均匀的田块，采样点要求较多。

土样的采集深度一般为表层0～20cm和底层20～40cm。对于主要土类和母质样点，需按照土壤发生的层次取样。对于土壤发生层次不明显的土壤，若是土层浅薄的山区，则在0～5cm和5～20cm处分两层采取，若为土层较厚的平原区，则分三层采取：0～5cm上表土，5～20cm下表土，20～40cm芯土。

取样的深度和质量应均匀一致，各个土层的比例应相同，每个混合样品质量为1kg左右，当采样点多时，可按照四分法进行缩分。

所采集的样品应在通风的室内尽快自然风干，然后用木棒或塑料棍压碎，用四分法取样、过1mm筛后装入广口玻璃瓶或塑料袋中储存。储存容器的内外均应标明编号、采样地点、土壤名称、深度、筛孔、采样日期和采样者等项目。

(2) 土壤背景值的分析与计算　土壤背景值的分析除了常规分析元素以外，更主要的是微量元素。由于微量元素的含量多为10^{-6}级和10^{-9}级，因此，背景值的分析方法首先应在精确度、灵敏度和误差控制范围方面给予保证。同时，必须用标准样品和必要数量的空白样品进行平行测定和回收检验以及进行空白值控制图、精密度控制图和准确度控制图的监控，以保证分析结果的可靠性。

对于背景分析结果应进行数据的统计分析，确定土壤背景值。当数据分析符合正态分布时，可采用算术平均值与标准方差作为背景值。

$$X^{*}=\frac{1}{n}\sum_{i=1}^{n}X_{i} \tag{7-2}$$

$$S=\left[\frac{1}{n-1}\sum(X_{i}-X^{*})^{2}\right]^{\frac{1}{2}} \tag{7-3}$$

式中，X^{*}为土壤中某污染物质的平均含量；S为标准方差；X_i为土壤中某污染物质的实测值；n为统计样品数。

背景值的范围为$X^{*}\pm S$。

当数据分布符合对数正态分布时，用几何平均值和几何标准差作为背景值。

$$M=\lg^{-1}\left(\frac{1}{n}\sum_{i=1}^{n}\lg X_{i}\right) \tag{7-4}$$

$$D=\lg^{-1}\left(\frac{\sum_{i=1}^{n}\lg^{2}X_{i}-n\lg^{2}M}{n-1}\right)^{\frac{1}{2}} \tag{7-5}$$

式中，M为土壤样品的几何平均值；D为土壤样品的几何标准差。

背景值范围为M/D、$M\cdot D$。

对于偏态分布的元素，需经过正态化处理后才能计算平均值和标准差，具体方法参阅有关统计书籍。

(3) 土壤背景值的统计数据检验　对土壤背景值的统计数据进行检验，目的就是保证背景值的精确性，常用的检验方法有以下几种。

① 标准差检验　将实测值大于算术平均值加三倍方差的作为污染样品弃去，不参加背景值统计。

② $4d$检验法。一组4个以上的实测值，其中一个偏离平均数较大的作为可疑值。此值与其不参加计算的平均值的偏差大于平均偏差的4倍时，则弃去，不用于背景值的计算。

③ 上下层比较法。某元素在表土中的含量与底土含量的比值大于1时，认为此样品已受污染，应予以剔除。

④ 相关分析法。选定一种没有污染的元素作为参比元素，求出该元素与其它元素的相关系数和线性回归方程，建立95%的置信带，落在置信带外面的样品均被认为是含量异常，应予以剔除。

⑤ 富集系数检验。利用 TiO_2 作为内比参数，计算土壤中某元素的富集系数：

$$某元素的富集系数=\frac{土壤中某元素含量/土壤中\ TiO_2含量}{母质中某元素的含量/母质中\ TiO_2的含量}$$

当富集系数大于1时，表示元素有外来污染，土壤样品应剔除，不参加背景值计算。

5. 土壤沙化现状调查

土壤沙化是草原土壤的风蚀过程和风沙堆积过程，是由于植被破坏或过度放牧或开垦农田，土壤中水分减少，土壤颗粒缺乏凝聚，分散而被风吹蚀，细颗粒组成逐渐降低的过程。土壤沙化主要发生在干旱荒漠、半干旱和半湿润地区。土壤沙化的调查主要包括以下内容：沙漠特征，沙漠面积、分布和流动状况；气候特征，降雨量、蒸发量、风向、风速等；河流水文特征，河流含沙量、泥沙沉积特点；植被特征，植被类型、覆盖度等；农牧生产情况，人均耕地、草地、粮食和畜牧产量等。

二、土壤环境质量现状评价

土壤环境质量现状评价是在全面掌握土壤及其环境特征、主要污染源、污染物和土壤背景值或本底值等资料的基础上，选择适当的评价因子和评价标准，建立正确评价模式和指数系统，对土壤污染的程度、范围和污染物的分布做出定量、半定量的估计。土壤环境质量现状评价分为土壤污染评价、土壤退化评价和土壤破坏评价。

1. 土壤污染评价

(1) 评价因子的选择　评价因子选择得合理与否，直接关系到土壤环境质量现状评价结果的科学性和可靠性。选择评价因子应综合考虑评价目的和评价区域土壤环境污染物的类型等因素，一般选择的基本因子有以下几种。

① 重金属元素及无机物：如Hg、As、Cd、Cr、Ni、Pb、Cu、Zn、F、CN^-等。

② 有机毒物：酚、苯并［a］芘、DDT、六六六、三氯乙醛、多氯联苯等。

③ 土壤pH值、全氮、硝态氮量等。

④ 有害微生物：如肠细菌、肠寄生虫卵、破伤风菌、结核菌等。

⑤ 放射性元素：如^{317}Cs、^{90}Sr。

⑥ 附加因子：氧化还原电位、有机质、土壤质地、总阳离子可交换量和不同价态的重金属含量。附加因子可反映土壤污染物质的积累、迁移和转化特征，用于研究土壤中污染物质的运动规律，但一般不参与评价。

(2) 评价标准的确定　与水、气环境质量评价一样，土壤环境质量评价也需要一定的评价标准。但是，目前国内外还没有系统地制定出适应各个地区的土壤污染物质的卫生标准。中国1996年实施的《土壤环境质量标准》(GB 15618—1995) 可作为土壤环境质量评价的评价标准，见表7-1。

另外，土壤环境质量评价也可根据评价的目的要求和技术力量选用以下参数作为评价标准。

① 区域土壤环境背景值作为判断土壤是否受到污染的最常用的标准之一，该评价标准具有显著的区域特点，测定工作简单易行，数据处理简便，适应面广。

② 以土壤本底值作为土壤环境质量评价的标准。土壤本底值代表了区域未受人为污染的土壤中某一元素的平均含量，该标准适于自然保护区、风景疗养区的土壤环境质量评价。

③ 以区域中土壤自然含量作为评价标准。区域中土壤自然含量是指在清灌区中，与污

灌区的自然条件、耕作栽培措施大致相同、土壤类型相近的土壤中污染物的平均含量。

表 7-1　土壤环境质量标准　　单位：mg/kg

项目 \ 土壤 pH 值			一级	二级			三级
			自然背景	<6.5	6.5～7.5	>7.5	>6.5
镉		≤	0.20	0.30	0.30	0.60	1.0
汞		≤	0.15	0.30	0.50	1.0	1.5
砷	水田	≤	15	30	25	20	30
	旱田	≤	15	40	30	25	40
铜	水田	≤	35	50	100	100	400
	旱田	≤	—	150	200	200	400
铅		≤	35	250	300	350	500
铬	水田	≤	90	250	300	350	400
	旱田	≤	90	150	200	250	300
锌		≤	100	200	250	300	500
镍		≤	40	40	50	60	200
六六六		≤	0.05	0.05	0.05	0.05	1.0
DDT		≤	0.05	0.05	0.05	0.05	1.0

④ 以土壤对照点含量作为评价标准。该方法是指在未污染地区，选择与污染区的自然条件、土壤类型、利用方式大致相同的地区作为对照点，以一个对照点的测定值或多个对照点测定值的平均值作为判断是否污染的评价标准。该标准在评价范围不大、评价要求不高、时间紧、任务重的情况下也可获得较好的结果。

⑤ 以土壤和作物中污染物质的相关含量作为评价标准。

(3) 土壤污染评价方法

① 单因子指数法。是指分别计算评价土壤中各污染因子的污染指数，进而对土壤环境进行污染评价的一种方法。污染指数的计算有两种方法。

a. 以土壤污染物的实测值与评价标准值相比，计算污染指数。

$$P_i=\frac{C_i}{S_i} \tag{7-6}$$

式中，P_i 为土壤中第 i 种污染物的污染指数；C_i 为土壤中第 i 种污染物的实测值；S_i 为第 i 种污染物的评价标准。

当 $P_i>1$ 时，表示受到污染，$P_i\leqslant 1$ 时，表示未受到污染。

b. 根据土壤与作物中污染物积累的相关数量计算污染指数，并以此为依据，确定污染级别。

首先，根据污染物的评价标准和土壤与作物中污染物的相关性确定土壤污染起始值（即土壤背景值）X_q、土壤轻度污染值 X_w（即植物的初始污染值，是指植物吸收与积累土壤中的污染物，致使植物体内的污染物含量超过当地同类植物的含量时土壤中污染物的含量。以土壤背景值和临界值含量的中间值或背景值加三倍标准差表示）和土壤重度污染值 X_z（即土壤临界含量，是指植物中的污染物含量达到了植物的卫生标准或使植物显著减产时土壤中该污染物的含量）。

然后，根据实测值的分布范围计算污染指数。

当 $X_i \leqslant X_q$时， $P_i = \frac{X_i}{X_q}$ (7-7)

当 $X_q \leqslant X_i \leqslant X_w$时， $P_i = 1 + \frac{X_i - X_q}{X_w - X_q}$ (7-8)

当 $X_w \leqslant X_i \leqslant X_z$时， $P_i = 2 + \frac{X_i - X_w}{X_z - X_w}$ (7-9)

当 $X_i > X_z$时， $P_i = 3 + \frac{X_i - X_z}{X_z - X_w}$ (7-10)

最后，根据污染指数 P_i 值划分土壤污染等级见表 7-2。

表 7-2　土壤环境质量分级

污染等级	清洁级	轻污染级	中污染级	重污染级
分级依据	$P_i < 1$	$1 \leqslant P_i < 2$	$2 \leqslant P_i < 3$	$P_i \geqslant 3$

② 多因子综合评价法。是综合考虑土壤中各个污染因子的影响，计算综合指数进行评价的方法，土壤综合评价指数包括以下几种。

a. 等权综合指数

$$P = \sum_{i=1}^{n} P_i \tag{7-11}$$

式中，P 为等权综合指数；n 为污染物种类数。

b. 内梅罗指数

$$P = \sqrt{\frac{1}{2}\left[\left(\frac{1}{n}\sum_{i=1}^{n}\frac{X_i}{S_i}\right)^2 + \left(\frac{X_i}{S_i}\right)^2_{\max}\right]} \tag{7-12}$$

c. 加权综合指数

$$P = \sum_{i=1}^{n} W_i P_i \tag{7-13}$$

式中，W_i 为第 i 种污染物的权重。

d. 以均方根作为综合指数

$$P = \left(\frac{1}{2}\sum_{i=1}^{n} P_i^2\right)^{\frac{1}{2}} \tag{7-14}$$

以污染综合指数为依据，根据各地具体的 P 值变化范围和作物受害程度及其污染物积累情况进行污染分级。一般 $P \leqslant 1$ 时，为未受污染；$P > 1$ 时，为已受污染，P 越大，污染越严重。

③ 模糊聚类评价法　土壤环境是一个受多因素影响的开放系统，土壤环境污染是多因素综合作用的结果，不同因子的影响程度不同。因此，土壤的综合环境质量不易明显判定，表现出模糊性。模糊聚类评价法就是通过建立土壤污染因子集合和环境质量评价标准集合及其两个集合之间的模糊矩阵关系，求解不同污染因子的环境质量数值对不同级别环境质量的隶属度和不同级别环境质量标准对综合环境分级指数的隶属程度来实现对土壤环境质量进行综合评价的方法。读者可以参考有关书籍。

2. 土壤退化现状评价

土壤退化（soil degradation）是指在各种因素，特别是人为因素影响下所发生导致土壤的农业生产能力或土地利用和环境调控潜力，即土壤质量及其可持续性下降（包括暂时性的和永久性的）甚至完全丧失其物理的、化学的和生物学特征的过程，包括过去的、现在的和将来的退化过程。根据土壤退化的表现形式，土壤退化可分为显型退化和隐形退化两大类型。前者是指退化过程（有些甚至是短暂的）可导致明显的退化结果，后者则是指有些退化过程虽然已经开始或已经进行较长时间，但尚未导致明显的退化结果。土壤退化是自然和人为因素综合作用的结果，主要以土壤侵蚀的形式表现出来。土壤退化现状评价包括以下几个方面的内容。

（1）土壤沙化现状评价　土壤沙化的评价一般选用植被覆盖度、流沙占耕地面积的比例、土壤质地以及景观特征作为评价因子，运用相关的评价标准，采用分级评分法，将土壤沙化分为潜在沙化、轻度沙化、中度沙化和强度沙化。土壤沙化标准见表 7-3。

表 7-3　土壤沙化标准

土壤沙化标准		综合景观特征	土壤沙化程序
植被覆盖度	流沙面积比例		
＞60％	＜5％	绝大部分土地未出现沙化，流沙分布呈斑点状	潜在沙化
30％～60％	5％～25％	出现小片流沙，坑丛沙堆，风蚀坑	轻度沙化
10％～30％	25％～50％	流沙面积大，坑丛沙堆密集，吹蚀强烈	中度沙化
＜10％	＞50％	密集的流动沙丘占绝对优势	强度沙化

（2）土壤盐渍化现状评价　土壤盐渍化是可溶性盐分在土壤表层积累的现象或过程，一般发生在干旱、半干旱和半湿润地区和部分滨海地带。土壤盐渍化评价主要是通过对土壤的灌溉情况、地下水特征、土壤含盐量及对农业生产影响的调查，评价引起土壤盐渍化的环境条件和土壤盐渍化的程度。

与土壤沙化的评价一样，采用分级评价法，选取表层土壤全盐量或 CO_3^{2-}、HCO_3^-、SO_4^{2-}、Cl^-、Ca^{2+}、Mg^{2+}、K^+、Na^+ 为评价因子进行评价。评价标准一般根据土壤含盐量或各离子组成的总量拟订。表 7-4 为以全盐量为依据的土壤盐渍化标准。

表 7-4　土壤盐渍化标准

土壤盐渍化程度	非盐渍化	轻盐渍化	中盐渍化	重盐渍化
土壤盐渍化标准（土壤含盐量）	＜2.0％	2％～5％	5％～10％	＞10％

（3）土壤侵蚀评价　土壤侵蚀是指通过水力和重力作用而搬运移走土壤物质的过程。土壤侵蚀受地形、岩性、气候、植被覆盖和耕作方式等因素影响。土壤侵蚀主要发生在黄河中上游的黄土高原地区、长江中上游的丘陵地区和东北平原微有起伏的漫岗地形区。

土壤侵蚀评价一般以土壤侵蚀量为评价因子，或以未侵蚀土壤为对照，选取已侵蚀土壤剖面的发生层次厚度为评价因子，对土壤侵蚀程度进行评价。按黄土地区被侵蚀的土壤剖面发生层保留厚度拟订的评价标准和土壤侵蚀量的评价标准见表 7-5 和表 7-6。

表 7-5　以土壤剖面发生层保留厚度为依据的侵蚀标准

土壤侵蚀程度	无明显侵蚀	轻度侵蚀	中度侵蚀	强度侵蚀
土壤侵蚀标准（土壤发生层保留厚度）	土壤剖面保留完整	A 层保存 50％	A 层保存厚度＜50％	B 层保存厚度＜50％

表 7-6　水利部制定的水土流失侵蚀模数

级别	年平均侵蚀模数/[t/(km² · a)]	级别	年平均侵蚀模数/[t/(km² · a)]
微度侵蚀	＜2500	极强度侵蚀	8000～15000
中度侵蚀	2500～5000	剧烈侵蚀	＞15000
强度侵蚀	5000～8000		

（4）土壤沼泽化评价　土壤沼泽化是指土壤长期处于地下水浸泡下，土壤剖面中下部发生铁锰还原而生成青灰色斑纹层或潜育层，或有机层转化成腐泥层或泥炭层的过程。土壤沼泽化一般发生在地势低洼、排水不畅、地下水位较高地区，与地形地貌特征、水文地质特征和土地利用方式有关。

土壤沼泽化一般以土壤剖面中潜育层出现的高度为评价因子，按潜育化程度分为非沼泽化、轻沼泽化、中沼泽化和重沼泽化，见表7-7。

表7-7　土壤沼泽化评价标准

土壤沼泽化程度	非沼泽化	轻沼泽化	中沼泽化	重沼泽化
土壤沼泽化标准（土壤潜育化层距地面高度）	＞60cm	60～40cm	40～30cm	＜30cm

3. 土壤破坏现状评价

土壤破坏是指土壤资源被非农、林、牧业长期占用，或由于土壤的极端退化而失去土壤肥力的现象。土壤破坏与自然灾害和人类活动有关。因此，土壤破坏调查除了对自然灾害破坏的土壤面积及其演化趋势进行调查以外，还应该对调查区域的土地利用类型、规模和人均占有量以及演化趋势进行调查。

土壤破坏的评价可选择区域耕地、林地、园地和草地在一定时期内被自然灾害破坏或被其它用途占用的土壤面积或平均破坏率为评价因子，根据土壤损失面积将土壤破坏分为未破坏、轻度破坏、中度破坏和强度破坏。土壤破坏评价标准见表7-8。

表7-8　土壤破坏评价标准

土壤破坏程度	未破坏	轻度破坏	中度破坏	强度破坏
土壤破坏标准（土壤损失面积）	未损失	$3.5hm^2$	$20hm^2$	$35hm^2$

第三节　土壤环境影响评价

一、土壤环境影响的识别

1. 土壤环境影响的类型

按照对土壤影响的性质、方式、程度和方向，土壤环境影响可分为以下几种不同类型。

（1）按影响的结果　土壤环境影响分为土壤污染型和土壤退化、破坏型两种。土壤污染型影响是指人类活动排出的有毒有害污染物对土壤环境产生的化学性、物理性和生物性的污染危害，如工业生产排放的重金属元素对土壤的污染和化工生产释放的有机污染物对土壤的危害等均属这种类型。土壤退化、破坏型影响是指由人类活动本身的特性对土壤环境条件的改变而导致的土壤退化、破坏，如矿石开采将改变矿区的水文、地质及地貌条件，破坏植被，从而引起矿区的土壤侵蚀、水土流失，甚至造成地面塌陷等，水利工程建设、交通工程建设和森林开采等均属于这种类型影响。

（2）按影响方式　分为直接影响和间接影响。直接影响是指影响因子产生后直接作用于被影响的对象，直接显示出因果关系。如土壤侵蚀、土壤沙化、土壤灌溉等对土壤的影响对土壤环境对象而言均属直接影响；间接影响是指影响因子产生后需要通过中间转化过程才能作用于被影响的对象，如土壤的沼泽化、盐渍化是经过地下水或地表水的浸泡作用或矿物盐的浸渍作用后产生的对土壤环境的影响。

（3）按影响性质　分为可逆影响、不可逆影响、积累影响和协同影响。可逆影响是指施加影响的活动停止以后，土壤可迅速或逐渐恢复到原来的状态，如经过恢复植被、地下水位下降和生物化学作用对有机物的降解，土壤可逐步消除沙化、沼泽化、盐渍化和有机物污染，恢复到原来的状况。不可逆影响是指施加影响的活动停止后，土壤不能或很难恢复到原来的状态，如严重的土壤侵蚀很难恢复原来的土层和土壤剖面。土壤重金属污染和难降解有机物污染具有持久性、难降解性的特点，易被土壤黏土矿物和有机物吸附，难以从土壤中淋溶、迁移，因此，重金属和难降解有机物污染的土壤一般难以恢复。积累型污染是指排放到土壤中的某些污染物，需要经过长期的作用，其危害性直到积累的浓度超过其临界值时才能表现出来，如土壤重金属污染物对作物的污染就是积累性影响。协同影响是指两种以上的污染物同时作用于土壤时所产生的影响大于每一种污染物单独影响的总和。

(4) 按土壤污染的成因　分为水体污染型、大气污染型、农业污染型、生物污染型和固体废物污染型。水体污染型是指利用工业废水或城市污水进行灌溉，使污染物质在土壤中积累而造成的土壤污染，如北京、天津、上海、沈阳等地区重金属污染土壤就与污水灌溉有关。大气污染型是指工业生产等向大气排放的污染物，通过降水、扩散和重力作用降落到地面后进入土壤，导致土壤污染，该类污染物主要为粉尘、SO_2、重金属元素和核爆炸尘埃等。农业污染型土壤的污染源为垃圾、污泥、农药、化肥等，该类污染以重金属污染和农药污染尤为严重。生物污染型是指土壤施用未经适当消毒灭菌处理的垃圾、粪便和生活污水，使土壤受到某些病原菌的污染。固体废物污染型是指垃圾、碎渣、矿渣、堆厩肥、动植物残体等造成的土壤污染。

2. 土壤污染的识别

不同的工业建设项目由于生产过程不同，所涉及的原材料、生产工艺不同，排放的废物及其对土壤环境的影响也不尽相同。

(1) 工艺项目对土壤环境的影响　工艺生产过程中将产生大量的烟气、粉尘、SO_2、CO和氟化物等有毒有害气体，它们通过降水、扩散和重力作用降落回地表，渗透进入土壤，导致土壤酸化和营养物质流失，降低土壤肥力。特别是废气中含有大量的重金属飘尘，它们随废气进入大气，再沉降进入土壤，污染土壤环境。

工业废水中含有多种有机和无机毒物。例如，有机有毒物质主要为酚类、氰化物、多环芳烃、苯、醛、吡啶、有机氯、有机磷和硝基化合物等，无机毒物主要为重金属（如Hg、Cd、Cr、Ni、Zn、Pb、Cu等）、硫化物、砷化物、氯化物、硼和石油、酸、碱、各种悬浮物、放射性物质等。采用未经处理的工业废水或经过处理的工业废水灌溉农田，或用工业废水污染的河水灌溉农田，会使土壤受到污染，其污染效应与污水的性质有关。污水灌溉引起的土壤重金属污染对农作物的危害作用与污水中重金属的种类、含量、灌溉量和灌溉的时间有关；工业废水生化处理后的活性污泥的田间施用，也将改变土壤的性质、结构和土壤中元素的分布与分配，进而影响到植物的生长和土壤环境。活性污泥的使用可以使土壤的有机质、氮和重金属含量升高，减小土壤容重，其提高的幅度与污泥中重金属的含量、污泥使用量和使用时间有关。

工业生产的过程中将产生各种类型的固体废物，如钢渣、铁渣、瓦斯泥等各种废渣和各种尾矿等，它们在填埋和堆放的过程中可能通过各种途径引起其中污染物质的迁移，污染土壤环境。各种原材料的生产、运输、储藏和各种工业产品的消费与使用过程也会产生对土壤环境的影响。

(2) 水利建设项目对土壤环境的影响　水利工程建设项目对土壤环境的影响主要表现在占用土地资源、诱发土壤地质灾害和引发土壤沼泽化、盐渍化，降低土壤肥力。

水利工程施工期间对土地资源的占用，一部分在工程施工结束后可以恢复，一部分在工程建成使用后将永久损失。

水利工程建设中挖掘土石，直接破坏了土体岩层结构，可能引起滑坡、山体崩塌和泥石流等地质灾害。水库蓄水导致库岸坡的水蚀作用加强，使库区易发地震、崩塌、滑坡、泥石流等次生地质灾害，由此可加剧土壤侵蚀，威胁大坝的安全。

水利工程运行后，库区的水位上升引起附近地区地下水位的升高和农灌面积的增大以及水库下泄水量的减少，将引起库区附近土壤返盐，引起河道两岸土壤的盐渍化。

水库的运行将导致向下游的输沙量减少，破坏河流侵蚀河岸与淤泥沿河岸沉积的平衡，使下游土壤得不到原有水平淤泥的补充，降低了下游土壤的质量。

(3) 矿业工程建设项目的土壤环境影响　矿业工程建设项目的土壤环境影响包括土壤资源的损失、污染土壤环境、引起土壤退化。

矿业开发将侵占大量的土地。矿业开采过程中一方面产生大量的粉尘，对土壤环境产生污染，另一方面，矿石中含有各种金属元素，容易造成土壤环境的污染。矿山开采过程产生的粉尘气体可漂浮 10～12km 远。特大型矿山在数公里直径的范围内降落的粉尘量每年可达百吨。含有硫化物的废岩经氧化作用形成酸性废水，将引起土壤硫酸盐盐渍化，土壤生产力下降。由于采矿粉尘和酸性废水中含有大量的重金属元素，因此，在粉尘回落的地面和酸性废水污染的土壤中，也存在着严重的重金属污染。

二、土壤环境质量预测

土壤环境质量预测是以土壤污染环境质量现状为基础，通过对土壤污染和土壤退化机理进行研究，建立土壤污染和土壤退化与其影响因素之间的定量因果联系，通过演绎或归纳获得其内在规律，然后对未来的土壤环境质量进行估计。土壤环境质量预测包括土壤污染预测、土壤退化预测和土壤破坏预测。

1. 土壤污染预测

土壤污染预测就是根据土壤污染现状和污染物在土壤中的迁移转化规律，选用相应的数学模型，计算未来污染物在土壤中的积累量和残留量，预测其污染状况、程度和变化趋势，提出控制和消除污染的措施。

污染物进入土壤后，在土壤性质、环境条件和自身地球化学特点的综合影响下发生着迁移和转化。不同的污染物，迁移转化特征不同。一些污染物活动性大，随着流水渗漏进入地下水或其它水域中，如无机低价的阴、阳离子和易溶的有机酸、农药等有机成分；一些挥发性较大的污染物，如挥发性农药和汞等以气态形式迁移，不仅污染土壤系统，也会对大气、水体产生影响；一些污染物在土壤环境中不能降解或很难降解，长期保留在土壤环境中，具有积累性，对土壤系统的危害极大，如重金属和难降解的有机污染物。

(1) 重金属在土壤环境中的累积　通过各种途径进入土壤环境的重金属，由于土壤的吸附、络合、沉淀和截留作用绝大多数残留、累积在土壤中。根据土壤重金属的输入、累积特点，污染物在土壤中的年累积量可表示为：

$$W=K(B+R) \tag{7-15}$$

式中，W 为重金属污染物在土壤中的年累积量，mg/kg；B 为区域土壤背景值，mg/kg；R 为土壤重金属污染物年输入量，mg/kg；K 为土壤重金属污染物年残留率，%。

n 年后土壤重金属的积累量为：

$$\begin{aligned} W_n &= K_n K_{n-1}\{\cdots K_2[K_1(B+R_1)+R_2]+\cdots+R_n\} \\ &= BK_1K_2\cdots K_n+R_1K_1K_2\cdots K_n+ \\ &\quad R_2K_2K_3\cdots K_n+\cdots+R_nK_n \end{aligned} \tag{7-16}$$

当 $K_1=K_2=\cdots=K$，$R_1=R_2=\cdots=R_n=R$ 时

$$W_n=BK^n+\frac{RK(1+K^n)}{1-K} \tag{7-17}$$

不同地区，土壤的特性不同，K 值也不同，可根据盆栽实验和小区模拟实验求得相对准确的 K 值。

(2) 土壤中农药残留模式　农药进入土壤后，在各种因素的作用下发生降解或转化，其最终残留量可按下式计算：

$$R=Ce^{-kt} \tag{7-18}$$

式中，R 为农药残留量，mg/kg；C 为农药施用量，mg/kg；k 为常数；t 为农药施用年数。

从上式可以看出，连续施用农药，土壤中的农药累积量会不断增加，但是不会无限制地增加，当土壤中农药累积量达到一定数值后便趋于平衡。

设一次施用农药后土壤中农药的浓度为 C_0，一年后的残留量为 C_1，则农药残留率为：

$$f=\frac{C_1}{C_0} \tag{7-19}$$

如果每年一次连续施用农药，农药在土壤中的数年后的残留量为：

$$R_n=(1+f+f^2+f^3+\cdots+f^{n-1})C_0 \tag{7-20}$$

式中，R_n 为残留总量，mg/kg；f 为残留率，%；C_0 为一次施用农药后农药在土壤中的浓度，mg/kg；n 为连续施用农药的年数。

当 $n\to\infty$ 时，则

$$R_n=\frac{1}{1-f}C_0 \tag{7-21}$$

式中，R_n 为农药在土壤中达到平衡时的残留量。

(3) 土壤环境容量计算　土壤环境容量是指土壤受纳污染物不会产生明显不良生态效应的最大数量，是土壤环境承载能力的反映。土壤环境容量的表达式为：

$$Q=(C_R-B)\times 2250 \tag{7-22}$$

式中，Q 为土壤环境容量，g/hm^2；C_R 为土壤临界含量，mg/kg；B 为区域土壤背景值，mg/kg；2250 为每公顷土地耕作层土壤质量，t/hm^2。

由环境容量公式可以看出，土壤环境容量与区域土壤环境背景值及土壤临界含量密切相关。当区域土壤环境背景值确定以后，判定适宜的土壤临界含量至关重要。

根据土壤环境容量、土壤环境污染物的现状含量和土壤污染物的平均年输入量，可求出土壤达到重度污染时的年限。同时，土壤环境容量可作为土壤环境污染的总量控制依据。

(4) 土壤污染预测　土壤污染物的累积和污染趋势预测步骤如下。

① 计算土壤污染物的输入量。土壤污染物的输入量取决于评价区已有污染物和建设项目新增污染物。其计算应在对污染源调查的基础上，根据工程分析、大气和水专题评价资料核算污染物输入土壤的数量。

② 计算污染物的输出量。输出量的计算应考虑土壤侵蚀输出量、作物吸收输出量、降水淋溶输出量和生物降解、转化输出量。

③ 计算土壤污染物的残留率。土壤污染物输出途径的复杂性决定了土壤污染物残留率的直接计算很困难，一般通过盆栽实验或与评价区相似条件区域或地块的模拟实验求取污染物通过输出途径后的残留率。

④ 预测土壤污染趋势。通过土壤中污染物的输入量与输出量对比或根据土壤中污染物输入量与残留率的乘积说明土壤污染的状况和污染程度。通过污染物的输入量与土壤环境容量对比，说明土壤污染物的积累和趋势。

2. 土壤退化趋势预测

土壤退化预测主要是对建设项目导致土壤退化现象的发生、发展速率及其危害的预测，包括土壤侵蚀预测、土壤盐碱化预测、土壤酸化预测、土壤沙化预测，预测方法为类比法和模型估算法。

（1）土壤侵蚀预测　目前，土壤侵蚀模型很多，其中最常用的为 Wischmeier 和 Smith 提出的通用方程，它是以土壤侵蚀理论和大量实际观测资料的统计分析为基础的经验模型。

$$A=RKLSCP \tag{7-23}$$

式中，A 为土壤侵蚀量，t/（hm^2·a）；R 为降雨侵蚀力指标；K 为土壤侵蚀系数，t/（hm^2·a）；L 为坡长；S 为坡度；C 为耕种管理因素；P 为土壤保持措施因素。

其中 R 等于预测期内全部降雨侵蚀指数的总和。

对于一次暴雨

$$R=\sum \frac{2.29+1.15\lg x_i}{D_i} i \tag{7-24}$$

式中，i 为降雨过程中的时间历时，h；D_i 为历时 i 的降雨量，mm；I 为暴雨中强度最大的 30min 的降雨强度，mm/h；x_i 为降雨强度，mm/h。

对于一年的降雨，可按 Wischmeier 的经验公式计算。

$$R=\sum_{i=1}^{12} 1.735 \times 10^{1.5\lg(0.8188P_i^2/P)} \tag{7-25}$$

式中，P 为年降雨量，mm；P_i 为各月平均降雨量，mm。

土壤侵蚀系数（K）被定义为在长 22.13m、坡度 9%、经过多年连续种植的休耕地上每单位降雨系数的侵蚀率，反映了土壤对侵蚀的敏感性和降水所产生的径流量与径流率的大小。不同性质的土壤 K 值不同，表 7-9 给出了一般土壤侵蚀系数的平均值。

表 7-9　一般土壤侵蚀系数的平均值

土壤类型	有机质含量			土壤类型	有机质含量		
	<0.5%	2%	4%		<0.5%	2%	4%
砂	0.05	0.03	0.02	壤土	0.38	0.34	0.24
细砂	0.16	0.14	0.10	粉砂壤土	0.48	0.42	0.33
特细砂土	0.42	0.36	0.28	粉砂	0.60	0.52	0.42
壤性砂土	0.12	0.10	0.08	砂性黏壤土	0.27	0.25	0.21
壤性细砂土	0.24	0.20	0.16	黏壤土	0.28	0.25	0.21
壤性特细砂土	0.44	0.38	0.30	粉砂黏壤土	0.37	0.32	0.26
砂壤土	0.27	0.24	0.19	砂性黏土	0.14	0.13	0.12
细砂壤土	0.35	0.30	0.24	粉砂黏土	0.25	0.23	0.19
很细砂壤土	0.47	0.41	0.33	黏土		0.13	0.29

注：根据美国农业部“Control of Water Pollution from Cropland”。

耕种管理系数也称植被覆盖因子或作物种植系数，反映了地表覆盖对土壤侵蚀的影响。不同的植被类型对土壤侵蚀的影响见表 7-10。

表 7-10　地面不同植被的 C 值

植　被	地面覆盖率/%					
	0	20	40	60	80	100
草地	0.45	0.24	0.15	0.09	0.043	0.011
灌木	0.40	0.22	0.14	0.085	0.040	0.011
乔灌混合	0.039	0.20	0.11	0.06	0.06	0.027
茂密森林	0.10	0.08	0.08	0.02	0.004	0.001

实际侵蚀控制系数也称水土保持因子，用以说明不同的土地管理技术和水土保持措施对

土壤侵蚀的影响，见表 7-11。

表 7-11 实际侵蚀控制系数

实际情况	土地坡度	P	实际情况	土地坡度	P
无措施	1.1～2.0	1.00	隔坡梯田	1.1～2.0	0.45
等高耕作	2.1～7	0.60		2.1～7	0.40
	7.1～12	0.50		7.1～12	0.45
	12.1～18	0.60		12.1～18	0.60
	18.1～24	0.80		18.1～24	0.70
		0.90			
带状间作	1.1～2.0	0.45	直接耕作		1.00
	2.1～7	0.40			
		0.45			
	7.1～12	0.45			
	12.1～18	0.60			
	18.1～24	0.70			

坡长与坡度用于说明地形因素对土壤侵蚀的影响，二者的乘积称为地形因子。坡长是指从开始发生径流的一点到坡度下降至泥沙开始沉积或径流进入水道之间的长度。地形因子的计算公式为：

$$r=\left(\frac{L}{221}\right)^{M}(65\sin^{2}S+4.56\sin S+0.065) \tag{7-26}$$

式中，r 为地形因子；L 为坡长；S 为坡度；M 为与坡度有关的常数，当 $\sin S>5\%$ 时，$M=0.5$；$\sin S=5\%$时，$M=0.4$；$\sin S=3.5\%$时，$M=0.3$；$\sin S<1\%$时，$M=0.1$。

土壤通用侵蚀方程适用于土壤侵蚀、面蚀和细沟侵蚀量的推算，但不适用于流域土壤的侵蚀量、切沟侵蚀、河岸侵蚀和农耕地侵蚀的预测。

对于给定的区域或土壤，R、K、L、S 是常数，可根据土壤通用侵蚀公式预测工程前后侵蚀速率的变化。

$$A_1=\frac{C_1P_1}{C_0P_0}A_0 \tag{7-27}$$

式中，A_0，A_1分别为工程前后的侵蚀速率；C_0，C_1分别为工程前后的耕种管理因子；P_0，P_1分别为工程前后的土壤保持措施因子。

土壤侵蚀预测除了预测土壤侵蚀量和侵蚀速率外，还应对区域土壤环境质量退化的影响，如土层变薄、肥力下降、结构变化以及沉积区土壤形状的变化进行研究。

（2）土壤盐碱化预测 土壤环境评价中的盐碱化通常是指次生盐碱化，它是指人类在农业生产过程中，由于灌溉和农业措施不当引起的土壤盐化和碱化的总称。

土壤盐碱化预测常用的方法是美国盐渍土实验室提出的钠吸收比（SAR）法。钠吸收比可用下式计算。

$$\text{SAR}=\frac{[\text{Na}^+]}{\sqrt{\dfrac{[\text{Ca}^{2+}]+[\text{Mg}^{2+}]}{2}}} \tag{7-28}$$

式中，$[Na^+]$ 为钠离子浓度，mol/L；$[Ca^{2+}]$ 为钙离子浓度，mol/L；$[Mg^{2+}]$ 为镁离子浓度，mol/L。

可以根据钠吸收比划分水质等级。当土壤溶液的电导率为 10mS/m 时，SAR 值在 0～10 之间为低钠水，可用于灌溉各种土壤而不发生盐碱化；SAR 值在 10～18 之间为中钠水，对具有高阳离子交换量的细质土壤会造成盐碱化；SAR 在 18～26 之间为高钠水，对大多数土壤都可造成盐碱化；SAR 在 26～30 之间为极高钠水，一般不适用于灌溉。

如果土壤溶液的电导率大于 5mS/m 时，SAR 在 0～6 间为低钠水；在 6～10 之间为中钠水；在 10～18 之间为高钠水；大于 18 为极高钠水。

(3) 土壤酸化预测　土壤酸化有自然酸化和人类活动影响下的酸化两种。自然酸化过程是在土壤物质转化过程中产生各种酸性和碱性物质，按土壤溶液 pH 值大小可把土壤分为 9 级，见表 7-12。

表 7-12　土壤酸碱度分级

pH	酸碱度分级	pH	酸碱度分级	pH	酸碱度分级
<4.5	极强酸性	6.0～6.5	弱酸性	7.5～8.5	碱性
4.5～5.5	强酸性	6.5～7.0	中性	8.5～9.5	强碱性
5.5～6.0	酸性	7.0～7.5	弱碱性	>9.5	极强碱性

注：引自李天杰等《土壤环境化学》。

人类活动影响下的酸化主要是人类活动产生的酸性物质进入土壤引起的。如人类活动向大气中排放酸性物质，经过酸沉降回到地面，引起土壤酸化。有些工业项目在生产过程中排放大量酸性废水，通过灌溉进入土壤，引起土壤酸化。

土壤酸化有很多不良后果，如土壤酸化可使某些重金属离子的活性增强，某些毒性阳离子的毒性增加。土壤酸化使土壤对钾、铵、钙、镁等养分离子的吸附能力显著降低，导致这些养分随水流失。

土壤酸化的预测目前还处于探索阶段，预测土壤酸化需要考虑以下一些问题。

要掌握开发项目排放到大气中酸性物质的浓度、总量、酸性污染物的时空分布及其在大气中的迁移转化规律。要掌握评价区的气象条件，如降水量、降水的时空分布等。了解外区域输送到评价区的污染物浓度、总量等。要进行土壤对酸性物质缓冲能力的模拟实验，还要进行酸性水淋滤土壤的模拟实验，以便建立数学模型，进行土壤酸化趋势预测。

(4) 土壤沙化预测　土地沙化是目前人类面临的主要环境问题之一。由于人类对自然的不合理的开发利用，已导致土壤沙化的迅速蔓延。目前，对土地沙化的预测可采用下式：

$$D=A(1+R)^n \tag{7-29}$$

式中，D 为未来土地沙化面积预测值；R 为年平均增长率；A 为目前沙化土地面积；n 为从目前至所预测时期的年限。

其中，年平均增长率为

$$R=\left[n\left(\frac{Q_2}{Q_1}\right)^{\frac{1}{2}}-1\right]\times 100\% \tag{7-30}$$

式中，Q_1 为某年航空照片上沙化土地面积占某地面积的百分比；Q_2 为若干年后航空照片上沙化土地面积占该地区面积的百分比；n 为两期照片间隔的年限。

3. 土壤破坏预测

土壤资源的破坏和损失与人类活动密切相关。开发建设项目的实施不可避免地占用、破坏、淹没一部分土地；一些生态脆弱地区的建设目标所引起的极度土壤侵蚀也会造成一些土地因土壤过度流失丧失了原有的功能而被废弃；极为严重的土壤污染也会使土壤丧失生产功能，使土壤总量减少。

土地利用现状能较全面地反映土壤环境质量。在土壤环境质量评价中，常常把土地利用类型的变化作为预测指标，通过调查耕地面积、园地面积、林地面积、草地面积、城镇用地面积、交通用地面积、水域面积以及未利用土地面积的大小及其变化来推测土壤资源的破坏和损失情况。

土壤破坏与损失的预测内容包括占用、淹没、破坏土地资源的面积；因表层土壤过度侵蚀造成的土地废弃面积；地貌改变而损失和破坏的土地面积，如地表塌陷、沟谷堆填等；因严重污染而废弃或改为他用的耕地面积。

三、土壤环境影响评价

土壤环境影响评价包括土壤环境影响类型的分析、土壤环境影响的特征分析和土壤环境影响评价。

土壤环境影响类型分析是根据土壤环境影响特点对土壤环境影响进行分类和识别的过程。土壤环境影响分为土壤污染型影响、土壤退化型影响和土壤破坏型影响。土壤污染型影响是由于外界污染物的进入导致土壤肥力下降、土壤生态破坏等不良影响，例如，土壤重金属污染、农药污染、化肥污染等，该类影响具有可逆或不可逆双重特性；土壤退化型影响是指由于人类活动破坏土壤中各组分之间或土壤与其它环境要素之间正常的物质、能量循环过程，而引起土壤肥力、土壤质量和土壤环境承载能力的下降，其特征是没有外来物质的加入，影响一般是可逆的；土壤破坏型影响是指人类活动或由其引发的自然灾害导致了土壤的占用、淹没和破坏，包括因严重土壤侵蚀、土壤污染而废弃的丧失土壤功能的情况，其特点是土壤彻底破坏，影响过程不可逆。

土壤环境影响特点与建设项目的工程性质和区域自然环境特点有关。因此，应综合分析工程特点、工艺过程、原材料、副产品等项目自身的特征和区域地理环境特征，尽可能全面地识别其对土壤环境的影响。

土壤环境影响的特征分析包括对建设项目造成的土壤污染、土壤退化和土壤破坏进行时空分析和对土壤污染、退化、破坏所造成的土壤质量下降的程度及其对其它环境要素和人类社会经济造成影响的程度进行分析。前者包括对比项目实施前后不同污染级别的土壤面积的变化趋势与变化速率，主要污染物在空间上的扩散范围；退化土壤的空间分布、强度、演化趋势及其对周边环境的影响；被破坏或占用的土壤面积、变化趋势和土地利用类型结构的变化及其影响。后者包括污染物在土壤中的分布、迁移转化规律及其对其它环境因素以及人类社会经济活动的影响；土壤退化对区域生态环境的影响及其对人类生存的影响；土壤破坏对农业生产的影响和区域土地利用类型的改变对社会经济和居民生活的影响。

土壤环境影响评价是以土壤环境质量现状评价和土壤环境预测为基础，通过土壤环境影响的深度与广度分析，对比和评价土壤环境质量的变化程度和演化趋势，结合评价区的环境条件、土壤类型以及土壤背景值、土壤环境容量等各种影响因素，综合分析建设项目对土壤环境影响的大小，判断其是否可以接受，给出评价结论，并根据区域和项目的具体情况提出防止土壤污染、退化、破坏的对策、措施与建议。

四、防止土壤污染、退化、破坏的对策

1. 加强土壤资源法制管理

① 经常进行土壤资源法制管理的宣传教育。宣传、普及有关土壤保护、防治土壤污染、退化和破坏的政策和法规知识，提高全民土壤保护法制管理意识。

② 严格执行土壤保护的有关法规和条例。严格执行《中华人民共和国宪法》、《中华人民共和国环境保护法》、《中华人民共和国土地管理法》、《中华人民共和国矿产资源法》、《中华人民共和国水土保持法》以及《土地复垦规定》、《中华人民共和国土地管理法实施条例》等有关土壤保护的法规和条例。

2. 加强建设项目的环境管理

① 重视建设项目选址的评价。选择对土壤环境影响最小，占用农、牧、林业土地最少的地区进行建设项目开发。

② 加强清洁生产意识。针对建设项目的工艺流程、施工设计、生产经营方式，提出减少土壤污染、退化和破坏的替代方案，减小对土壤环境的影响。

③ 执行建设项目的“三同时”管理。认真执行与建设项目相关的防治土壤污染、退化和破坏的措施，必须执行与主要工程同时设计、同时施工、同时投产的“三同时”管理制度。

3. 加强土壤环境的监测和管理

建设项目开发单位应设置专职监测人员和监测机构，保证监测任务和管理的执行。

① 完善监测制度。定期进行污染源和土壤环境质量的常规监测。

② 加强事故或灾害风险的及时监测，制定事故灾害风险发生的应急措施。

③ 开展土壤环境质量变化发展的跟进工作。在土壤环境质量监测的基础上，开展土壤环境质量的回顾评价或后评估等跟进工作。

4. 加强土壤保护的科学技术研究

① 土壤污染修复技术研究。调查国内外有关污染土壤修复技术研究的成果、研究现状和趋势，结合区域土壤特点，开展不同土壤类型污染土壤修复的试验研究。

② 土壤退化的防治试验研究。充分利用有关部门和研究单位对土壤沙化、盐渍化、沼泽化以及土壤侵蚀的研究成果，结合区域环境实际开展试验研究。

③ 土壤资源调查及土壤合理利用规划。充分利用当地土地利用规划资料或进行土壤资源调查，开展土壤合理利用规划的研究。

④ 土地复垦试验研究。在建设项目服务期满，如矿山开发终了以后以及建设项目建设期和运行期间退化和破坏的土壤资源，积极进行土地复垦试验，及时推广试验研究成果。

思考题与习题

1. 影响土壤环境质量的主要因素有哪些？
2. 土壤环境质量现状调查包括哪些主要内容？
3. 什么是土壤环境污染？
4. 什么是土壤环境容量？
5. 土壤环境质量预测一般采取哪些方法？
6. 土壤污染的评价一般采取哪些方法？
7. 防止土壤污染、退化和破坏的主要措施有哪些？
8. 一项大型工程施工破坏了两块地的植被使土地裸露。设两块地的 R 均为 $45\text{kg}/(\text{m}^2\cdot\text{a})$，地块 A 为面积 3hm^2 的砂壤土，坡长 $L=150\text{m}$，坡度 $S=5\%$，土中有机质含量 2%，草皮覆盖率 10%，无侵蚀控制措施；地块 B 为面积 2hm^2 的壤土，$L=70\text{m}$，坡度 $S=10\%$，土中有机质含量 4%，裸土且无侵蚀控制措施。试求每块地的年平均土壤流失率以及两块地的土壤总侵蚀量。

第八章 生态影响评价

第一节 概 述

一、生态学

随着粮食、人口、能源和环境等一系列世界性问题的出现，生态学得到空前的发展，生态学超越了自然科学的范畴，迅速发展成为当代最活跃的前沿科学之一。“生态学”一词是由德国生物学家赫克尔于1869年首先提出来的，他把生态学定义为“自然界的经济学”。后来，也有学者把生态学定义为“研究生物或生物群体与其环境的关系，或生活着的生物与其环境之间相互联系的科学。”这里所说的生物包括植物、动物和微生物，而环境是指各种生物特定的生存环境，包括非生物环境和生物环境。非生物环境由光、热、空气、水分和各种无机元素组成，生物环境由作为主体生物以外的其它一切生物组成。

由此可见，生态学不是孤立地研究生物，也不是孤立地研究环境，而是研究生物与其生存环境之间的相互关系。这种相互关系具体体现在生物与其生存环境之间作用与反作用、对立与统一、相互依赖与制约和物质循环与代谢等几个方面。

二、种群

一个生物种在一定范围内同种个体的总和称为种群。例如，所有的小麦是一个种群，所有的东北虎是一个种群。

三、群落

生活在一定区域内的所有种群组成了群落。生物群落是指在一定空间内生活在一起的各种植物群落、动物群落和微生物群落的集合体。例如在东北地区生活的所有的生物总和组成了东北地区的群落。

四、群落演替

在群落发展的过程中，随着环境条件的变化，群落中一些种群兴起了，一些种群衰落以至消失了。群落的这种随着时间的推移而发生的有规律的变化称为群落演替，经过演替而达到最终稳定状态的群落称为顶极群落。

演替可分为原生和次生两种。简单地说，原生演替就是在没有生命体的一片空地上植被类群的演替；而次生演替是在具有一定植物体的空地上进行的植被演替。

五、生态系统

生态系统是指在自然界的一定空间内生物和环境构成的统一整体，在这个统一整体中，生物和环境之间相互影响，相互制约，不断演变，并在一定时期内处于相对稳定的动态平衡状态。生态系统具有一定的组成、结构和功能，是自然界的基本结构单元，也可以简单概括为：生态系统是生物群落与其生存环境组成的综合体。但是，以上的表述只是自然生态系统的定义，不能把人类生态系统的涵义概括在内。我国生态专家马世俊教授提出“生态系统是生命系统与环境系统在特定空间的组合”。对自然生态系统而言，生命系统就是生物群落；对社会生态系统、城市生态系统、工业生态系统而言，生命系统就是人类。如城市居民与城市环境在特定空间的组合就是城市生态系统，工业生产者及管理人员与工业环境在特定空间的组合就是工业生态系统。

生态系统虽然有大和小、简单和复杂之分，但都具有以下共同特性。

① 在生态系统中，各种生物彼此间以及生物和非生物环境之间的相互作用，不断进行着物质循环、能量流动和信息传递。

② 具有自我调节能力。生态系统受到外力的破坏，在一定限度内可以自行调节和恢复。系统内物种数目越多，结构越复杂，自我调节的能力越强。

③ 是一种动态系统。任何生态系统都有其发生和发展的过程，经历着由简单到复杂、从幼年到成熟的进化阶段。因此，生态系统是处于动态的。

六、生物多样性

生物多样性是指一定范围内多种多样活的有机体（动物、植物、微生物）有规律地结合所构成的稳定的生态综合体，这种多样包括动物、植物、微生物的物种多样性，物种的遗传与变异的多样性以及生态系统的多样性。

七、生态影响

生态影响是指某一生态系统在受到外来作用时所发生的变化和响应，生态影响评价是对某种生态环境的影响是否显著、严重以及可否为社会和生态接受进行的判断。

生态影响具有区域性、累积性、综合性的特点，这与生态因子间的复杂联系密切相关。生态影响不仅涉及自然问题，还常常涉及社会和经济问题。

八、生态影响评价

生态影响评价是指通过揭示和预测人类活动对生态的影响及其对人类健康和经济发展的作用，确定一个地区的生态负荷或环境容量，并提出减少影响或改善生态环境的策略和措施。通过对科学预测的生态环境影响进行评价，评价影响的性质和影响程度、影响的显著性，以决定行止；评级生态环境对影响的敏感性和主要受影响的保护目标，以决定保护的优先性；评价资源和社会价值的得失，以决定取舍。

建设项目对生态环境的影响大致分为两类：污染型影响和非污染型影响。非污染型生态环境影响主要是农、林、牧、水利、采矿、交通运输、旅游、海岸带开发等以开发利用自然资源为主要内容的项目，通过改变生态系统的组成或结构，其不良影响通常直接表现为生态破坏。

第二节　生态现状调查与评价

一、生态现状调查

生态环境调查是进行生态环境影响评价的基础性工作。生态环境调查至少要进行两个阶段的工作：影响识别和评价因子筛选前要进行初次现场踏勘，进行环境影响评价前要进行详细勘测和调查。

（一）生态环境调查要求

生态环境调查的主要内容和指标应满足生态系统结构与功能分析的要求，一般应包括组成生态系统的主要生物要素和非生物要素，能分析区域自然资源优势和资源利用情况。在有敏感生态保护目标或有特别保护要求的对象时，需对之做专门的调查。

（二）调查内容

一般陆地自然生态系统调查的主要内容包括生态系统调查（类型、组成、重要生境等）、自然资源调查、区域生态环境问题调查和敏感保护目标调查等几个方面。

1. 生态系统调查

在陆地生态系统调查中，植被的调查始终是一个重点。植被有自然植被与人工植被之分，其中自然植被的调查尤为重要，因为它关系到生物多样性的保护，可能涉及尚未认识的新物种。植被调查可利用地图、航空遥感照片、卫星遥感照片提供的信息，但现场踏勘是不可缺少的，而且还需要按中国生态系统研究网络观察与分析标准方法《陆地生物群落调查观察与分析》（中国标准出版社，1996）进行样方调查，以获得定量概念。植被调查是一数量和质量相结合的调查过程，即不但应调查植被的类型，各类植物的分布、面积、建群种和优势种等内容，而且还需调查盖度、生长情况、生物生产力等；不但应调查现状，而且还应调查其历史现状及受人干扰的演变情况。

在生态环境影响评价中，水体资源和动植物资源的调查也十分重要，因为它涉及社会经济稳定和可持续发展的问题。资源调查也应本着质与量相结合的原则进行。例如，各类水体资源不仅有面积、人均拥有量等数量概念，还有结构、肥分、有机质等质量指标；水亦有水资源量与水质两类指标；植物资源也同样有数量多少和质量好坏之分。耕地和草原都按照一定的指标划分为不同的等级。

景观也是一种资源，景观调查不仅重要，而且具有特殊性。景观资源具有资源属性（物质性）和社会属性（主观性）的双重属性，使它的调查无规可循，也无由考核。训练有素和审美能力较高的人才是决定这一工作成败的关键。

2. 环境问题调查

包括区域生态环境历史演变、主要环境问题及自然灾害等，见表 8-1。

表 8-1 一般区域性生态环境问题调查主要内容

生态问题	指标	评价作用
水土流失	历史演变,流失面积与分布,侵蚀类型,侵蚀模数,水分肥分流失量,泥沙去向、原因及影响	分析生态系统动态变化,环境功能保护需求,控制措施与实施特点
沙漠化	历史演变,面积与分布,侵蚀类型,侵蚀量,侵蚀原因及影响	分析生态系统动态变化,环境功能保护需求,改善措施方向
盐渍化	历史演变,面积与分布,程度,原因及影响	分析生态敏感性,水土关系,寻求减少危害和改善的途径
污染影响	污染来源,主要影响对象,影响途径,影响后果	寻求防止污染、恢复生态系统的措施
自然灾害	类型、地区、面积、历史变迁、发生率、危害等	评价规划布局、规定防护区域、编制生态建设方案和管理计划

敏感保护目标调查包括地方性敏感保护目标及其环保要求等。

3. 相关的社会经济状况调查

社会经济调查的主要目的是为了解社会经济发展与环境的相互作用。开发建设项目的社会经济调查围绕项目建设与区域经济发展、人民生活、人群健康以及社会文化的相互作用展开。

（三）调查方法

生态调查一般方法有资料（历史的、行业的、环境监测的、规划的）收集、GIS 与卫星遥感照片解析、现场踏勘、现场采样、图件收集等。

资料收集包括从农、林、牧、渔业资源管理部门、专业研究机构、环保部门和其它项目环境影响报告书收集相关资料、数据。

现场调查可采用现场踏勘考察和网络定位采样分析的传统自然资源调查方法，根据现有污染源的位置和污染物环境迁移转化规律确定采样布点原则，采集大气、水、土壤、动物、植物样品，进行有关污染物含量分析。采样或分析按标准方法或规范进行，以确保质量要求和便于几个栖息地及各生态系统之间的比较。

生态环境调查中，应将现场踏勘、取样调查与资源调查紧密结合起来。在资料收集中，要特别注意图件的收集和编制。图件是评价中最佳的信息载体和表达方式，依据不同的评价级别需收集和编制的生态图件主要有地形图、土地利用状况图、水系图、植被图等。

二、生态现状评价

生态环境现状评价是将生态分析得到的重要信息进行量化，定量描述生态环境的质量状况和存在的问题。现状评价结论要明确回答区域环境的生态完整性、人与自然的共生性、土地和植被的生产能力是否受到破坏等重大环境问题，要回答自然资源的特征及其对干扰的承受能力，并用可持续发展的观点对生态环境质量进行判定。

生态环境现状评价要解决的主要环境问题为：

① 从生态完整性的角度评价现状环境质量，即注意区域环境的功能与稳定状况。

② 用可持续发展观点评价自然资源现状、发展趋势和承受干扰的能力。

③ 植被破坏、荒漠化、珍稀濒危动植物种消失、自然灾害、土地生产能力下降等重大资源环境问题及其产生的历史、现状和发展趋势。

生态环境现状评价常用的方法有图形叠置法、系统分析法、生态机理分析法、质量指标法、景观生态学法、数学评价法等。

生态环境结构的层次特点决定了生态环境的评价也具有层次性，一般可按两个层次进行评价：一是生态因子层次上的因子状况评价；二是生态系统层次上的整体质量评价。两个层次上的评价都是用若干指标来表征的。在建设项目的生态环评中，一般对可控因子要做详细的评价，以便采取保护或恢复性措施；对人力难以控制的因子，如气候因子，一般只作为生态系统存在的条件和影响因素看待，不作为评价的对象。

（一）生态因子现状评价

大多数开发建设项目的生态环境现状评价是在生态因子的层次上进行的，其评价内容包括以下几个方面。

（1）植被　包括植被的类型、分布、面积和覆盖率、历史变迁原因，植物群系及优势植物种，植被的主要环境功能，珍稀植物的种类、分布及其存在的问题等。植被现状评价应以植被现状图表达。

（2）动物　包括野生动物的生存现状、破坏与干扰，野生动物的种类、数量、分布特点，珍稀动物种类与分布等。动物的有关信息可从动物地理区划资料，动物资源收获（如皮毛收购）资料，湿地考察与走访、调查，生境与动物习性相关性等获知。

（3）土壤　包括土壤的成土母质，形成过程，理化性质，土壤类型、性状与质量（有机质含量，全氮、有效磷，并与选定的标准比较而评定其优劣），物质循环速度，土壤厚度与密度，受外界环境影响（淋溶、侵蚀）程度，土壤生物丰度，保水蓄水性能，土壤碳氮比（保肥能力）等以及污染水平。

（4）水资源　包括地表水资源评价与地下水资源评价两大领域，评价内容主要有水质与水量两个方面。水质评价是污染性环评的主要内容之一。生态环评中水环境的评价亦有两个方面：一是评价水的资源量；二是与水质和水量都有密切关系的水生生态评价。

（二）生态系统结构与功能的现状评价

不同类型的生态系统难以进行结构上的优劣比较，但可借助于生态制图并辅以文字阐明生态系统的空间结构和运行情况，亦可借助景观生态的评价方法进行结构的描述，还可通过类比分析定性地认识系统的结构是否受到影响等。

生态环境功能是可以定量或半定量地评价的。例如，生物量、植被生产力和种群量都可定量地表达，生物多样性亦可量化和比较。运用综合评价方法进行层次分析，设定指标和赋值，可以综合地评价生态系统的整体结构和功能。许多研究还揭示了诸如森林覆盖率（或城市绿化率）与气候的相关关系，利用这些信息亦可评价生态系统的功能。

（三）生态资源的现状评价

无论是水土资源还是动植物资源，因其巨大的经济学意义，一般都有相应的经济学评价指标。例如，土地资源需进行分类，阐明其适宜性和限定性、现状利用情况（需附图表达）以及开发利用潜力；耕地分等级，并可用历年的粮食产量来衡量其质量，评价中应阐明其肥力、通透性、利用情况、水利设施、抗洪涝的能力、主要灾害威胁等。一般而言，环境质量高，其资源的生产率亦高，经济价值也高，因而有些经济学评价方法可以引入环境评价中来。

（四）区域生态环境现状评价

一般区域生态环境问题是指水土流失、沙漠化、自然灾害和污染危害等几大类。这类问题亦可进行定性和定量相结合的评价，用通用土壤流失方程计算工程建设导致的水土流失量；用侵蚀模数、水土流失面积和土壤流失量指标，可定量地评价区域的水土流失状况；测算流动沙丘、半固定沙丘和固定沙丘的相对比例，辅之以荒漠化指示生物的出现，可以半定量地评价土地沙漠化程度；通过类比，可以定性地评价生态系统防灾减灾（消减洪水，防止海岸侵蚀，防止泥石流、滑坡等地质灾害）功能。

第三节 生态影响识别与评价因子筛选

一、生态影响识别

影响识别或称影响分析，是一种定性和定量相结合的生态影响分析。它是涉及环境影响评价工作和编制环境影响评价大纲的重要步骤，是将人类活动的作用和环境的反应结合起来做综合分析的第一步，其目的是明确主要的影响因素、主要受影响的生态系统和生态因子，从而筛选出评价工作的重点内容。

影响识别是一种定性的和宏观的生态影响分析，主要包括影响因素的识别、影响对象的识别和影响性质和程度的识别。

（一）影响因素识别

影响因素识别是指对作用主体（开发建设项目）的识别，即开发建设项目的识别。目的是明确主要作用因素，包括如下几个方面。

1. 作用主体

包括主要工程（或主设施、主装置等）和全部辅助工程在内，如施工道路、作业场地、重要原材料的生产、储运设施建设、拆迁居民安置地等。

2. 项目实施的时间序列

项目实施的全时间序列包括设计期（如选址和决定施工布局）、施工建设期、运营期和死亡期（如矿山闭矿、渣场封闭与复垦），至少应识别其施工期和运营期。

3. 项目实施地点

包括集中开发建设地和分散影响点、永久占地和临时占地等。

4. 其它影响因素

包括影响发生方式、作用时间长短、物理性作用、化学性作用还是生物性作用、直接还是间接作用等。

（二）影响对象识别

影响对象识别是指对影响受体即主要受影响的生态系统和生态因子的识别，识别的内容包括以下几个方面。

1. 识别受影响的生态系统的类型及生态系统构成要素

如生态系统的类型、组成生态系统的生物因子（动物与植物）、组成生态系统的非生物因子（如水分和土壤）、生态系统等的区域性特点及其区域性作用与主要环境功能。

2. 受影响的重要生境的识别

生物多样性受到影响往往是由于其所在的重要生境受到占据、破坏或威胁等，故在识别影响对象时对此类生境应予以足够重视并采取有效措施加以保护。

3. 识别区域自然资源及主要生态问题

区域自然资源对开发建设项目及区域生态系统均有较大的影响或限制作用。在我国，如耕地资源和水资源等都是在影响识别及保护时首先要加以考虑的。同时，由于自然资源的不合理利用以及生境破坏等原因，一些区域性的生态与环境问题如水土流失、沙漠化、各种自然灾害等也需要在影响识别中予以考虑。

4. 识别敏感生态保护目标或地方要求的特别生态保护目标

这些目标往往是人们的关注点，在影响评价中应足够重视。一般包括如下目标：具有生态学意义的保护目标，如珍稀濒危野生生物、自然保护区、重要生境等；具有美学意义的保护目标，如风景名胜区、文物古迹等；具有科学文化意义的保护目标，如著名溶洞、自然遗迹等；具有经济价值的保护目标，如水源林、基本农田保护区等；具有社会安全意义的保护目标，如排洪、泄洪管道等；生态脆弱区和生态环境严重恶化区，如脆弱生态系统、生态过渡带、沙尘暴源区等；其它一些有特别纪念意义或科学价值的地方，如特产地、特殊保护地、繁育基地等，均应加以考虑。

5. 受影响的途径和方式

指直接影响、间接影响或通过相关性分析明确的潜在影响。

6. 识别受影响的景观

具有美学意义的景观，包括自然景观和人文景观，对于缓解当代人与自然的矛盾，满足人类对自然的需求和人类精神生活需求具有越来越重要的意义。

（三）影响性质和程度的识别

影响效应的识别主要是识别影响作用产生的生态效应，即影响后果与程度的识别，具体包括如下三个方面的内容。

1. 影响的性质

应考虑是正影响还是负影响、可逆影响还是不可逆影响、可恢复还是不可恢复影响、短期影响还是长期影响、累积性影响还是非累积性影响。如果是渐进的、累积性的或是有临界值的影响可以从量变引起质变。凡不可逆变化应给予更多关注，在确定影响可否接受时应给予更大权重。

2. 影响的程度

范围大小、持续时间的长短、剧烈程度、受影响的生态因子多少、生态与环境功能的损失程度、是否影响到生态系统的主要组成因素等。在判别生态受影响的程度时，受到影响的空间范围越大、强度越高、时间越长，受影响因子越多或影响到主导性生态因子，则影响就越大。

3. 影响发生的可能性分析

即发生影响的可能性和概率，影响可能性按极小、可能、很可能来识别。

二、评价因子筛选

在生态环境影响识别的基础上进行评价因子的筛选，是评价工作不断深化并达到具体操作的必要步骤，也是对环境更深层次认识的反映。生态环境评价因子是一个比较复杂的系统，评价中应根据具体的情况进行筛选，筛选中主要考虑以下几个因素：

① 最能代表和反映受影响生态环境的性质和特点者。

② 易于测量或易于获得其相关信息者。

③ 法规要求或评价中要求的因子等。

三、生态影响评价标准

现行的环境影响评价以污染控制为宗旨，评价的主要对象是大气、水、土壤等人类的物化环境，可以用一组物化指标表征其环境质量，这就是评价标准，是一种纯质量型评价。

生态环境影响评价也需要一定的判别基准。但是，生态系统不是大气和水那样的均匀介质和单一体系，而是一种类型和结构多样性很高、地域性特别强的复杂系统，其影响变化包括内在本质（生态结构）的变化和外在表征（状态和环境功能）的变化，既有量变问题，也有质变问题，并且存在着由量变到质变的发展变化规律（累积性影响），还有系统修复、重建、系统改换、生态功能补偿等复杂问题，因而评价的标准体系不仅复杂，而且因地而异。此外，生态环境是分层次进行的，评价标准也是根据需要分层次决定的，即系统整体评价有整体评价的标准，单因子评价有单因子评价的标准。

开发建设项目生态环境影响评价的标准从以下几方面选取。

① 国家和地方规定的环境质量标准。

② 行业规范。国家已发布的环境影响评价技术导则，行业发布的环境评价规范、规定、设计要求和其它技术文件等。

③ 地方环境规划。地方政府颁布的标准和规划区目标，重要生态环境功能区及其规划的保护要求，河流水系保护要求或规划功能，特别地域的保护功能，如区域绿化率要求、水土流失防治要求等。

④ 背景或本底值。以项目所在的区域生态环境的背景值或本底值作为评价参考“标准”，如区域土壤背景值、区域植物覆盖率与生物量、区域水土流失本底值等。有时，亦可选取建设项目进行前项目所在地的生态环境背景值作为参考标准，如植被覆盖率、生物量、生物种丰度和生物多样性等。这类参考“标准”的应用体现一种基本要求：建设项目实施后的环境不能比现状差。

⑤ 类比对象。以未受人类严重干扰的同类生态环境或以相似自然条件下的原生自然生态系统作为类比评价参考对象；以类似条件的生态因子和功能作为类比参考对象；以同类工程的影响作为类比评价参考数据；以类似的环境条件下发生的影响作为影响评价参考等。在没有规定标准时，它们可用作比较的尺度，起标准的作用。

⑥ 科学研究已判定的生态效应。通过当地或相似条件下科学研究已判定的保障生态安全的绿化率要求、污染物在生物体内的最高允许量、特别敏感生物的环境质量要求等，亦可作为生态环境影响评价中的参考标准。

生态环境影响评价以评价生态系统环境服务功能为主，所有能反应生态环境功能和表征生态因子状态的参数或指标值，可以直接用作判别标准；大量反映生态系统结构和运行状态的指标，尚需按照功能与结构对应性原理，根据生态环境具体性状，借助于一些相关关系经适当计算而转化为反映环境功能的指标，方可用作功能判别标准。

第四节 生态影响评价范围和等级

一、生态影响评价范围

生态环境影响评价的范围应包括开发建设活动的直接影响范围和间接影响范围。生态因子之间相互影响和相互依存的关系是划定评价范围的原则和依据。非污染生态影响评价的范围主要根据评价区域与周边环境的生态完整性确定。所确定的评价范围应包括所有受影响的生态系统，并能够充分体现生态系统的完整性，阐明其特征，还应包括所有可能受到影响的敏感保护目标。

按照环评工作程序，有不同的工作阶段，评价范围可分为生态调查范围、现状评价范围、影响预测与评价范围，三者一般都应大于开发建设活动直接影响的范围。对于一级、二级、三级评价项目，要以重要评价因子受影响的方向为扩展距离，一般分别不能小于 8～30km、2～8km 和 1～2km。

在确定评价范围的过程中容易出现以下问题。一是建设单位大多希望确定的评价范围小一点，只管项目征地范围内的直接影响，忽略实际存在的环境影响。某些环境影响评价的行业规范确定的评价范围不尽合理，实际可能存在的环境影响超出其规定的评价范围。另外，生态环境影响的特点决定了其影响因素的多元性和影响受体的复杂性，仅从某一种影响因素确定评价范围存在局限性。二是不做充分的现场调查，难以获取并阐明评价对象的具体情况，只收集到宏观尺度的资料，难以收集到小尺度的资料，会出现放大评价范围、泛泛而谈的情况，甚至出现地理概念、敏感目标及性质不明，评价范围确定错误等情况。

要避免以上问题，必须进行详细的现场调查，获取所需的大量第一手资料，根据导则的要求，结合生态系统结构和功能的完整性，综合考虑地表水特征、地形地貌特征、生态特征、开发建设项目特征等，确定合理的评价范围。

二、生态影响评价等级

评价等级的划分是为了确定评价工作的深度和广度，体现对开发建设项目的生态环境影响的关切程度和保护生态环境的要求程度。开发建设项目评价工作等级划分的依据主要有：影响程度、影响的性质，受影响生态环境的敏感特性。生态环境的敏感特性即是否影响到敏感保护目标，是否加剧区域自然灾害，是否要求的保护级别特别高等。

《环境影响评价技术导则——非污染生态影响》(HJ/T 19—1997) 根据评价项目对生态影响的程度和影响范围的大小，将生态影响评价工作级别分为一级、二级、三级。经过对工程和项目所在区域进行初步分析，选择 1～3 个方面的主要生态影响，依据表 8-2 列出的生态影响及生态因子变化的程度和范围进行工作级别划分，如果生态影响多于 1 个，依据其中评价级别高的影响确定工作级别。

二级以上项目的评价，要满足生态完整性的需要，对生态影响是否超越了项目所在区域的生态负荷或环境容量进行分析确定。

三级项目的评价可以从简，但也要对主要生态影响进行分析确定。

生态影响的变化程度应采用定量或半定量方式表述。难以定量的生态影响变化程度应采取专家评估的方式确定，也可通过历史图件的综合比较，采用背景比较分析方法确定。要分析原自然系统或次生系统的生产力是否降低以及降低的范围和程度，作为判定的依据。

生物量减少的度量方法是对照历史上本系统的量值或文献提供的地球上本系统的平均值进行量算，异质性程度变化的量算要以历史上本系统的数值进行估算。区域环境的变化要度量绿地的数量变化和空间分布状况的变化。

表 8-2　评价工作级别（一级、二级、三级）

主要生态影响及其变化程度	工程影响范围		
	50km²	20～50km²	＜20km²
生物群落			
生物量减少(＜50%)	二	三	一
生物量锐减(≥50%)	一	二	三
异质性程度降低	二	三	一
相对同质	一	二	二
物种的多样性减少(＜50%)	二	三	一
物种的多样性锐减(≥50%)	一	二	三
珍稀濒危物种消失	一	二	三
区域环境			
绿地数量减少,分布不均,连通程度变差	二	三	一
绿地减少 1/2 以上,分布不均,连通程度极差	二	二	三
水和土地			
荒漠化	一	二	三
理化性质改变	二	三	一
理化性质恶化	一	二	三
敏感地区	一	一	一

可以根据项目的性质、总投资和产值，项目所在区域生态环境的敏感程度，生态影响的空间分布情况等，对评价的级别做适当调整，但调整幅度上下不应超过一级，调整或从简结果应征得环保主管部门同意。

第五节　生态影响预测

生态环境影响预测就是以科学的方法推断生态环境在某种外来作用下所发生的响应过程、发展趋势和最终结果，揭示事物的客观本质和规律。

一、预测内容

生态环境影响预测包括三方面的分析：影响因素（如建设项目）分析，即工程影响因素分析；生态环境受体分析，即受影响对象的确定；生态影响效应的分析，即发生了什么问题。后两个问题往往因生态系统类型的不同而不同。

自然生态系统的影响可概括为整体性影响和敏感性影响两大主要问题，并有自然资源影响乃至区域和流域性影响等问题。

生态整体性影响可从区域或流域、景观生态、生态系统或生物群落等不同的层次做分析。应用景观生态学方法做分析时，主要回答的问题是：对生态环境起控制作用的自然生态体系（生态系统或群落）稳定性如何、其生物总量增加还是减少、其第一性生产力是增强还是消弱。换句话说，其恢复稳定性（一般以植被生物量度量）是否增加，其阻抗稳定性（如物种多样性、景观多样性、连通性与面积等）是否增加等。

应用传统生态学方法做分析时，需要回答：系统是否毁灭或生态环境是否严重恶化，系统是否可正向演替或自然恢复，生物多样性（主要是生境多样性和物种多样性）是否减少。在做生态系统因子层次的影响分析时，还会涉及是否影响关键性生态因子，如生态系统建群生物和生态系统限制性因子等。有无替代或可否恢复也是经常分析的问题。

生态环境敏感性问题常是影响预测的重点。这类敏感保护目标（或重点保护对象）有的是法定的，有的是科学评价认定的，还有来自社会或局部地域的。有的法定保护目标也需做科学评定。例如，很多自然遗迹（地质学的、地理学的等）因其内容复杂，法规难以一一列举，对其重要性的认识也有较大差距，都需在评定中科学地认识。

自然资源影响问题，有的有法律规定，如基本农田保护区；有的有规划，也纳入保护中。环境影响评价中最需做影响分析的是那些地域性特产、稀缺资源以及不可恢复性资源，如景观资源等。

区域或流域内存在的生态环境问题，如水土流失、沙漠化、自然灾害等，也都是影响分析的重要内容。任何开发建设活动，都不应加剧这类问题。

生态环境脆弱性的分析，有时是十分重要的。

二、预测要求

生态环境影响预测方法依据要解决的问题、拥有的专业知识和技术手段而有不同的选择。《环境影响评价技术导则——非污染生态影响》推荐了许多适用方法都是进行自然生态影响评价的常用方法。

在进行生态环境影响预测或分析时，需注意如下问题：

① 持生态整体性观念，切忌割裂整体性做“点”或“片段”分析。

② 持生态系统为开放性系统观，切忌把自然保护区当做封闭系统分析影响。

③ 持生态系统为地域差异性系统观，切忌以一般的普遍规律对待特殊地域的特殊性。

④ 持生态系统为动态变化的系统观，切忌以一成不变的观念和过时资料为依据做主观推断。

⑤ 做好深入细致的工程分析，要做到把全部的工程活动（包括主体工程、辅助工程、配套工程、公用工程和环保工程等）都纳入分析，把工程活动的全过程（从勘探至闭矿、设备退役）都纳入分析，把各种不同的影响形式、内容都纳入分析，甄选重点影响问题做深入分析与研究。

⑥ 做好敏感保护目标的影响分析，要做到对敏感保护目标逐一进行影响分析，并结合上述的工程分析内容做全部活动、全过程和多种影响形式的影响分析，针对敏感保护目标的性质、保护要求做好影响分析。

⑦ 正确处理依法评价影响和科学评价影响的问题。建设项目的环境影响评价主要解决两类问题：一是贯彻执行环保政策和法规，将建设项目的影响限定在法规允许的范围内；二是科学地预测实际发生的影响。有时，建设项目能满足法规的要求，但实际影响不一定是可以接受的。例如，可以通过调整自然保护区的功能区而解决建设项目不符合法规的问题，但“调整”并不等于消除了实际影响问题。科学地预测实际发生的生态环境影响是环境影响评价的真谛。

⑧ 正确处理一般评价和生态环境影响的特殊性问题。一般评价比较重视直接影响而忽视甚至否认间接影响，重视显现性影响而忽视潜在影响，重视局部影响而忽视区域性影响，重视单因子影响而忽视综合性影响。生态环境影响分析中应充分重视间接性的、潜在的、区域性的和综合性的影响。

三、预测方法

生态影响预测是生态环境影响评价的核心，但同时又是最薄弱的环节。生态环境影响评价常常是用模糊的语言而非精确的数值表达的，所用的方法也常常是特例而非普适性的。生态环境影响预测方法因要预测的因素、对象、工作者不同而有不同的选择，一般可采用以下几种方法。

（一）类比分析法

许多生态环境影响的因果关系十分错综复杂，通过类比调查既有工程已经发生的环境影响，并类比分析拟建工程的环境影响，是生态影响预测与评价的主要方法之一。

1. 类比分析方法技术要点

（1）选择合适的类比对象　类比对象的选择（可类比性）应从工程和生态环境两个方面考虑。工程方面，类比的对象应与拟建项目性质相同，工程规模相差不大，其建设方式也与拟建工程相类似；生态环境方面，类比对象与拟建项目最好同属一个生物地理区，最好具有类似的地貌类型，最好具有相似的生态环境背景等。

（2）选择可重点类比调查的内容　类比分析一般不会对两项工程做全方位的比较分析，而是针对某一个或某一类问题进行类比调查分析，因而选择类比对象时还应考虑类比对象对相应类比分析问题的有效性和深入性。明确类比调查重点内容，选择可作重点问题类比的对象，可以减少盲目性。

在环评中，应对类比选择条件、类比对象与拟建对象的差异进行必要的分析、说明。

2. 类比调查方法

（1）资料调查　查阅既有工程（类比对象）环境影响报告书和既有工程竣工环境保护验收调查与监测报告，必要时可参阅既有工程所在地区的环境科研报告和环境监测资料。

（2）实地监测或调查　按环评一般调查或监测方法，对类比对象进行调查。

（3）景观生态调查法　利用“3S”技术，对区域性生态景观进行调查、解析与分析，说明区域性生态整体性变化。

（4）公众参与调查法。

3. 类比调查分析

（1）统计性分析。

（2）单因子类比分析　通过可类比对象的监测和调查分析，可取得有针对性的评价依据，对拟建项目单一问题或某一环境因子的影响进行科学评价。

（3）综合性类比分析　生态系统整体性影响评价的综合性分析，可以采用综合评价法由一组指标进行加和评价，也可选某一因子如植被的动态作为代表进行分析评价。许多科学研究和回顾性调查是属于综合性调查分析的，如对湿地减少及其相应的影响调查、对煤矿开采进行的回顾性调查等，都是一种综合性分析。这些调查可以作为环评中重要的类比依据。

（4）替代方案类比分析　替代方案类比分析和论证一般是把不同的方案放在一起，按设定的一组环境指标进行比较分析，找出各自的优劣，从而推荐或决定某种可行的方案，也是类比分析应用的重要领域。

（二）景观生态学方法

景观生态学方法是目前在生态系统现状评价和生态影响综合评价中普遍采用的一种方法，主要应用于城市和区域土地利用规划与功能区划、区域生态环境影响评价、特大型建设项目环境影响评价以及景观资源评价等。

景观生态学方法通过两个方面评价生态环境质量状况：一是空间结构分析；二是功能与稳定性分析。空间结构分析基于景观是高于生态系统的自然系统，是一个清晰的和可度量的单位。空间结构分析认为，景观由拼块、模地和廊道组成，其中模地是区域景观的背景地块，是景观中一种可以控制环境质量的组分。因此，模地的判定是空间分析的重点。

模地的判定有三个标准：相对面积大、连通程度高、具有动态控制功能。模地的判定多借用传统生态学中计算植被重要性的方法。拼块的表征方式，一是优势度指数（D_0），二是多样性指数。

1. 优势度指数

优势度指数由密度（R_d）、频度（R_f）和景观比例（L_p）三个值计算得到，而这三个参数的综合比较好地反映了该类嵌块占有区域的相对面积（数量）、分布的均匀程度和连通程度（正是几个度量区域生态环境质量的参数）等，能较好地表示生态环境的整体性。其计算的数学表达式如下：

$$\text{密度 } R_d = \text{拼块 } i \text{ 的数目/拼块总数} \times 100\%$$

$$\text{频率 } R_f = \text{拼块 } i \text{ 出现的样方数/总样方数} \times 100\%$$

$$\text{景观比例 } L_p = \text{拼块 } i \text{ 的面积/样地总面积} \times 100\%$$

$$\text{优势度指数 } D_0 = [(R_d + R_f)/2 + L_p]/2 \times 100\%$$

2. 景观多样性指数

其计算的数学表达式如下：

$$H = -\sum_{i=1}^{n}(P_i \ln P_i) \tag{8-1}$$

式中，P_i 为某类型景观所占面积百分比；n 为景观类型数。

景观的功能和稳定性分析包括如下四方面内容。

(1) 生物恢复力分析　分析景观基本元素的再生能力或高亚稳定性元素能否占主导地位。

(2) 异质性分析　模地为绿地时，由于异质化程度高的模地很容易维护它的模地地位，从而达到增强景观稳定性的作用。

(3) 种群源的持久性和可达性分析　分析动植物物种能否持久保持能量流、养分流，分析物种流可否顺利地从一种景观元素迁移到另一种元素，从而增强共生性。

(4) 景观组织的开放性分析　分析景观组织与周边生境的交流渠道是否畅通。开放性强的景观组织可以增强抵抗力和恢复力。

生态环境质量（功能与稳定性）计算公式如下（一般选择 4 项指标，即 $n=4$）：

$$EQ = \sum_{i=1}^{n} A_i / N \tag{8-2}$$

式中，EQ 为生态环境质量（功能与稳定性）；A_1 为土地生态适宜性（以土地的生态适宜性大小给分，分阈值0～100）；A_2 为植被覆盖率（以土地的实际植被覆盖度计，分阈值0～100）；A_3 为抗退化能力赋值（群落抗退化能力强时为 100，较强者 60，一般水平 40，其它为 0）；A_4 为恢复能力赋值（群落恢复能力强时为 80，较强 60，一般 40，一般以下为 0）；N 为指标数量。

EQ 值划分标准及相应生态级别见表 8-3。

表 8-3　EQ 值划分标准及相应生态级别

EQ 值	70～100	50～69	30～49	10～29	0～9
生态级别	Ⅰ	Ⅱ	Ⅲ	Ⅳ	Ⅴ

（三）生态机理分析法

动物或植物与其生长环境构成有机整体，当开发项目影响植物的生长环境时，对动物或植物的个体、种群和群落也产生影响。

（四）图形叠置法

图形叠置法广泛用于公路或铁路选线、滩涂开发、水库建设、土地利用等方面的评价，也可将污染影响程度和植被或动物分布叠置成污染物对生物的影响分布图。

（五）列表清单法

列表清单法简单明了，针对性强，主要用于生态环境影响识别和评价因子筛选、开发建设活动对环境因子的影响分析、生态环境保护措施的筛选、物种或栖息地重要性或优先度比选等。但该法不能对环境影响程度进行定量评价。

（六）指数法

指数法可用于生态因子单因子质量评价、生态环境多因子综合质量评价、生态系统功能评价等。指数法简明扼要，但困难之处在于需要明确建立表征生态环境质量的标准体系，而且难以赋权和准确定量。

（七）系统分析法

对于多目标的动态性问题，可采用系统分析法进行评价，特别是在进行区域规划或解决方案优选问题时，系统分析法往往有独到之处。许多学者尝试应用专家分析法、系统动力学方法、模糊综合评判法、灰色关联分析等方法进行生态环境影响评价。

（八）生产力评价法

生态系统的生物生产力是系统的首要功能表征，生产力评价法主要应用于评价生态环境质量及其变化趋势，评估土地的生物资源的生产力，评估土地资源破坏导致的经济和环境损失，分析影响生态系统生物生产力的主要气候因素等。

（九）回归分析法

回归分析法是研究两个或多个变量之间相互关系的一种统计分析方法。在生态环境中，除部分问题属于线性关系外，大部分都属于非线性关系，可用多元非线性回归模型进行评价和预测。

第六节　水土保持

一、水土保持方案编制程序与内容概述

水土保持方案是环境影响评价报告中的重要内容，但因其特殊的地位和作用，一般由从事水土保持工作的专人负责编写，在环境影响报告书中专章列出。在此就水土保持方案的编制程序和主要内容的一般写法做一简要介绍。

（一）编制程序

建设项目水土保持方案的编制对应建设项目的三个阶段，即可行性研究阶段、初步设计阶段、技术设计和施工图设计阶段，依照程序分别编制和完成相关内容。依次是：

1. 编制水土保持方案报告书

在建设项目可行性研究阶段，根据《开发建设项目水土保持方案编报审批管理规定》所规定的内容和项目可行性研究报告，编制水土保持方案报告书。水土保持方案报告书应包括以下主要内容。

① 建设项目区责任范围及其周边环境概况。

② 项目区水土流失及水土保持现状。

③ 生产建设中排放固体废物的数量和可能造成的水土流失及其危害。

④ 水土流失防治初选方案。

⑤ 水土保持投资估算。

2. 进行水土流失防治工程初步设计

在项目的初步设计阶段，根据水行政主管部门批准的水土保持方案（可行性研究阶段）报告书，对各项水土流失防治工程进行初步设计。初步设计阶段应包括以下主要内容：

① 水土保持初步设计依据。

② 水土流失防治责任范围及面积。

③ 开发建设造成的水土流失面积、数量预测。

④ 水土流失防治工程的初步设计，重点工程应有较详细的典型设计。

⑤ 水土保持投资概算。

⑥ 实施的保证措施（机构、人员、经费和技术保证等）。

3. 进行技术设计和施工图设计

在工程项目的技施设计阶段，主要是按项目水土保持初步设计，进行各项水土保持工程的技术设计和施工图设计，确保方案的实施。

（二）编制内容

1. 方案编制总则

① 结合开发建设项目的特点阐述编制水土保持方案的目的和意义。

② 编制依据。包括：a. 法律法规依据；b. 项目建议书、可行性研究报告；c. 环境影响评价大纲及报告书；d. 水土保持方案编制大纲及审查意见；e. 水土保持方案编制委托书（合同）或任务书。

③ 采用技术标准。包括有关水土保持的国家标准、行业标准、地方标准等。

2. 建设项目地区概况

① 建设项目名称、位置（应附平面位置图）、建设性质、总投资等主要技术经济指标。

② 建设规模、防治责任范围、工程布局（应附平面团）。

③ 项目区地形、地貌、地质、土壤、地面物质、植被等。

④ 项目区及其周边地区气象、水文、河流及泥沙等。

⑤ 项目区及周边地区人口、土地利用、经济发展方向和水平等社会经济状况。

⑥ 项目区发展规划。

⑦ 建设项目施工工艺、采挖及排弃固体废物的特点等。

⑧ 项目区水土流失现状及防治情况。

3. 生产建设过程中水土流失预测

① 水土流失预测时段的划分。

② 预测的内容和方法。包括：a. 扰动原地貌、损坏土地和植被的面积；b. 弃土、弃石、弃渣量；c. 损坏水土保持设施的面积和数量；d. 可能造成水土流失的面积及流失总量；e. 可能造成的水土流失危害。

③ 预测结果及综合分析。

4. 水土流失防治方案

① 方案编制的原则和目标。

② 建设项目的防治责任范围（应附图说明）、本方案的设计深度。

③ 水土流失防治分区及水土保持措施总体布局（应附平面布置图）。

④ 分区防治措施布局（大型建设项目还应另行编制分区防治附件）。

⑤ 方案实施进度安排及其工程量（应列表说明）。

⑥ 水土流失监测。

5. 水土保持投资估（概）算及效益分析

（1）水土保持投资估（概）算　包括：①编制依据；②编制方法；③总投资及年度安排（应列表说明）。

（2）效益分析　主要分析和预测方案实施后，控制水土流失、恢复和改善生态环境、恢复土地生产力、保障建设项目安全、促进地区经济发展的作用和效益。

6. 方案实施的保证措施

① 组织领导和管理措施。

② 技术保证措施。

③ 资金来源及管理使用办法。

7. 附录

水土保持方案（含大纲）审查意见。

二、水土流失的预防

水土流失是指在水力、重力、风力等外力作用下，水土资源和土地生产力遭受的破坏和损失，包括土地表层侵蚀及水的损失，又称水土损失。水土保持即防治水土流失，保护、改良与合理利用水土资源，维护和提高土地生产力，以利于充分发挥水土资源的生态效益、经济效益和社会效益，建立良好的生态环境。

建设项目在其开发建设、生产过程中可能造成项目所在地及其周边的人为水土流失。水土流失的预防即是根据工程所在地的水土流失类型区的特点，针对工程建设、生产特点、项目建设造成新增水土流失的因素、侵蚀类型，采取必要的植物措施和工程措施，从而预防和减少由项目建设和生产活动引起的水土流失。

（一）水土保持植物措施

水土保持植物措施是根据生态学、林学及生态控制论原理，针对水土流失地区的特点，设计、建造植物措施防护体系，其目的在于保护、改善与持续利用自然资源和环境。水土保持植物措施建设是涉及自然、经济和社会多方面的复杂系统工程，是发展经济与充分发挥土地的生产潜力和环境保护的生态经济问题。通过水土保持植物措施的建设，可实现农业高产稳产、水利设施长期发挥功效以及减轻自然灾害等，可建立相对稳定的土地生态经济系统，因而在一定的范围内，使土地生态经济系统能保持相对的平衡和持续发展。

水土保持植物措施主要有建设水土保持林、水土保持种草和水土保持生态修复等。

（二）水土保持工程措施

水土保持工程措施是预防水土流失和水土保持综合治理措施体系的主要组成部分，它与水土保持植物措施及其它措施同等重要，不能互相代替。水土保持工程研究的对象是坡面及沟道中的水土流失机理，即在工程建设的挖填作业、施工扰动、植被破坏、场地平整、材料堆放等作用下，水土资源损失和破坏过程及工程防治措施。

可采用的水土流失防治工程措施包括砌筑挡土墙或护坡、修建排水沟、土地整治、修建围堤等。

三、水土流失治理

在项目的开发建设和生产过程中，常常伴随着占用土地、挖填土方、弃土弃渣、损坏地貌和植被等活动，使土壤、土壤母质及岩屑被破坏、剥蚀、搬运、沉积，往往会人为地加速水土流失，甚至会造成滑坡、泥石流等自然地质灾害，面对各种急剧的水土流失或自然地质灾害，可供采取的治理措施包括工程措施、植物措施和管理措施等，其中以工程措施为主要应对措施。

水土流失治理采取的工程措施主要有径流调节（包括蓄水工程和引排水工程）、挡拦（包括挡沙坝、挡土墙、护坡工程等）、排导（包括建导流堤、顺水坝、排导沟、渡槽、改沟工程等）、削坡和反压填土、滑动带加固、打抗滑桩等。各种工程措施的采用要根据水土流失形成的机理、主要成因、影响范围、程度、危害性等综合考虑。除了工程措施外，还要配以积极的管理措施和必要的植物生态措施等。

思考题与习题

1. 何谓生态影响？
2. 生态影响评价因子筛选应考虑哪些因素？
3. 生态影响评价工作等级是如何规定的？
4. 在进行生态影响预测时需注意哪些问题？
5. 水土流失的防治措施有哪些？

第九章 清洁生产

第一节 概　　述

清洁生产是我国实施可持续发展战略的重要组成部分，也是我国污染控制由末端控制向全过程转变，实现经济和环境协调发展的一项重要措施。

清洁生产的概念最早起源于20世纪70年代，1975年欧洲共同体宣布推行清洁生产政策，并在"无废工艺和无废生产国际研讨会"上通过了《关于少废和无废工艺和废料利用宣言》。1990年美国联邦政府通过了《污染预防法》，从法律上确认污染首先应削减或消除在其产生之前。1989年，联合国环境规划署制定了《清洁生产计划》，在全球推行清洁生产。联合国环境总署将清洁生产定义为"清洁生产是一种新的创造性的思想，该思想将整体预防的环境战略持续应用于生产过程、产品和服务中，以增加生态效率和减少人类及环境风险。对生产过程，要求节约材料和能源，淘汰有毒原料，减降所有废物的数量和毒性；对产品，要求减少从原料提炼到产品最终处置的全生命周期的不利影响；对服务，要求将环境因素纳入设计和所提供的服务中"。我国十分重视推行清洁生产。1997年4月17日原国家环境保护总局发布了《关于推行清洁生产的若干意见》，规定"建设项目的环境影响评价应包含清洁生产有关内容"。2002年6月29日中华人民共和国第九届全国人民代表大会常务委员会通过了《中华人民共和国清洁生产促进法》，2003年1月1日起施行。在我国首次将清洁生产以法的形式予以确认。

一、基本概念

《中华人民共和国清洁生产促进法》第一章第二条指出："本法所称清洁生产，是指不断采用改进设计，使用清洁的能源和以较高的资源利用效率，减少或者避免生产、服务和产品使用过程中污染物的产生和排放，以减轻或者消除对人类健康和环境的危害"。第三章第十八条指出："新建、改建和扩建项目应当进行环境影响评价，对原料使用、资源消耗、资源综合利用以及污染物产生与处置等进行分析论证，优先采用资源利用率高以及污染物生产量少的清洁生产技术、工艺和设备"。原国家环保总局发布的《关于推行清洁生产的若干意见》之六指出："结合环境管理制度改革，促进清洁生产，环境影响评价要包括清洁生产内容(工艺和设备)，清洁生产措施要'三同时'，排污许可证的发放程序应包括清洁生产审核，限期治理要优先采用清洁生产"。

近年国务院商务行政主管部门会同国务院有关主管部门定期发布清洁生产技术、工艺、设备和产品导向目录。国家对浪费资源和严重污染环境的落后生产技术、工艺、设备和产品实行限期淘汰制度，国务院经贸主管部门与有关行政主管部门制定并发布限期淘汰的生产技术、工艺、设备以及产品名录。企业在进行技术改造时，应采用无毒、无害或低毒、低害的原料，采用资源利用率高、污染物产生量少的工艺和设备替代资源利用率低、污染物生产量多的工艺和设备，对生产中产生的废物、余热进行综合利用或循环使用，提高清洁生产水平。

二、建设项目清洁生产分析的基本要求

清洁生产追求对环境污染的预防，是环境保护的重要组成部分。清洁生产强调全过程污

染控制，即对于建设项目应在选址、布局、产品方案和原材料及能源方案的选择、工艺设备选择、施工建设以及产品使用等方面，进行全过程污染控制。在环境影响评价阶段，进行清洁生产评价时，首先要转变观念，建立通过生产全过程控制减少甚至消除污染物产生的观念。应评价是否从源头消灭环境污染，环保措施应是从源头贯穿生产全过程的节能、降耗和减污的、体现清洁生产的方案。

应掌握国家和地方的环境保护政策、产业政策、技术政策，及时了解国家和地方宏观政策的发展走向，保持建设项目与相关政策发展趋势上的一致性，从而使建设项目一开始就具有一定的前瞻性，避免盲目投产后带来的不可弥补的后果。

应掌握行业清洁生产技术信息，为建设项目从源头减少废物的产生，提出行业先进工艺技术、设备，清洁的原材料和能源等可操作的技术方案和建设项目可能采用的清洁生产措施，可参考国家发改委不定期公布的《国家重点行业清洁生产技术导向目录》。

在环境影响评价中进行清洁生产分析是对计划进行的生产和服务实行预防污染的分析和评估。因此，在进行清洁生产分析时应判明废物产生的部位，分析废物产生的原因，提出和实施减少或消除废物的方案。图 9-1 给出了生产中废弃物的产生过程。

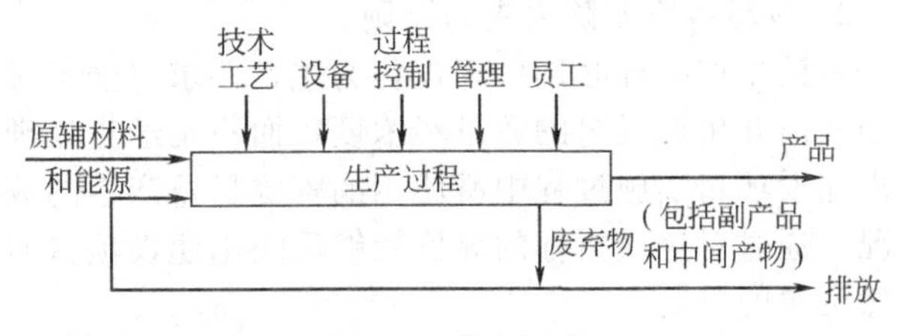

图 9-1　产生过程

从图 9-1 可以看出，一个生产和服务过程可以抽象成八个方面，即原辅材料和能源、技术工艺、设备、过程控制、管理、员工六个方面的输入，得出产品和废物的输出。对于不得不产生的废物，要优先采用回收和循环使用措施，剩余部分才向外界环境排放。从清洁生产的角度看，废物产生的原因和产生的方案与这八个方面密切相关，这八个方面中的某几个方面直接导致废物的产生。这八个方面构成生产过程，同时也是分析废物的产生原因和制定清洁生产方案的八个方面。

建设项目的清洁生产分析应从一个产品的整个生命周期全过程来分析其对环境的影响，虽然环境影响评价工作评价的是一个建设项目，但一个建设项目可能影响到它上游原材料的开采和加工过程以及下游产品的使用（消费者）和产品报废后的处理和处置。因此，清洁生产分析工作应从产品的生命周期全过程考虑，不仅考虑项目本身还要考虑工艺技术选择的先进性，建设项目投产后，所使用的原辅材料和能源的开采、加工过程应是节能、降耗、保护环境的，它所产生的产品在使用者手里应是高效的、利用率最佳的，在产品结束它的寿命后应是易于拆解、重复使用和综合利用的。

要做好环境影响评价中的清洁生产分析工作，应对评价项目所涉及的原辅材料、生产工艺过程、产品等非常熟悉，才能够主动地发现问题，从而提出清洁生产的解决方案，从源头消除污染物的产生。

第二节　清洁生产分析评价指标体系

一、清洁生产分析指标的选取原则

1. 从产品生命周期全过程考虑

制定清洁生产指标是依据生命周期分析理论，围绕产品生命周期展开清洁生产分析。生命周期分析方法是清洁生产指标选取的一个最重要原则，它是从一个产品的整个寿命周期全过程地考察其对环境的影响，如从原材料的采掘，到产品的生产过程，再到产品的销售，直至产品报废后的处理、处置。

生命周期评价方法的关键和与其它环境评价方法的主要区别是它要从产品的整个生命周期来评估它对环境的总影响，这对于进行同类产品的环境影响比较尤为有用。例如，棉制衬衫和化纤衬衫哪个对环境更好？详细的生命周期评价结果表明，衬衫对环境的最大影响是在衬衫的使用阶段，而不是棉花的种植（化肥、杀虫剂的使用会有环境影响）或化纤的生产过程（化纤厂的废水也会有环境影响），而衬衫在使用过程中对环境影响最大的问题是熨烫过程的能耗。由于化纤衬衫比棉衬衫更易于熨烫成形而节省能源，所以综合比较来看，使用化纤衬衫对环境影响较小。

生命周期评价方法的主要缺点是非常烦琐且需数据量很大，而结果一般是相对的，尤其当系统边界或假设条件不同时，不同产品的比较便无意义。并非对建设项目要求进行严格意义上的生命周期评价，而是要借助这种分析方法来确定环境影响评价中清洁生产评价指标的范围。

2. 体现污染预防为主的原则

清洁生产指标必须体现预防为主，要求完全不考虑末端治理，因此污染物产生指标是指污染物离开生产线时的数量和浓度，而不是经过处理后的数量和浓度。清洁生产指标主要反应出建设项目实施过程中所使用的资源量及产生的废物量，包括使用能源、水或其它资源的情况，通过对这些指标的评价能够反映出建设项目通过节约和更有效的资源利用来达到保护自然资源的目的。

3. 容易量化

清洁生产指标要求定量化，对于难以量化的指标也应给出文字说明。为了使所确定的清洁生产指标既能够反映建设项目的主要情况，又简便易行，在设计时要充分考虑到指标体系的可操作性，因此，应尽量选择容易量化的指标项，这样，可以给清洁生产指标的评价提供有力的依据。

4. 满足政策法规要求和符合行业发展趋势

清洁生产指标应符合产业政策和行业发展趋势要求，并应根据行业特点，根据各种产品和生产过程选取指标。

二、清洁生产分析指标

依据生命周期分析的原则，清洁生产评价指标可分为六大类：生产工艺与装备要求、资源能源利用指标、产品指标、污染物产生指标、废物回收利用指标和环境管理要求。六类指标既有定性指标也有定量指标，资源能源利用指标和污染物产生指标在清洁生产审核中是非常重要的两类指标，因此，必须有定量指标，其余四类指标属于定性指标或者半定量指标。

1. 生产工艺与装备要求

选用清洁工艺、淘汰落后有毒有害原辅材料和落后的设备，是推行清洁生产的前提，因此在清洁生产分析专题中，首先要对工艺技术来源和技术特点进行分析，说明其在同类技术中所占的地位以及选用设备的先进性。对于一般性建设项目的环评工作，生产工艺与装备选取直接影响到该项目投入生产后，资源能源利用效率和废弃物产生。可从装置规模、工艺技术、设备等方面体现出来，分析其在节能、减污、降耗等方面达到的清洁生产水平。

2. 资源能源利用指标

从清洁生产的角度看，资源、能源指标的高低也反映一个建设项目的生产过程在宏观上对生态系统的影响程度，因为在同等条件下，资源能源消耗量越高，则对环境的影响越大。

清洁生产评价资源能源利用指标包括新水用量指标、能耗指标和物耗指标三类。

（1）新水用量指标

① 单位产品新水用量$=\dfrac{\text{年新水总用量}}{\text{产品产量}}$

② 单位产品循环用水量$=\frac{\text{年循环水量}}{\text{产品产量}}$

③ 工业用水重复利用率$=\frac{C}{Q+C}\times 100\%$

式中，C 为重复利用水量；Q 为取用新水量。

④ 间接冷却水循环率$=\frac{C_{冷}}{Q_{冷}+C_{冷}}\times 100\%$

式中，$C_{冷}$ 为间接冷却水循环量；$Q_{冷}$ 为间接冷却水系统取水量（补充新水量）。

⑤ 工艺水回用率$=\frac{C_X}{Q_X+C_X}\times 100\%$

式中，C_X 为工艺水回用量；Q_X 为工艺水取水量（取用新水量）。

⑥ 万元产值取水量$=\frac{Q}{P}$

式中，P 为年产量。

（2）单位产品的能耗　即生产单位产品消耗的电、煤、石油、天然气和蒸汽等能源量。为便于比较，通常用单位产品综合能耗指标。

（3）单位产品的物耗　生产单位产品消耗的主要原料和辅料的量，也就是原辅材料消耗定额。

（4）原辅材料的选取　是资源能源利用指标的重要内容之一，它反映了在资源选取的过程中和构成其产品的材料报废后对环境和人类的影响。因而可从毒性、生态影响、可再生性、能源强度以及可回收利用性这五方面建立定性分析指标。

3. 产品指标

对产品的要求是清洁生产的一项重要内容，因为产品的清洁性、销售、使用过程以及报废后的处理处置均会对环境产生影响，有些影响是长期的，甚至是难以恢复的。首先，产品应是产业政策鼓励发展的产品，此外，从清洁生产要求还应考虑包装和使用。例如：产品的过分包装和包装材料的选择都将对环境产生影响；运输过程和销售环节不应对环境产生影响；产品使用安全，报废后不应对环境产生影响。

4. 污染物产生指标

除资源能源利用指标外，另一类能反映生产过程状况的指标便是污染物产生指标，污染物产生指标较高，说明工艺相对比较落后，管理水平较低。考虑到一般的污染问题，污染物产生指标设三类，即废水产生指标、废气产生指标和固体废物产生指标。

（1）废水产生指标　可细分为两类，即单位产品废水产生指标和单位产品主要水污染物产生量指标。

$$\text{单位产品废水排放量}=\frac{\text{年排入环境废水总量}}{\text{产品产量}}$$

$$\text{单位产品 COD 排放量}=\frac{\text{全年 COD 排放总量}}{\text{产品产量}}$$

$$\text{污水回用率}=\frac{c_{污}}{c_{污}+c_{直污}}\times 100\%$$

式中，$c_{污}$ 为污水回用量；$c_{直污}$ 为直接排入环境的污水量。

（2）废气产生指标　废气产生指标和废水产生指标类似，也可细分为单位产品废气产生量指标和单位产品主要大气污染物产生量指标。

$$\text{单位产品废气产生量}=\frac{\text{全年废气产生总量}}{\text{产品产量}}$$

$$单位产品SO_2排放量=\frac{全年SO_2排放量}{产品产量}$$

（3）固体废物产生指标　对于固体废物产生指标，情况则简单一些，因为目前国内还没有像废水、废气那样具体的排放标准，因而指标可简单地定为单位产品主要固体废物产生量和单位固体废物中的综合利用量。

5. 废物回收利用指标

废物回收利用是清洁生产的重要组成部分，在现阶段，生产过程不可能完全避免产生废水、废料、废渣、废气（废汽）、废热，然而，这些“废物”只是相对的概念，在某一条件下是造成环境污染的废物，在另一条件下就可能转化为宝贵的资源。对于生产企业应尽可能地回收和利用废物，而且，应该是高等级的利用，逐步降级使用，然后再考虑末端治理。

6. 环境管理要求

从以下几个方面提出要求，分别是环境法律法规标准、废物处理处置、生产过程环境管理、相关方环境管理。

（1）环境法律法规标准　要求生产企业符合国家和地方有关环境法律、法规，污染物排放达到国家和地方排放标准、总量控制要求。

（2）废物处理处置　要求对建设项目的一般废物进行妥善处理处置，对危险废物进行无害化处理，这一要求与环评工作内容相一致。

（3）生产过程环境管理　对建设项目投产后可能在生产过程中产生废物的环节提出要求，例如要求企业有原材料质检制度和原材料消耗定额，对能耗、水耗有考核，对产品合格率有考核，各种人流、物料包括人的活动区域、物品堆存区域、危险品等有明显标识，对跑冒滴漏现象能够控制等。

（4）相关方环境管理　为了保护环境，在建设项目施工期间和投产使用后，对于相关方（例如，原料供应方、生产协作方、相关服务方）的行为提出环境要求。

第三节　建设项目清洁生产分析的方法和程序

一、清洁生产分析的方法

可选用的清洁生产分析方法如下。

（1）指标对比法　用我国已颁布的清洁生产标准或选用国内外同类装置清洁生产指标，对比分析评价项目的清洁生产水平。

（2）分值评定法　将各项清洁生产指标逐项制定分值标准，再由专家按百分制打分，然后乘以各自权重值得总分，最后再按清洁生产等级分值对比分析清洁生产水平。

目前，国内较多采用指标对比法。

二、清洁生产分析程序

采用指标对比法作为清洁生产评价的方法，其评价程序为：

① 收集相关行业清洁生产标准，如果没有标准可参考，可与国内外同类装置清洁生产指标做比较。

② 预测建设项目的清洁生产指标值。

③ 将预测值与清洁生产标准值对比。

④ 得出清洁生产评价结论。

⑤ 提出清洁生产改进方案或建议。

三、环境影响报告书中清洁生产分析的编写要求

1. 原则

① 大型工业项目可在环评报告书中单列“清洁生产分析”一章，专门进行叙述；中、小型且污染较轻的项目可在工程分析一章中增列“清洁生产分析”一节。

② 清洁生产指标项的确定要符合指标选取原则，从六类指标考虑并充分考虑行业特点。

③ 清洁生产指标数值的确定要有充足的依据。调查收集同行业多数企业的数据或同行业中有代表性企业的近年的基础数据作为参考依据。

④ 建设项目的清洁生产指标的描述应真实客观。

⑤ 报告书中必须给出关于清洁生产的结论及所应采取的清洁生产方案建议。

2. 内容

① 环境影响评价中进行清洁生产分析所采用清洁生产评价指标的介绍。应介绍选取清洁生产指标的过程和确定清洁生产指标数值，指标数值确定的参考基础数据，数据来源，它的可靠性等。

② 建设项目所能达到的清洁生产各个指标的描述。根据建设项目工程分析的结果，并结合对资源能源利用、生产工艺和装备选择、产品指标、废弃物的回收利用、污染物产生的深入分析，确定建设项目相应各类清洁生产指标数值。

③ 建设项目清洁生产评价结论。通过将预测值与同行业清洁生产标准值进行对比，给出简要的清洁生产评价结论。

④ 清洁生产方案建议。在对建设项目进行清洁生产分析的基础上，确定存在的主要问题，并提出相应的解决方案和建议。

思考题与习题

1. 请阐述清洁生产的基本概念。
2. 清洁生产的主要内容和主要目标是什么？
3. 如何进行清洁生产分析评价？为什么要在环境评价中引入清洁生产分析评价内容？
4. 清洁生产指标的选取原则是什么？

第十章 环境风险评价

第一节 概 述

一、环境风险与环境风险评价

（一）环境风险

什么是风险？在一般情况下，风险是指一种危害或危险以及受到某种事件或某些损失的可能性。风险具有两个基本的特性：一是发生或出现人们不希望的后果（危害事件）；二是风险的某些方面具有不确定性或不肯定性。任何事件必须具备上述两个基本特性，才能称为风险事故，缺一不可。

环境风险是指在自然环境中产生的或者是通过自然环境传递的对人类健康和幸福产生不利影响同时又具有某些不确定性的危害事件。环境风险主要有下列三种类别：一是化学性风险，指有毒、易燃、易爆材料引起的风险；二是物理性风险，指极端状况引发的风险，如交通事故、大型机械设备及建筑物的倒塌等会引起立即伤害的各种事故；三是自然灾害性风险，指地震、台风、龙卷风、洪水、自然火灾等引发的物理和化学性风险。

建设项目环境风险主要包括两个方面：一是建设项目本身，含设备管理、误操作、水、电、汽供应等引起的风险；二是外界因素，如自然灾害、战争等使项目受到破坏而引发的各种事故。国内环境风险分析主要是对第一种情况进行分析。另外，也可以根据危害性事件的承受对象的差异，将风险分为三类，即人群风险、设施风险以及生态风险。人群风险是指因危害性事件而致人病、伤、死、残等损失的概率；设施风险是指危害性事件对人类社会的经济活动的依托设施，如水库大坝、房屋等造成破坏的概率；生态风险是指危害性事件对生态系统中的某些要素或生态系统本身造成破坏的可能性，对生态系统的破坏作用可以是使某种群数量减少乃至灭绝，导致生态系统的结构、功能发生异变。

（二）环境风险评价

环境风险评价，广义上讲是指对某建设项目的兴建、运转或是区域开发行为所引发的或面临的灾害（包括自然灾害）对人体健康、社会经济发展、生态系统等所造成的风险以及可能带来的损失进行评估，并以此进行管理和决策的过程。狭义上讲是指对有毒有害物质危害人体健康的可能程度进行分析、预测和评估并提出减少环境风险的方案和决策。环境风险评价的关注点是事故对单位周界外环境的影响。

环境风险评价的目的是分析和预测建设项目存在的潜在危险、有害因素，建设项目建设和运行期间可能发生的突发性事件或事故（一般不包括人为破坏及自然灾害）引起有毒有害和易燃易爆等物质泄漏所造成的人身安全与环境影响和损害程度，提出合理可行的防范与减缓措施及应急预案，以使建设项目事故率、损失和环境影响达到可接受水平。

环境风险评价应把事故引起厂（场）界外人群的伤害、环境质量的恶化及对生态系统影响的预测和防护作为评价工作重点。

二、环境风险评价的内容和程序

（一）评价的基本内容

环境风险评价主要包括风险识别、风险源项分析、后果计算、风险计算和评价、风险管理5个方面内容。不同的评价等级，评价的要求不同。一级评价应当进行风险识别、风险源项分析、后果计算、风险计算和评价，提出环境风险防范措施及应急预案。二级评价应当进行风险识别、风险源项分析，对事故影响进行分析，提出环境风险防范措施及应急预案。三级评价可只对事故影响进行简要分析，提出环境风险防范措施及应急预案。

（二）评价程序

环境风险评价的基本程序详见表10-1。

表10-1　环境风险评价的基本程序

步骤	对象	方法	目标
风险识别	工程原料/辅料 中间产品 最终产品 “三废”	检查表法 评分法 概率评价法 综合评价法	确定危险因素和风险类型
风险源项分析	已识别的危险因素和风险类型	定量→类比法、类比法、加权法 定性→类比法、加权法	确定最大可信事故及其概率
后果计算	已识别的危险因素和风险类型	大气扩散计算 水体扩散计算 综合损害计算	确定危害程度和危害范围
风险评价	最大可信事故	外推法 等级评价法	确定风险值和可接受水平
风险可接受水平	最大可信事故风险 风险评价标准体系	代价利益分析	确定风险防范措施
风险管理 风险防范措施应急预案	事故现场周围影响区	类比法 模拟法	事故损失减至最少

三、环境风险评价与其它有关评价的联系与区别

环境风险评价与环境影响评价的主要区别见表10-2。

环境风险评价与环境影响评价既有区别又有联系。二者的根本区别在于环境影响评价所考虑的是相对确定的事件，其影响程度也相对比较容易测量和预测；而环境风险评价所考虑的是不确定性的危害事件或潜在的危险事件，这类事件具有概率特征，危害后果发生的时间、范围、强度等都难以事先预测。例如，对热电厂而言，环境影响评价主要集中讨论正常工作条件下，SO_2 和TSP的排放对人群以及周围环境的影响；而环境风险评价则考虑非正常运转条件下的影响，如考虑火灾、爆炸、泄漏等意外事故的发生而导致的对环境的严重影响。

表 10-2 环境风险评价与环境影响评价的主要不同点

序号	项目	环境风险评价(ERA)	环境影响评价(EIA)
1	分析重点	突发事故	正常运行工况
2	持续时间	较短	很长
3	应计算的物理效应	泄漏、火灾、爆炸，向空气和水环境释放污染物	向空气、地表水、地下水释放污染物、噪声及热污染等
4	释放类型	瞬时或短时间连续释放	长时间连续释放
5	应考虑的影响类型	突发性的激烈的效应以及事故后期的长远效应	连续的、累积的效应
6	主要危害受体	人和建筑物、生态等	人和生态
7	危害性质	急性受毒，灾难性的	慢性受毒
8	大气扩散模式	烟团模式、分段烟羽模式	连续烟羽模式
9	影响时间	较短	较长
10	源项确定	较大的不确定性	不确定性很小
11	评价方法	概率	确定论方法
12	防范措施及应急计划	需要	不需要

四、环境风险评价工作等级与范围

(一) 环境风险评价工作等级

按照环境风险评价技术导则，环境风险评价应针对可能发生的《国家突发环境事件应急预案》中定义的突发环境事件。根据建设项目所在地的环境敏感程度、建设项目涉及的物质的危险性，可将环境风险评价工作等级依次由复杂到简单划分为一级、二级、三级。对于某一具体建设项目，在划分评价工作等级时，根据建设项目潜在的突发环境事件对环境可能产生的影响、所在地区的环境特征或当地对环境的特殊要求等情况可做适当调整，但调整幅度上下不应超过一级环境风险评价工作等级的确定原则，应首选环境敏感程度，其次为危险物质的量。评价工作等级的确定见表 10-3。

表 10-3 评价工作级别划分

项 目	高度危害危险性物质	中度危害危险性物质	火灾、爆炸危害危险性物质
环境敏感区	一	二	二
非重大危险源	二	二	三
重大危险源	一	二	二

在表 10-3 中，关于环境敏感区，《建设项目环境保护分类管理名录》明确规定：①需特殊保护地区：国家法律、法规、行政规章及规划确定或经县级以上人民政府批准的需要特殊保护的地区，如饮用水水源保护区、自然保护区、风景名胜区、生态功能保护区、基本农田保护区、水土流失重点防治区、森林公园、地质公园、世界遗产地、国家重点文物保护单位、历史文化保护地等。②生态敏感与脆弱区：沙尘暴源区、荒漠中的绿洲、严重缺水地

区、珍稀动植物栖息地或特殊生态系统、天然林、热带雨林、红树林、珊瑚礁、鱼虾产卵场、重要湿地和天然渔场等。③社会关注区：人口密集区、文教区、党政机关集中的办公地点、疗养地、医院等以及具有历史、文化、科学、民族意义的保护地等。

关于危险性物质和是否重大危险源的辨识确定依据是：

① 经过对建设项目的初步工程分析，选择生产、加工、运输、使用或贮存中涉及的1～3个主要化学品进行物质危险性判定。物质危险性包括物质的毒性和火灾、爆炸危险性。在物质危险性判定中应注意燃烧（分解）产物中的物质毒性。

② 物质的毒性、危险性的确定可参考卫生部颁布的《高毒物品目录》、《剧毒化学品目录》(GB 13690)、《常用危险化学品的分类及标志》、《建筑设计防火规范》、《石油化工企业设计防火规范》等资料。

③ 建设项目涉及的物料，按职业接触毒物危害程度分为极度危害、高度危害、中度危害和轻度危害四级。苯等物质的毒性应按国家有关标准中给出的最严重毒性确定，“三致”物质应按极度危害物质考虑。环境风险评价通常应对中度危害以上的有毒物质进行评价。

④ 易燃物质和爆炸性物质均视为火灾、爆炸危险物质。

⑤ 选址于环境敏感区域的涉及有毒、有害物质的建设项目，评价工作等级不应低于二级。位于一般工业区下游水域10km以内有饮用水水源地、跨省区监控断面、重要水环境保护目标等，应视为选址于环境敏感区，应加强环境风险评价工作，确保环境安全。厂界周围1km范围内、选线两侧500m范围内分布有住宅、社会关注区等，环境风险评价等级的确定应等同于选址、选线位于环境敏感区内。

⑥ 根据建设项目初步工程分析，划分功能单元。凡生产、加工、运输、使用或贮存危险性物质，且危险性物质的数量等于或超过临界量的功能单元，定为重大危险源。危险性物质及临界量按《重大危险源辨识》(GB 18218）的有关规定执行。虽属火灾、爆炸危险性物质重大危险源，但不会因火灾、爆炸事故导致环境风险事故，则可按非重大污染源判定评价工作等级。

⑦ 具有重大危险源的建设项目，环境风险评价等级不应低于二级。

（二）评价范围

按照危险性物质的工业场所有害因素职业接触限值（如无职业接触限值，按伤害域）以及环境敏感保护目标位置，确定环境影响预测评价范围。大气环境影响预测一级评价范围距离源点不低于5km，地表水环境影响预测评价范围不低于《环境影响评价技术导则》确定的评价范围，虽然在预测范围以外，但估计有可能受到事故影响的水环境保护目标，应设立预测点。

第二节　源项分析

一、环境风险识别

对于具体的建设项目而言，环境风险存在于各个方面，分析中不可能同时也没有必要对各种环境风险都进行分析论证，只需要对那些若事件发生则产生较大环境影响或事件发生概率较高的风险事故进行分析。

（一）风险识别的范围和类型

① 风险识别范围包括生产设施风险识别、生产过程所涉及物质的风险识别、受影响的环境因素识别。

生产设施风险识别范围：主要生产装置、贮运系统、公用工程系统、辅助生产设施及工程环保设施等。目的是确定重大危险源。

物质风险识别范围：主要原材料及辅助材料、燃料、中间产品、最终产品以及“三废”污染物等。目的是确定环境风险因子。

受影响的环境因素识别范围：可能受事故影响的特殊保护地区、生态敏感与脆弱区、社会关注区等。目的是确定风险目标。

② 风险类型根据有毒有害物质放散起因，分为火灾、爆炸和泄漏三种。

（二）风险识别内容和方法

在收集、分析建设项目工程资料、环境资料和事故资料的基础上，识别环境风险。识别的主要内容如下。

1. 物质危险性识别

对建设项目所涉及的原料、辅料、中间产品、产品及废物等物质，凡属于有毒有害物质、易燃易爆物质的均需进行危险性识别。按表 10-4 对项目所涉及的对于中度危害以上的危险性物质和恶臭物质均应予以识别，列表说明其物理、化学和毒理学性质、危险性类别、加工量、贮量及运输量等，并按物质危险性，结合受影响的环境因素，筛选环境风险评价因子。

2. 生产过程潜在危险性识别

根据建设项目的生产特征，结合物质危险性识别，对项目划分系统、功能单元，按表 10-4 确定重大危险源。

表 10-4　物质危险性

	序号	LD_{50}(大鼠口径)/(mg/kg)	LD_{50}环境风险评价(ERA)	LC_{50}环境影响评价(EIA)
有毒有害物质	1	<5	<10	<0.1
	2	$5<LD_{50}<25$	$10<LD_{50}<50$	$0.1<LC_{50}<0.5$
	3	$25<LD_{50}<200$	$50<LD_{50}<400$	$0.5<LC_{50}<2$
	1	可燃气体——在常压下以气态存在并可与空气形成可燃混合物，其沸点(常压下)≤20℃		
	2	易燃液体——闪点低于 21℃、沸点高于 20℃的物质		
	3	可燃液体——闪点低于 55℃，压力下保持液态，在实际操作条件下(如高温、高压)可以引起重大事故的物质		
爆炸性物质		在火焰影响下可以爆炸，或者对冲击、摩擦比硝基苯更为敏感的物质		
恶臭物质		GB 14554 中规定的恶臭物质等，包括氨、三甲胺、硫化氢、甲硫醇、二甲二硫、二硫化钾、苯乙烯等		

首先划分项目功能系统，根据工艺特点，功能系统一般可划分为生产运行系统、公用工程系统、贮存运输系统、生产辅助系统、环境保护系统、安全消防系统、工业卫生系统等。然后将每一功能系统划分为若干个子系统，每一子系统首先要包括一种危险物的主要贮存容器或管道，其次要设有边界，在泄漏事故中由单一信号遥控的自动关闭阀隔开。在此基础上划分单元，功能单元至少应包括一个（套）危险物质的主要生产装置、设施（贮存容器、管道等）及环保处理设施，或同属一个工厂且边缘距离小于 500m 的几个（套）生产装置、设施。每一个功能单元要有边界和特定的功能，在泄漏事故中能有与其它单元分割开的地方。

单元内存在危险物质的量等于或超过表 10-5～表 10-8 规定的临界量，即被定为重大危险源。单元内存在危险物质的量是指生产单元或贮存单元的在线量。

表 10-5　爆炸性物质名称及临界量

序号	物质名称	临界量/t		序号	物质名称	临界量/t	
		生产场所	贮存区			生产场所	贮存区
1	雷(酸)汞	0.1	1	14	2,4,6-三硝基苯甲酸	5	50
2	硝化丙三醇	0.1	1	15	二硝基(苯)酚	5	50
3	二硝基重氮酚	0.1	1	16	环三次甲基三硝胺	5	50
4	二乙二醇二硝酸酯	0.1	1	17	2,4,6-三硝基甲苯	5	50
5	脒基亚硝氨基脒基四氮烯	0.1	1	18	季戊四醇四硝酸酯	5	50
6	叠氮(化)钡	0.1	1	19	硝化纤维素	10	100
7	叠氮(化)铅	0.1	1	20	硝酸铵	25	250
8	三硝基间苯二酚铅	0.1	1	21	1,3,5-三硝基苯	5	50
9	六硝基二苯胺	5	50	22	2,4,6-三硝基氯(化)苯	5	50
10	2,4,6-三硝基苯酚	5	50	23	2,4,6-三硝基间苯二酚	5	50
11	2,4,6-三硝基苯甲硝胺	5	50	24	环四次甲基四硝胺	5	50
12	2,4,6-三硝基苯胺	5	50	25	六硝基-1,2-二苯乙烯	5	50
13	三硝基苯甲醚	5	50	26	硝酸乙酯	5	50

表 10-6　易燃物质名称及临界量

序号	类别	物质名称	临界量/t		序号	类别	物质名称	临界量/t	
			生产场所	贮存区				生产场所	贮存区
1	闪点<28℃的液体	乙烷	2	20	18	28℃≤闪点<60℃的液体	二(正)丁醚	10	100
2		正戊烷	2	20	19		乙酸正丁酯	10	100
3		石脑油	2	20	20		硝酸正戊酯	10	100
4		环戊烷	2	20	21		2,4-戊二酮	10	100
5		甲醇	2	20	22		环己胺		100
6		乙醇	2	20	23		乙酸	10	100
7		乙醚	2	20	24		樟脑油	10	100
8		甲酸甲酯	2	20	25		甲酸	10	100
9		甲酸乙酯	2	20	26	爆炸下限≤10%的气体	乙炔	1	10
10		乙酸甲酯	2	20	27		氢	1	10
11		汽油	2	20	28		甲烷	1	10
12		丙酮	2	20	29		乙烯	1	10
13		丙烯	2	20	30		1,3-丁二烯	1	10
14	28℃≤闪点<60℃的液体	煤油	10	100	31		环氧乙烷	1	10
15		松节油	10	100	32		一氧化碳和氢气混合物	1	10
16		2-丁烯-1-醇	10	100	33		石油气	1	10
17		3-甲基-1-丁醇	10	100	34		天然气	1	10

表 10-7 活性化学物质名称及临界量

序号	物质名称	临界量/t	
		生产场所	贮存区
1	氯酸钾	2	20
2	氯酸钠	2	20
3	过氧化钾	2	20
4	过氧化钠	2	20
5	过氧化乙酸叔丁酯[含量(质量分数)≥70%]	1	10
6	过氧化异丁酸叔丁酯[含量(质量分数)≥80%]	1	10
7	过氧化顺式丁烯二酸叔丁酯[含量(质量分数)≥80%]	1	10
8	过氧化异丙基碳酸叔丁酯[含量(质量分数)≥80%]	1	10
9	过氧化二碳酸二苯甲酯[含量(质量分数)≥90%]	1	10
10	2,2-双-(过氧化叔丁基)丁烷[含量(质量分数)≥70%]	1	10
11	1,1-双-(过氧化叔丁基)环己烷[含量(质量分数)≥80%]	1	10
12	过氧化二碳酸二仲丁酯[含量(质量分数)≥80%]	1	10
13	2,2-过氧化二氢丙烷[含量(质量分数)≥30%]	1	10
14	过氧化二碳酸二正丙酯[含量(质量分数)≥80%]	1	10
15	3,3,6,6,9,9-六甲基-1,2,4,5-四氧环壬烷	1	10
16	过氧化甲乙酮[含量(质量分数)≥60%]	1	10
17	过氧化异丁基甲基甲酮[含量(质量分数)≥60%]	1	10
18	过乙酸[含量(质量分数)≥60%]	1	10
19	过氧化(二)异丁酰[含量(质量分数)≥50%]	1	10
20	过氧化二碳酸二乙酯[含量(质量分数)≥30%]	1	10
21	过氧化新戊酸叔丁酯[含量(质量分数)≥77%]	1	10

如单元内存在的危险物质为单一品种，则该物质的量即为单元内危险物质的总量，若等于或超过相应的临界量，则定为重大危险源。单元内存在的危险物质为多品种时，按下式计算，若满足该式，则定为重大危险源：

$$\frac{q_1}{Q_1}+\frac{q_2}{Q_2}+\cdots+\frac{q_n}{Q_n}\geqslant 1 \tag{10-1}$$

式中，q_1，q_2，…，q_n 分别为每种危险物质实际存在量，t；Q_1，Q_2，…，Q_n 分别为与各危险物质相对应的生产场所或贮存区的临界量，t。

3. 潜在事故分析和事故引发的伴生/次生风险识别

① 潜在事故分析。根据物质的危险性，分析各功能单元潜在的事故类型、发生事故的单元、危险物质向环境转移的可能途径和影响方式，列出潜在的一系列事故设定。

② 火灾、爆炸事故引发的伴生/次生危险识别。对燃烧、分解等产生的危险性物质应进行风险识别、筛选。

③ 泄漏事故引发的伴生/次生危险识别。对事故处理过程中产生的事故消防水、事故物料等造成的二次污染应进行风险识别、筛选。

表 10-8　有毒物质名称及临界量

序号	物质名称	临界量/t		序号	物质名称	临界量/t	
		生产场所	贮存区			生产场所	贮存区
1	氨	40	100	32	八氟异丁烯	0.30	0.75
2	氯	10	25	33	氯乙烯	20	50
3	碳酰氯	0.30	0.75	34	2-氯-1,3-丁二烯	20	50
4	一氧化碳	2	5	35	三氯乙烯	20	50
5	二氧化硫	40	100	36	六氟丙烯	20	50
6	三氧化硫	30	75	37	3-氯丙烯	20	50
7	硫化氢	2	5	38	甲苯-2,4-二异氰酸酯	40	100
8	羰基硫	2	5	39	异氰酸甲酯	0.30	0.75
9	氟化氢	2	5	40	丙烯腈	40	100
10	氯化氢	20	50	41	乙腈	40	100
11	砷化氢	0.4	1	42	丙酮氰醇	40	100
12	锑化氢	0.4	1	43	2-丙烯-1-醇	40	100
13	磷化氢	0.4	1	44	丙烯醛	40	100
14	硒化氢	0.4	1	45	3-氨基丙烯	40	100
15	六氟化硒	0.4	1	46	苯	20	50
16	六氟化碲	0.4	1	47	甲基苯	40	100
17	氰化氢	8	20	48	二甲苯	40	100
18	氯化氰	8	20	49	甲醛	20	50
19	亚乙基亚胺	8	20	50	烷基铅类	20	50
20	二硫化碳	40	100	51	羰基镍	0.4	1
21	氮氧化物	20	50	52	乙硼烷	0.4	1
22	氟	8	20	53	戊硼烷	0.4	1
23	二氟化氧	0.4	1	54	3-氯-1,2-环氧丙烷	20	50
24	三氟化氯	8	20	55	四氯化碳	20	50
25	三氟化硼	8	20	56	氯甲烷	20	50
26	三氯化磷	8	20	57	溴甲烷	20	50
27	氧氯化磷	8	20	58	氯甲基甲醚	20	50
28	二氯化硫	0.4	1	59	一甲胺	20	50
29	溴	40	100	60	二甲胺	20	50
30	硫酸(二)甲酯	20	50	61	*N*,*N*-二甲基甲酰胺	20	50
31	氯甲酸甲酯	8	20				

4. 受影响的环境因素识别

按不同方位、距离列出受影响的周边社会关注区（如人口集中居住区、学校、医院等）、需特殊保护地区等的分布、人口密度，受影响的重要水环境和生态环境。

二、分析方法

《建设项目环境风险评价技术导则》中给出了源项分析的方法：定性分析方法，如类比法、加权法和因果图分析法等；定量分析法，如概率法和指数法，包括爆炸危险指数法、事件树分析法、事故树分析法等。由于在工程项目的风险影响识别和预测中，故障树与事故树法有广泛的应用，下面加以简单介绍。

故障树分析法是利用图解的形式将大的故障分解成各种小的故障，并对各种引起故障的原因进行分解。由于图的形状像树枝一样，越分越多，故形象地称为故障树。这是环境风险分析中常用的方法。

（1）故障（事故）树分析　故障树分析是大型复杂系统安全性和可靠性分析的常用方法，它是一个演绎分析工具，用以系统地描述导致工厂出现顶事件的某一特定危险状态的所有可能故障。顶事件可以是某一事故序列，也可以是风险定量分析中认为重要的任一状态。通过故障树的分析，能估算出某一特定事故（顶事件）的发生概率。

在应用故障树之前，先将复杂的环境风险系统分解为比较简单的、容易识别的小系统。例如可以把建设化工厂的环境风险分解为化学风险、物理风险等。化学风险可分解为：有毒原料的输送和贮存，某个生产单元反应过程的控制和有毒物料的单元操作，有毒成品的贮存和外运等。分解的原则是将风险问题单元化、明确化。

下面通过一个假想的例子来说明故障树分析法的使用。为使一个容纳有毒物质的贮存罐不发生泄漏，需通过一个水循环系统制冷，当贮存罐内的压力超过某一闭值，贮存罐的安全阀自动起保护作用，通过安全阀将有毒物质引入充满水体的吸收池内。在此例中，将有毒物质泄漏到大气中作为最严重的风险事件。

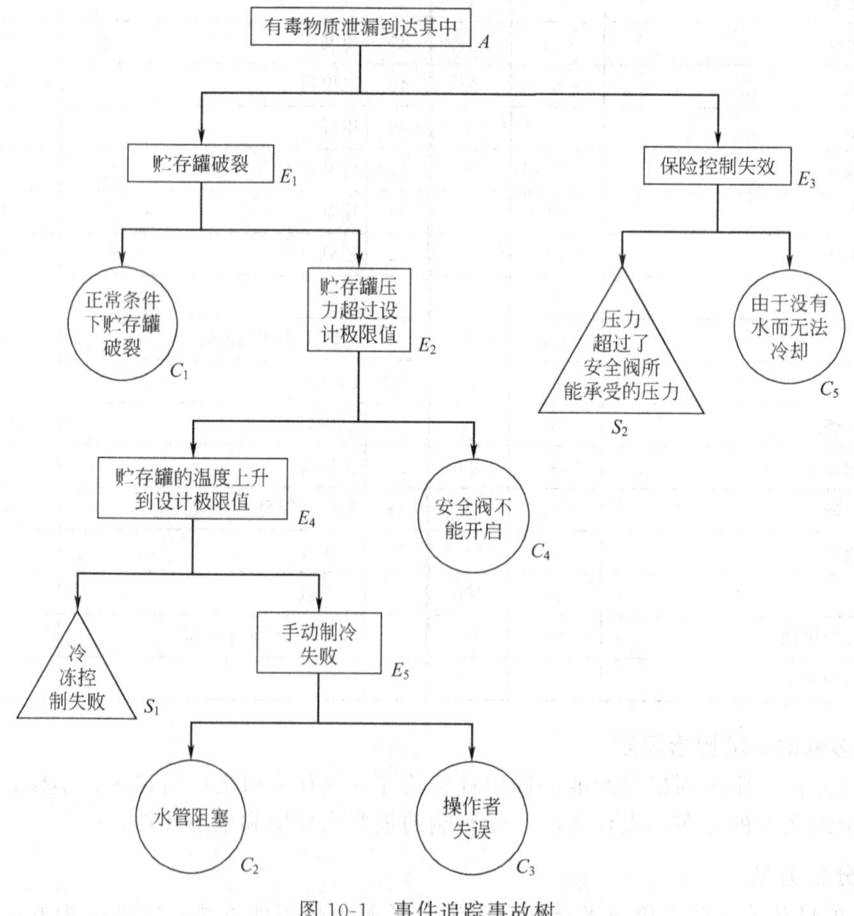

图 10-1　事件追踪事故树

有毒物质泄漏到大气中有两种可能性：一是贮存罐破裂；另一种是安全控制失效。造成贮存罐破裂的原因有正常操作条件下的破裂和非正常操作条件下的破裂，而安全控制失效主要是由于自动制冷系统失灵。

图 10-1 只是一个简单的例子，是故障树的一种形式。事件追踪故障树是对引起故障的各种原因进行分解，本例并未列出所有可能性。实际故障树可以有很多分枝，十分复杂。

如果借助形式逻辑的符号，将事件追踪故障树重新绘制成符号故障树，更有助于环境风险的识别以及环境风险度量，常用的形式逻辑符号见图 10-2。

列出布尔表达式，进行简化，求出最小割集和最小径集，确定各基本事件的重要度大小。

以前面有毒物质泄漏到大气环境中的风险为例，根据符号故障树中的“与”门、“或”门的关系，我们可以得到一系列有显著不同的事件集。

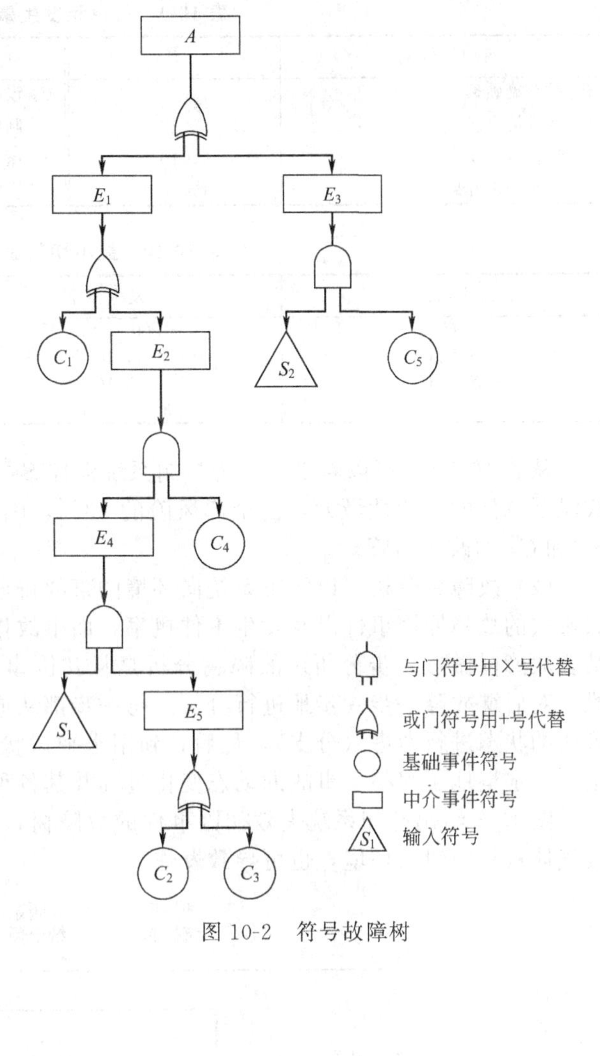

图 10-2　符号故障树

$$A=E_1+E_3 \tag{10-2}$$

$$\left.\begin{aligned} E_1&=C_1+E_2\\ E_3&=S_2\times C_5\\ E_2&=E_4\times C_4\\ E_4&=S_1\times E_5\\ E_5&=C_2+C_3 \end{aligned}\right\} \tag{10-3}$$

将式(10-3) 代入到式(10-2) 可以得到

$$A=C_1+(S_1\times C_2\times C_4)+(S_1\times C_3\times C_4)+(S_2\times C_5) \tag{10-4}$$

由此看出，在下列事故集中任何一个发生，都将导致有毒物质泄漏到大气中去，将从故障树上切割下来的这类事件集称为最小切割集。

$$\left.\begin{matrix} C_1\\ S_1C_2C_4\\ S_1C_3C_4\\ S_2C_5 \end{matrix}\right\} \tag{10-5}$$

每一个最小切割集发生的概率是根据概率理论计算的。如最小事件集 $S_1C_2C_4$ 发生的概率为：

$$P(S_1C_2C_4)=P(S_1)P(C_2)P(C_4) \tag{10-6}$$

为了进一步说明环境风险的概率特性，可以设想一个由特尔斐法得到的各单元发生事件概率见表 10-9，最小切割集发生概率见表 10-10。注意表中的概率均为假设，不可在实际中使用。

表 10-9 各单元发生事件概率表

事件名称	P	事件名称	P
C_1 贮存罐破裂	1×10^{-7}	C_5 没有水	1×10^{-2}
C_2 水管堵塞	5×10^{-3}	S_1 制冷系统失效	1×10^{-4}
C_3 操作者无反应	4×10^{-3}	S_2 压力控制系统失效	5×10^{-5}
C_4 安全阀未开启	1×10^{-5}		

表 10-10 最小切割集发生概率

最小切割集	发生概率	所占全部事件的比例
C_1	100000×10^{-12}	17%
$S_1C_2C_4$	5×10^{-12}	—
$S_1C_3C_4$	4×10^{-12}	—
C_2C_5	500000×10^{-12}	83%

从表 10-10 中可以看出，压力控制系统失控 S_2 和吸收池无水 C_5，而使安全控制失效造成泄漏事件的可能性最大，占全部风险的 83%，因此，要减少泄漏事件的风险，可以加强 S_2 和 C_5 的改善与管理。

(2) 故障树分析　以污染系统向环境的事故排放为顶事件的故障树分析，给出了导致事故排放的故障原因事件以及发生事件概率，而事故排放的源强或事故后果的各种可能性需要结合故障树做进一步分析。故障树分析是从初因事件出发，按照事件发展的时续，分成阶段，对后继故障一步一步地进行分析。每一步都从成功和失败（可能与不可能）两种或多种可能的状态进行考虑（分支），最后直到用水平树状图表示其可能后果的一种分析方法，以定性、定量地了解整个事故的动态变化过程及其各种状态的发生概率。

图 10-3 给出冷却系统失效初因事件的故障树，由此故障树可知，这一失冷事故可能导致气体从阀门泄入环境，也可导致爆炸。

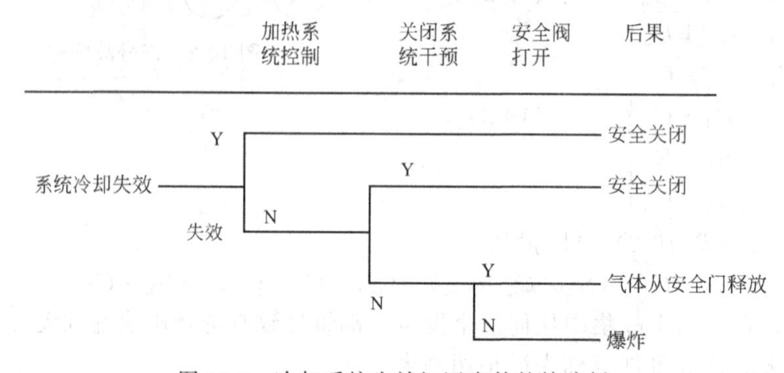

图 10-3 冷却系统失效初因事件的故障树

第三节 有毒有害物质在大气中的扩散

在环境风险评价中，烟气的事故排放一般是短时间的突然释放或较长时间的分段释放，故可采用烟团模型、多烟团体源模型和分段烟羽模型来进行预测分析。

一、烟团模型

烟团模型的基本公式如下

$$C(x,y,0)=\frac{2Q}{(2\pi)^{3/2}\sigma_x\sigma_y\sigma_z}\exp\left\{-\frac{(x-x_0)^2}{2\sigma_x^2}\right\}\exp\left\{-\frac{(y-y_0)^2}{2\sigma_y^2}\right\}\exp\left\{-\frac{z_0^2}{2\sigma_z^2}\right\} \quad (10\text{-}7)$$

式中，$C(x,y,0)$ 为下风向地面（x,y）坐标处的空气污染物浓度；x_0、y_0、z_0 为烟团中心坐标；Q 为事故期间烟团的排放量。

二、多烟团源模型

鉴于事故排放往往会影响到下风向几十公里甚至更远的范围，故必须考虑扩散过程中天气条件（风向、风速、稳定度等）的变化，可采用变天气条件多烟团模型。

变天气条件下的体源烟团模型的特点是把输送时间分割成若干时段，每个时段内的风向、风速和稳定度都视为恒定不变。假设每个时段排放一个烟团，按照下列方法跟踪烟团轨迹，计算每个烟团在各个时刻对关心点的贡献，即某一时段的污染物浓度分布视为上一时段所有无限小体积元 $dxdydz$ 的贡献的叠加。

设 k 时段结束时上一时段所有无限小体积元 $dxdydz$ 中的污染物可视为下一时段的点源，其源强为 $dQ(x_k,y_k,z_k,t_k)=C_k(x_k,y_k,z_k,t_k)dxdydz$，此点源在（$k+1$）时段的贡献为

$$dC_{k+1}(x,y,z,t)=\frac{dQ(x_k,y_k,z_k,t_k)}{(2\pi)^{3/2}\sigma_{x,k+1}\sigma_{y,k+1}\sigma_{z,k+1}}\exp\left\{-\frac{[x-x_k-u_{x,k}(t-t_k)]^2}{2\sigma_{x,k+1}^2}\right\}$$

$$\exp\left\{-\frac{[y-y_k-u_{y,k}(t-t_k)]^2}{2\sigma_{y,k+1}^2}\right\}\left\{\exp\left[-\frac{(z-z_k)^2}{2\sigma_{z,k+1}^2}\right]+\exp\left[-\frac{(z+z_k)^2}{2\sigma_{z,k+1}^2}\right]\right\} \quad (10\text{-}8)$$

式中，$u_{x,k+1}$，$u_{y,k+1}$为第 $k+1$ 时段平均风速 u 在 x，y 方向的分量。

根据式(10-11) 可求得第 i 个烟团在 ω 时段在点（x，y，0）产生的地面浓度为

$$C_\omega^i(x,y,0,t_\omega)=\frac{2Q'}{(2\pi)^{3/2}\sigma_{x,\text{eff}}\sigma_{y,\text{eff}}\sigma_{z,\text{eff}}}\exp\left(-\frac{H_e^2}{2\sigma_{x,\text{eff}}^2}\right)\exp\left\{-\left[\frac{(x-x_\omega^i)^2}{2\sigma_{x,\text{eff}}^2}+\frac{(y-y_\omega^i)^2}{2\sigma_{y,\text{eff}}^2}\right]\right\} \quad (10\text{-}9)$$

其 t_ω时段的事故扩散因子为

$$\left(\frac{C}{Q}\right)_\omega=\frac{2}{(2\pi)^{3/2}\sigma_{x,\text{eff}}\sigma_{y,\text{eff}}\sigma_{z,\text{eff}}}\exp\left(-\frac{H_e^2}{2\sigma_{x,\text{eff}}^2}\right)\exp\left\{-\left[\frac{(x-x_\omega^i)^2}{2\sigma_{x,\text{eff}}^2}+\frac{(y-y_\omega^i)^2}{2\sigma_{y,\text{eff}}^2}\right]\right\} \quad (10\text{-}10)$$

式中，Q'为烟团排放量，$Q'=Q\Delta t$；Q 为释放率；Δt 为时段长度；x_ω^i，y_ω^i分别是第 ω 时段结束时第 i 烟团质心的 x，y 坐标，即

$$x_\omega^i=u_{x,\omega}(t-t_{\omega-1})+\sum_{k=1}^{\omega-1}u_{x,k}(t_k-t_{k-1})$$

$$y_\omega^i=u_{y,\omega}(t-t_{\omega-1})+\sum_{k=1}^{\omega-1}u_{x,k}(t_k-t_{k-1})$$

$\sigma_{x,\text{eff}}$、$\sigma_{y,\text{eff}}$、$\sigma_{z,\text{eff}}$分别为烟团在 ω 时段沿 x，y，z 方向的等效扩散系数，m。即

$$\sigma_{x,\text{eff}}^2=\sum_{k=1}^{\omega}\sigma_{j,k}^2$$

三、分段烟羽模型

当事故排放源持续时间较长时，应当采用烟羽模型。

烟羽模型以一系列的烟羽段来描述烟羽。假设在每个时段 Δt_m（例如 1h），所有的气象参数（稳定度、风向、风速等）和排放参数都保持不变。每个烟羽都将产生一浓度场，该浓度场可由高斯烟羽公式来描述，即位于点 S（0，0，z_s）的点源在位置 r（x_r，y_r，z_r）产生的浓度 C 为

$$C=\frac{Q}{2\pi u\sigma_y\sigma_z}\exp\left(-\frac{y_r^2}{2\sigma_y^2}\right)\left\{\exp\left[-\frac{(z+\Delta H_e-z_r)^2}{2\sigma_z^2}\right]+\exp\left[-\frac{(z+\Delta H_e+z_r)^2}{2\sigma_z^2}\right]\right\} \quad (10\text{-}11)$$

式中，Q 为污染物释放率；ΔH_e 为烟羽抬升高度；σ_x、σ_y 为下风距离 x 处的水平扩散参数和垂直扩散参数。

由式(10-11) 可知，只有最接近接受点的那段烟羽才对浓度计算有影响。

四、天气取样技术

天气条件是影响环境风险的重要参数。实际上，许多天气系列可能导致类似的有毒有害物的弥散。对这类天气序列归并成组，然后从每组中选出几个代表性序列进行分析，可大大减少计算时间。因此，天气取样的目的是鉴别出符合下列条件的适量的天气序列，即这些天气序列足以代表弥散物质可能遇到的全部范围的天气序列，然后分配给每一类天气序列一合适的出现概率。

天气取样技术一般有循环取样、随机取样和分层取样三种，前两种方法都只频繁地对经常出现的那些气象序列组取样而忽略了比较罕见的（可能影响比较严重的）天气序列，但分层取样技术基本上克服了这些缺点。天气取样特征见表 10-11。

表 10-11　天气取样特征

天气序列号	特　征	天气序列号	特　征
1	A、B 稳定度，风速≤3.0m/s	9	E 稳定度，风速≤1.0m/s
2	A、B 稳定度，风速<3.0m/s	10	E 稳定度，1.0m/s<风速≤2.0m/s
3	C、D 稳定度，风速≤1.0m/s	11	E 稳定度，2.0m/s<风速≤3.0m/s
4	C、D 稳定度，1.0<风速≤2.0m/s	12	E 稳定度，风速>3.0m/s
5	C、D 稳定度，2.0<风速≤3.0m/s	13	F 稳定度，风速≤1.0m/s
6	C、D 稳定度，3.0<风速≤5.0m/s	14	F 稳定度，1.0m/s<风速≤2.0m/s
7	C、D 稳定度，5.0<风速≤7.0m/s	15	F 稳定度，2.0m/s<风速≤3.0m/s
8	C、D 稳定度，风速>7.0m/s	16	F 稳定度，风速>3.0m/s

五、环境后果分析

环境后果分析就是通过对最大可信灾害事件的源项参数条件——事件所致的泄漏状况、泄出物质的相态和理化毒理特性、泄出物向环境的转移方式和途径、泄出物可能造成灾害的类型的计算以及事件发生后对环境（水体、大气、土壤、生物和人、财产）的不利影响分析，为环境风险预测评价提供依据。通过最大可信灾害事件风险评价，可确定系统风险的可接受程度。如果最大可信灾害事件风险值超出可接受水平，需要采取降低系统风险的措施，否则是可接受的。

（一）物质泄漏量计算

环境风险评价技术导则推荐液体泄漏速率、气体泄漏速率、两相流泄漏速率和泄漏液体蒸发量的计算可采用以下的计算方法。

1. 液体泄漏

液体泄漏速率 Q_L 用柏努利方程计算（限制条件为液体在喷口内不应有急骤蒸发）

$$Q_L = C_d A \rho \sqrt{\frac{2(P-P_0)}{\rho} + 2gh} \tag{10-12}$$

式中，Q_L 为液体泄漏速率，kg/s；P 为容器内介质压力，Pa；P_0 为环境压力，Pa；ρ 为泄漏液体密度，kg/m^3；g 为重力加速度，9.81m/s^2；h 为裂口之上液位高度，m；C_d 为液体泄漏系数，按表 10-12 选取；A 为按事故实际裂口情况或按表 10-12 选取。

表 10-12　液体泄漏系数（C_d）

雷诺数 Re	裂口形状		
	圆形(多边形)	三角形	长方形
>100	0.65	0.60	0.55
≤100	0.50	0.45	0.40

2. 气体泄漏

假定气体特性为理想气体，其泄漏速率 Q_G 按下式计算

$$Q_G = YC_dAP\sqrt{\frac{M_k}{RT_G}\left(\frac{2}{\kappa+1}\right)^{\frac{\kappa+1}{\kappa-1}}} \tag{10-13}$$

气体流速在声速范围（临界流）时：

$$\frac{P_0}{P} \leqslant \left(\frac{2}{\kappa+1}\right)^{\frac{\kappa}{\kappa-1}} \tag{10-14}$$

气体流速在亚声速范围（次临界流）时：

$$\frac{P_0}{P} > \left(\frac{2}{\kappa+1}\right)^{\frac{\kappa}{\kappa-1}} \tag{10-15}$$

式中，Q_G为气体泄漏速率，kg/s；P 为容器压力，Pa；P_0 为环境压力，Pa；κ 为气体的绝热指数（热容比），即定压比热容 C_p 与定容比热容 C_V 之比；C_d为气体泄漏系数，当裂口形状为圆形时取 1.00，为三角形时取 0.95，为长方形时取 0.90；M 为相对分子质量；R 为气体常数，J/(mol・K)；T_G为气体温度，K；A 为裂口面积，m^2，按事故实际裂口情况或按表 10-12 选取；Y 为流出系数，对于临界流 $Y=1.0$，对于次临界流按下式计算：

$$Y = \left(\frac{P_0}{P}\right)^{\frac{1}{\kappa}} \times \left[1-\left(\frac{P_0}{P}\right)^{\frac{\kappa-1}{\kappa}}\right]^{\frac{1}{2}} \times \left[\left(\frac{2}{\kappa-1}\right) \times \left(\frac{\kappa+1}{2}\right)^{\frac{(\kappa+1)}{(\kappa-1)}}\right]^{\frac{1}{2}} \tag{10-16}$$

3. 两相流泄漏

假定液相和气相是均匀的，且互相平衡，两相流泄漏速率 Q_{LG}按下式计算

$$Q_{LG} = C_dA\sqrt{2\rho_m(P-P_c)} \tag{10-17}$$

$$\rho_m = \frac{1}{\frac{F_v}{\rho_1}+\frac{1-F_v}{\rho_2}}$$

$$F_v = \frac{C_p(T_{LG}-T_c)}{H} \tag{10-18}$$

式中，Q_{LG}为两相流泄漏速率，kg/s；C_d为两相流泄漏系数，可取 0.8；P_c 为临界压力，Pa，可取 0.55；P 为操作压力或容器压力，Pa；A 为裂口面积，m^2，按事故实际裂口情况或按表 10-12 选取；ρ_m为两相混合物的平均密度，kg/m^3；ρ_1为液体蒸发的蒸气密度，kg/m^3；ρ_2为液体密度，kg/m^3；F_v为蒸发的液体占液体总量的比例；C_p为两相混合物的定压比热容，J/(kg・K)；T_{LG}为两相混合物的温度，K；T_c为液体在临界压力下的沸点，K；H 为液体的汽化热，J/kg。

当 $F_v>1$ 时，表明液体将全部蒸发成气体，此时应按气体泄漏计算；如果 F_v很小，则可近似地按液体泄漏公式计算。

4. 泄漏液体蒸发量

泄漏液体的蒸发分为闪蒸蒸发、热量蒸发和质量蒸发三种，其蒸发总量为这三种蒸发

之和。

（1）闪蒸量的估算　过热液体闪蒸量 Q_1 可按下式估算

$$Q_1 = FW_T/t_1 \tag{10-19}$$

$$F = C_p \frac{T_L - T_b}{H} \tag{10-20}$$

式中，Q_1为闪蒸量，kg/s；F 为蒸发的液体占液体总量的比例；W_T为液体泄漏总量，kg；t_1为闪蒸蒸发时间，s；C_p为液体的定压比热容，J/(kg·K)；T_L为泄漏前液体的温度，K；T_p为液体在常压下的沸点，K；H 为液体的汽化热，J/kg。

（2）热量蒸发估算　当液体闪蒸不完全，有一部分液体在地面形成液池，并吸收地面热量而汽化称为热量蒸发。其蒸发速率按下式计算，并应考虑对流传热系数。

$$Q_2 = \frac{\lambda S \times (T_0 - T_b)}{H\sqrt{\pi \alpha t}} \tag{10-21}$$

式中，Q_2为热量蒸发速率，kg/s；T_0为环境温度，K；T_b为沸点温度，K；S 为液池面积，m^2；H 为液体汽化热，J/kg；t 为蒸发时间，s；λ 为表面热导率，W/(m·K)；α 为表面热扩散系数，m/s。

（3）质量蒸发估算　当热量蒸发结束后，转由液池表面气流运动使液体蒸发，称之为质量蒸发。其蒸发速率按下式计算

$$Q_3 = \alpha \times p \times \frac{M}{RT_0} \times u^{\frac{(2-n)}{(2+n)}} \times r^{\frac{(4+n)}{(2+n)}} \tag{10-22}$$

式中，Q_3 为质量蒸发速率，kg/s；p 为液体表面蒸气压，Pa；R 为气体常数，J/(mol·K)；T_0为环境温度，K；M 为相对分子质量；u 为风速，m/s；r 为液池半径，m；α，n 为大气稳定度系数。

液池最大直径取决于泄漏点附近的地域构型、泄漏的连续性或瞬时性。有围堰时，以围堰最大等效半径为液池半径；无围堰时，设定液体瞬间扩散到最小厚度时，推算液池等效半径。

（4）液体蒸发总量的计算　液体蒸发总量按下式计算

$$W_p = Q_1 t_1 + Q_2 t_2 + Q_3 t_3 \tag{10-23}$$

式中，W_p为液体蒸发总量，kg；Q_1为闪蒸液体蒸发速率，kg/s；Q_2为热量蒸发速率，kg/s；t_1 为闪蒸蒸发时间，s；t_2 为热量蒸发时间，s；Q_3为质量蒸发速率，kg/s；t_3 为从液体泄漏到全部清理完毕的时间，s。

5. 船舶运输管道事故泄漏量

船舶运输过程中发生事故，物质泄漏量可按一个贮仓泄漏考虑，按其20%～50%泄漏计算。

物质输送管道事故泄漏量以泄漏处两端截止阀之间管内物质按一定比例估算。一般液态物质可按20%～50%计算，气态物质可按80%～100%计算。

6. 泄漏时间的确定

物质泄漏时间应结合工程实际情况考虑，在有正常的控制措施的条件下，一般可按15～30min计算。泄漏物质形成的液池面积以不超过泄漏单元的围堰（堤）内面积计。

（二）火灾事故污染物源强计算

1. 大气污染物

火灾事故产生的大气污染物包括物质燃烧分解产物、未完全燃烧物质。被燃烧分解排放到环境空气中的污染物以参与燃烧物质的95%为基数，根据实际的燃烧分解反应估算其源强；直接排放到环境空气中的未经燃烧物质按参与燃烧物质的5%估算。

2. 事故消防水量

事故消防水量按设计消防水量和火灾延续时间计算，应充分考虑其中携带的物料量。

第四节　风险评价

环境风险评价是对建设项目建设和运行期间发生的可预测突发性事件或事故（一般不包括人为破坏及自然灾害）引起的有毒有害、易燃易爆等物质泄漏，或突发事件产生新的有毒有害物质所造成的对人身安全与环境的影响和损害进行评估，提出防范、应急与减缓措施。

一、评价目的

发生风险事故的频次尽管很低，但一旦发生，引发的环境问题将十分严重，必须予以高度重视。在环境影响评价中认真做好环境风险评价，对维护环境安全具有十分重要的意义。

从逻辑上说，不可能将任何事件的风险缩减到零，而人们追求一项开发行动或一种新技术带来的社会效益往往认为比能察觉的风险影响更重要。因此，要广泛收集材料，了解公众和决策部门的反映。由各种行动方案（包括不行动）的效益和付出的代价大小，经过权衡后决定。但由于缺少经验，对风险度与风险后果的估计常常是不准确的。

二、评价标准

风险评价中常用的标准如下。

1. 补偿极限标准

风险损失一般有两类：一是事故造成的物质损失，二是因事故造成的人员伤亡。

物质损失可核算成经济损失，它的风险标准比较好定，常用补偿极限标准，即随着安全防护投资的增加，年事故损失发生率会下降，但当达到某点时，增加投资从减少事故损失达到的补偿极微，此时的风险度可作为评价标准。

2. 人员伤亡风险标准

普通人受自然灾害的危害或从事某种职业造成伤亡的概率是客观存在的，是一般人能接受的，这样的风险度可作为评价标准。如有毒气体的化学工业，在一年内由于化学品泄漏事故引起 10 个人死亡的概率为 10^{-3}，引起 100 人死亡的概率为 10^{-6}。因此，存在某一概率是社会所能接受的。这样的风险度可作为环境风险的评价标准。对于从事某一单一危险工业的成组人群而言，经常采用的标准是致死人数超过某个确定的突发死亡数的事件概率，见图 10-4。图 10-4 中两条线的斜率是限定在概率降低两个数量级、死亡人数增加 10 人的条件下。这种限定看起来十分严格，但是对同一组人群不可能接受到许多如此的风险。因此，任何工厂的风险必须降低，以使环境风险总和仍可接受。应该强调指出，仅用死亡率作为风险可接受性的单一指标是不可取的，因为死亡率仅是众多社会、经济效应中的一种思考方法（单一指标只能缩小在环境中实际存在的不确定性的变化范围）。要做出环境风险是否能被接受的判断或决策，还涉及经济、生态甚至政治等因素。因此，通过各事件发生的概率和各种后果的严重程度给出定性环境风险评价的形式是非常必要的。

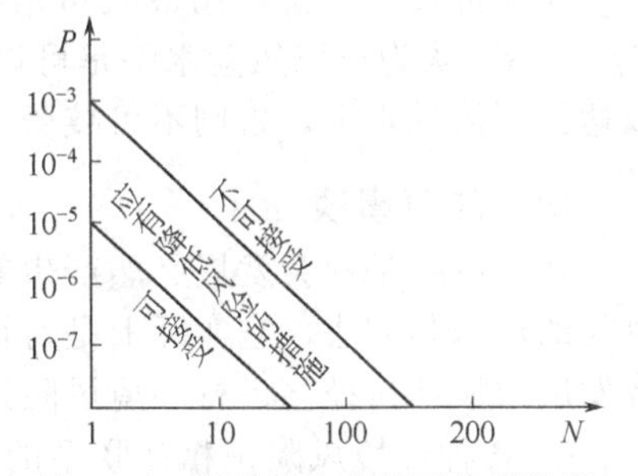

图 10-4　人群死亡率的可接受程度

3. 恒定风险标准

当存在多种可能的事故，而每一类事故不论其后果的强度如何，它的风险概率与风险后果强度的乘积规定为一个可接受的恒定位。当投资者有足够的资金去补偿事故损失时，该恒定风险值作为评价和管理标准是最客观与合理的。然而，投资者往往对其中某类事故更为关注。常常愿意花钱去降低低频高强的事故风险，而不愿花钱去减小高频低强的风险，尽管两者的乘积（即可能的风险损失）并没有什么区别。

三、评价内容

（一）风险评价的内容

① 大气环境风险评价，首先计算浓度分布，然后按《工作场所有害因素职业接触限值》规定的短时间接触容许浓度给出该浓度分布范围及在该范围内的人口分布。

② 水环境风险评价，以水体中污染物浓度分布，包括面积及污染物质质点轨迹漂移等指标进行分析，给出损害阈值范围内的环境保护目标情况、相应的影响时段。

③ 对以生态系统损害为特征的事故风险评价，按损害的生态资源的价值进行比较分析，给出损害范围和损害值。

④ 鉴于目前毒理学研究资料的局限性，风险值计算对急性死亡、非急性死亡的致伤、致残、致畸、致癌等慢性损害后果目前尚不计入。

（二）风险评价范围

风险评价涉及面很广，一般可以从以下几方面考虑。

① 从地理位置上包含显著地受项目风险事件影响的范围考虑。对于使用危险品原料的项目还应评价原料运输过程中可能发生的事故风险。

② 项目风险评价的时间跨度应覆盖规划、设计、施工、调试运行和日常维护以及服务期满后可能出现的风险。

③ 风险事件的成因除了由项目自身性质决定外，还会由周围其它的事件或自然灾害原因引发。

④ 受风险影响的物质对象除环境中空气、水体、树木以及周围的建筑及设施等，还有不同的人群，如拟建项目的运行人员、周围社区的人群特别是敏感人群。

（三）风险可接受分析

风险的可接受性主要包括发生概率的估计、后果与破坏范围及程度、人群健康影响大小和伤亡人数、生态系统损害和破坏程度以及人们的感觉和伦理等。

风险可接受分析采用最大可信事故风险值 R_{max} 与同行业可接受风险水平 R_L 的比较：$R_{max} \leqslant R_L$ 认为环境风险水平是可以接受的；$R_{max} > R_L$ 需要进一步采取环境风险防范措施，以达到可接受水平，否则不可接受。

四、注意事项

环境风险是社会发展必然产生的一种现象，环境风险评价是为了解环境风险并提出降低风险的措施和方法，它实际上是对社会效益、经济效益和环境风险进行比较，寻找出社会经济发展的最佳途径。进行环境风险评价应注意如下一些问题。

① 各种环境风险是相互联系的，降低一种风险可能引起另外一种风险。因此要求评价主体应具有比较风险的能力，要做出是否能接受的判断。

② 环境风险与社会效益、经济效益是相互联系的。通常风险愈大，效益愈高。降低一种环境风险，常常意味着降低了风险带来的社会效益和经济效益，因此必须予以合理地协调。

③ 环境风险评价与评价主体的风险观相联系。对于同一种环境风险，不同的风险观可以有不同的评价结论。

④ 环境风险评价与不确定性相联系。环境风险本身是由于各种不确定性因素形成的，

而识别环境风险、度量环境风险仍然存在着不确定性。环境风险不可能被精确地衡量出来，它只能是一种估计。

第五节　风险评价中的不确定性分析

事故是发生后果难以估计的事件，低概率、高危害事件的不经常发生，条件的变化与更新以及时间和经贸的限制导致了信息的缺乏，增加了评价的难度。

一、环境风险事件的不确定性

环境风险事件指的是可能对环境构成危害并具有风险性的事件，这种事件的发生是带有不确定性的，其后果往往是严重的。可导致一定范围环境条件的恶化，破坏人群正常生产、生活活动，引起局部生态系统的破坏或毁灭。例如，不明水文地质条件的变化使地下水位降低，或上游降雨量减少使河流来水量不能满足城市供水需要，货舱运输的毒物泄漏事故使大片水面污染并导致生态灾难，以及核电站的放射性物质泄漏造成区域性环境污染等，都是典型的环境风险事件。

不确定性一般指不肯定、不确知或变动的性质。风险本身就具有不确定性，而风险分析也必然包含大量不确定性。在环境风险分析中，不确定性首先来源于客观信息量，而其准确性常常不足；其次是利用这些信息推理、计算和决策所采用的方法和模型往往不能较近似地反映实际；第三是缺乏能为公众接受的各种必需的风险标准；第四是风险防范措施的选择中要考虑权值，而要确定权值又涉及复杂的、有限的自然、人力和财力资源等的有效利用和分配，这又涉及价值判断等。

二、风险源强的概率分布估计

通常，事故被认为是发生后果难以估计的事件，要对未来低概率、高危害事件的规模进行预测是一个挑战性的课题。困难不仅来自分析方法学，而且来源于分析所需的信息十分有限。信息的匮乏是因为低概率、高危害事件的不经常发生，条件的变化与更新以及时间和经费的限制。事实上，在任何事故分析中，试图通过做实验或现场测试去进一步收集数据所增加的费用在某种程度上是毫无价值的，在许多正常条件下，做决策也不能完全建立在数据之上。所以，事故的概率及其风险的估计只能基于该问题内在的随机特性的认识和可能得到的用于估计未来风险的信息量。

环境风险以如下的风险值表征：

风险值(后果/时间)＝概率(事件数/单位时间)×危害程度(后果/每次事故)

最大可信事故对环境所造成的风险 R 按下式计算：

$$R=PC \tag{10-24}$$

式中，R 为风险值；P 为最大可信事故概率（事件数/单位时间）；C 为最大可信事故造成的危害（损害/事件）。

环境风险评价需要从各功能单元的最大可信事故风险 R_j 中，选出危害最大的作为评价项目的最大可信事故，并以此作为风险可接受水平的分析基础。即：

$$R_{\max}=f(R_j) \tag{10-25}$$

最大可信事故下所有有毒有害物质所致的环境危害 C 为各种危害 C_i 的总和：

$$C=\sum_{i=1}^{n}C_i \tag{10-26}$$

第六节　事故源项发生概率的估计方法

主要是估计源项的源强及其发生概率。

一、客观估计法

由于风险评价中要考虑源强的事件太多，同时为减少调查的工作量，只能关注排放强度 $z>z_0$ 的事件。设调查时段 t 内事故排放次数为 N，强度小于等于 z_i 的排放次数为 n_i。当调查次数足够多时，强度 z_i 对应的累积频率为

$$F(z_i)=n_i/N \tag{10-27}$$

此类方法是通过对污染源的事故记录调查计算出频数分布，从而获得事故排放强度的分布。这种方法将过去没有发生过的较大强度事件出现的概率认为是零，而重大污染事故通常又是稀少事件，所以这类估计往往会忽略或低估了较大强度事件的发生，也低估了危害后果事件的概率。

二、主观估计法

主观估计所采用的概率分布形态有多种，如矩形、阶梯形、三角形和正态型等。有时由于资料比较少，请专家估计很多数据也不适宜。这时采用三角形分布是较简便和实用的分析，对于三角形分布只需知道：①最小值；②最可能的值；③最大的值。

思考题与习题

1. 何谓环境风险？环境风险有什么特点？
2. 什么是环境风险评价？环境风险评价包括哪几个阶段？每个阶段的主要内容是什么？
3. 环境风险评价和环境影响评价有何不同？
4. 何谓故障树分析？何谓事件树分析？
5. 风险评价标准有哪几类？

第十一章 区域环境影响评价

第一节 概 述

一、区域环境影响评价的类型和作用

1. 区域环境影响评价的概念

区域开发活动是指在特定的区域、特定的时间内有计划进行的一系列重大开发活动。随着国家经济建设的发展，区域性开发建设活动越来越多。国家和地方规划了各类开发区，如经济技术开发区、高新技术开发区、外贸加工区、保税区、边境经济合作区、旅游度假区等，还有许多特大型的开发建设项目本身就具有区域性特点。许多大型建设项目为节省投资和提高经济效益，其区域性集中或靠拢的趋势越来越强，因而其环境影响也更多地表现为区域性质。这些区域性开发建设活动是在一个相同的地区和相近的时间内相继开展多个建设项目，如果分别对各建设项目进行环境影响评价，则不能说明区域开发的总体影响，难以保证区域环境目标的实现。因此将这类开发建设活动作为一个整体，考虑所有区域开发建设行为，开展区域环境影响评价。

所谓区域环境影响评价就是在一定区域内以可持续发展为目标，以区域开发规划为依据，从整体上综合考虑区域内拟开展的各种社会经济活动对环境产生的影响，并据此制定和选择维护区域良性循环、实现经济可持续发展的最佳行动规划或方案，同时也为区域开发规划和管理提供决策依据。

区域环境影响评价相对于建设项目影响评价而言，不仅是评价范围和内容的扩展，而且包含了区域系统协调发展的思想，它以区域效益最大化为目标，对区域的开发建设进行系统的、综合的研究和评价。

2. 区域环境影响评价类型

区域是由经济社会和环境诸多因子组成的多层次、多功能的复合生态系统，是一个不断发展变化的动态系统。环境影响评价的对象区域，按其开发程度或环境的自然比可分为未开发区、已开发区和部分开发部分未开发区，按其功能可分为各种开发区（如经济技术开发区、高新技术产业开发区、仓储保税区及边贸开发区等）、旅游度假区、工业区、港口码头与交通枢纽区、新居民区、农业开发区、特大型工业能源基地等。

区域环境影响评价因评价对象的区域类型、开发性质、开发程度、环境要素、功能要求不同而千差万别，评价的类别、内容要求也不尽相同。一般而言，区域环境影响评价的类型与环境规划的类型是相互对应的。一般来讲，制定某种类型的环境规划，就应开展相同类型的区域环境影响评价。为了达到特定目的和要求根据评价的性质、行政区划、区域类型、环境要素等，可以把区域环境影响评价划分为若干类型，与开发建设项目紧密相连的主要有以下两种类型。

（1）各类开发区的区域环境影响评价　各类开发区一般都有各自的经济社会发展规划，有的还制定了区域环境规划，在此基础上进行区域环境影响评价。就开发区的开发程度来看，评价的对象一般为未建成区或部分已开发部分未开发区。开发程度不同，评价的内容也因此而不同。

（2）城市建设与开发的环境影响评价　城市建设与开发包括城市新区建设和老区改造。新区建设是具有相当规模的居住、商贸、金融、娱乐等区域的开发以及城市化进程中的城镇建设。老区改造的显著特点是依托现有的工业基础，以老骨干企业为龙头，利用它们的经济基础和技术优势进行新建、扩建和技术改造，以扩大再生产，形成了以大型企业为主的老工业开发区。

此外，流域开发也属于区域开发，但其评价内容与上述两类区域开发有明显不同，本章不再涉及。

3. 区域环境影响评价的作用

（1）区域环境影响评价是环保部门参与区域发展综合决策的有效途径　开展区域环评，能够在区域开发建设决策之前，对区域开发的资源合理利用、自然环境、生态系统的现状和目标、区域环境承载力、区域污染源和污染物排放总量控制、污染防治措施等方面进行评估和论证。按区域可持续发展要求，调整区域的总体发展规划，为产业的合理布局和环境功能的合理区划提供科学依据，为区域经济建设持续、快速、健康的发展提供保证，使环境保护真正成为区域开发综合决策的组成部分。

（2）区域环境影响评价是实现污染物排放总量控制的重要保证　单个建设项目的环境影响评价，无法合理确定区城污染物总量控制目标；受评价范围较小的限制，大部分单项环评无法对区域大气和地表水环境容量进行估算。而区域环评能对明确界定的区域，从整体出发，根据区域环境规划与保护目标、功能区的划分、区域环境质量和区域污染源状况来研究区域环境容量和环境承载能力，较准确地制定区域污染物总量控制计划，为实施总量控制创造条件。

（3）区域环境影响评价为污染物预防和集中治理创造了条件　污染物集中控制和治理是经济合理、技术可行的污染综合防治措施。单项建设项目环评可以把拟建项目的环境污染防治对策的技术经济可行性论证得很充分，但对区域环境综合整治和污染集中控制只能提出宏观建议。区域环境影响评价则可根据区域产业结构、工业布局和总量控制目标，对区域开发建设活动统筹规划，应用“工业生态原理”，在循环经济理念的指导下，使一个项目排出的废物成为另一个项目的原料。实现区域内资源的充分利用，在此基础上再提出综合整治和基础设施建设方案（包括污染集中控制方案），为区域污水集中处理与资源化以及推行集中供气供热工程创造条件。

（4）有利于识别不良的累积效应并在区域范围采取对策　单个建设项目的环境影响评价难以从整体上分析其与区域过去、现在和将来的开发建设所产生的累积效应。区域环境影响评价有可能比较确切和全面地识别由区域的过去、现在和将来的开发对各种资源、生态系统和人类社区可能产生的不良累积效应，然后有针对性地提出避免和削减措施以及管理对策。

（5）简化区域内单项建设项目的环境影响评价

① 由于区域环境影响评价有一定的深度、广度，所利用的基础资料及有关数据相对完整、连续和准确。因而，取得的各种评价结果可用于指导建设项目环境影响评价。

② 将区域环境影响评价成果用于建设项目环境影响评价可减少大量自然环境和社会环境的调查以及部分现场测试与室内计算工作。

③ 在区域环境影响评价的基础上进行建设项目环境影响评价时，可以大大节省评价费用。

二、区域环境影响评价的工作程序

区域环境影响评价与建设项目环境影响评价工作程序基本相同，大体分为三个阶段，即准备阶段、评价工作阶段和报告书编写阶段。

应该说明的是，区域开发建设项目涉及多项目、多单位，不仅需要评价现状，而且需要预测和规划未来，协调项目间的相互关系，合理确定污染分担率。因此，为使区域环境评价工作成果更有针对性和符合实际，应在评价中间阶段提交阶段性中间报告，向建设单位、环保主管部门通报情况和预审，以便完善充实，修订最终报告。

区域环境影响评价技术路线如图 11-1 所示。

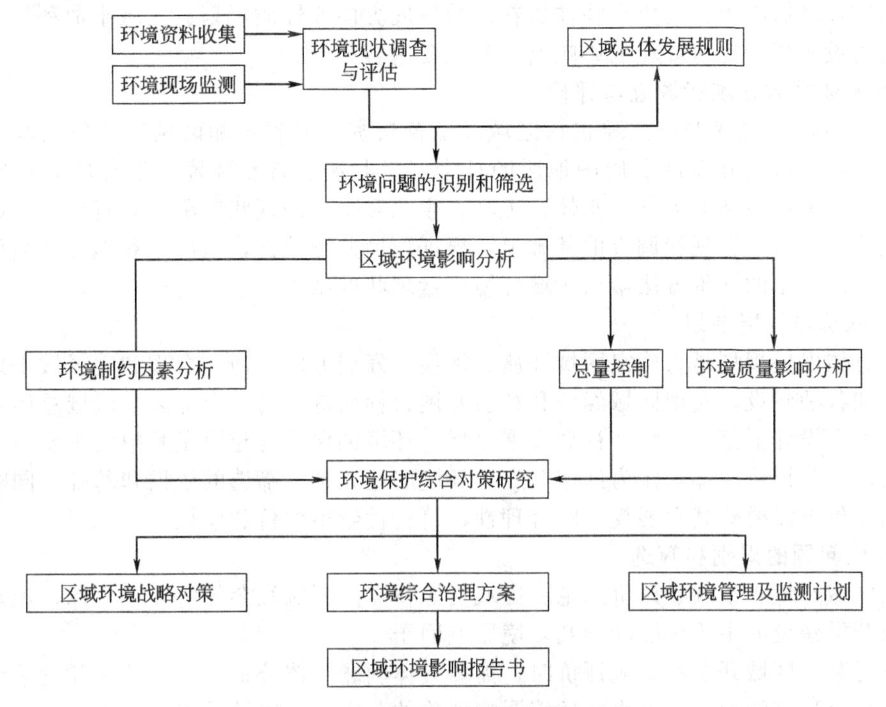

图 11-1　区域环境影响评价技术路线

三、区域环境影响评价与建设项目环境影响评价的关系

区域环境影响评价与建设项目环境影响评价的关系见表 11-1。

表 11-1　区域环境影响评价与建设项目环境影响评价的联系和区别

比较内容	区域环境影响评价	建设项目环境影响评价
评价对象	包括区域社会经济发展规划中所有拟开发行为和开发项目	单一建设项目或几个项目的联合具单一性
评价范围	地域广、空间大、区域属性	地域小、空间小、局地属性
评价人员知识结构	具有较强识别环境问题、解决环境问题能力的评价单位牵头，涉及学术领域广，需多学科结合	除一般评价专业人员外，强调与建设项目有关的工程技术人员参与
评价精度	采用系统分析方法对整体进行宏观分析，反映全局合理性，宜粗不宜细，粗中有细	精度要求高，强调计算结果的准确性和代表性
评价所处时段	在区域规划期间进行，对于开发活动来讲，具有超前性	一般在项目可行性研究阶段完成，具有与开发项目同步性
评价任务	不仅分析区域经济发展规划中拟开发活动对环境影响的程度，而且重点论证区域内未来建设项目的布局、结构、资源的合理配置，提出对区域环境影响最小的整体优化方案和综合功效防治对策，为制定环境规划提供依据（微观与宏观相结合管理）	根据建设项目的性质、规模和所在地区的自然环境、社会环境状况，通过调查分析和影响预测，找出对环境的影响程度，在此基础上做出项目是否可行的结论，提出环保对策建议（微观管理）
评价指标	反映区域环境与经济协调发展的各项环境、经济、生活质量等指标（体现可持续发展）	主要环境质量指标（水、大气、噪声等）

第二节 区域环境影响评价的基本内容和指标体系

一、区域环境影响评价的基本内容

在区域开发正式实施之前，待开发的许多项目或者项目的许多开发特征都是不确定的，因此，区域环境影响评价的重点往往放在区域发展方向或性质规划、区域土地利用功能规划及区域公用设施规划等对环境的影响上，其主要内容如下。

1. 区域环境质量现状调查与评价

区域环境质量现状调查主要包括区域环境背景资料的收集和区域环境现场监测两种方式。调查的内容包括开发区及周围地区的社会经济状况、自然环境、生态环境和生活质量等。区域环境监测包括对大气、水体、土壤、生态和噪声的现状监测及其背景值的研究。区域环境现状评价就是在现状调查的基础上，根据环境监测数据，以国家和地方环境质量标准为依据，运用一定的评价方法给出区域环境质量现状的结论。

2. 区域总体发展规划

区域总体发展规划是为确定区域性质、规模、发展方向，通过合理利用区域土地，协调空间布局和各项建设，实现区域经济和社会发展目标而进行的综合部署。区域总体规划侧重于从区域形态设计上落实经济、社会发展目标，环境的保护与建设是其中的重要内容。它同环境现状调查与评价一样，作为区域开发中环境问题识别与筛选的依据和基础，同时，区域环境影响评价也需要对其发展规划的合理性、可行性给出评价和建议。

3. 环境问题的识别和筛选

根据区域环境质量现状评价结论、区域资源特点及区域社会经济发展目标，识别、筛选出该区域开发建设的主要环境问题及环境影响因子。

在进行某一区域开发的影响评价时，需要具体问题具体分析。首先针对开发活动所在的区域环境找出特定的问题，以决定环境影响评价的范围、内容及重点。找出特定问题的过程就是开发活动环境问题的识别。

在环境问题识别过程中，不仅需要识别开发活动引起的所有直接和潜在影响，而且还需要指出哪些是直接影响，哪些是间接影响，哪些是短期影响，哪些是长期影响，哪些是可恢复的影响，哪些是不可恢复的影响，并对每一种影响的范围和程度做出粗略的评估。在这些影响中，那些直接的、长期的、不可恢复的影响往往是环境影响评价工作的重点。

只有对具体开发活动的环境问题做出正确的识别之后，才能筛选出环境影响评价工作的重点，进而对它做出定性或定量的评价，并根据评价的结果提出防治措施或替代方案。

4. 区域环境影响分析

区域环境影响分析是在区域环境问题的识别和筛选的基础上，分析区域开发活动对区域环境的影响，为做出最终环境影响评价做准备，主要包括区域环境污染物总量控制分析和区域环境制约因素分析两方面。

区域开发要坚持可持续发展战略，实施总量控制。资源问题应作为分析研究的首选问题。区域环境制约因素分析通过区域环境承载力分析、土地利用和生态适宜度分析，可以从宏观角度对区域开发活动的选址、规模、性质进行可行性论证，从而为区域各功能的合理布局和入区项目的筛选提供决策的依据。

5. 环境保护综合对策研究

区域环境保护综合对策研究一般可以从三个方面入手分析，即区域环境战略对策、环境综合治理方案、区域环境管理及监测计划。

① 区域环境战略对策的主要任务是保证区域环境系统与区域社会、经济发展相协调。通过以合理开发利用为主要内容的宏观环境分析提出相应的协调因子和宏观总量控制目标，并指导各种环境要素的详细评价。

② 环境综合治理方案，首先要从经济和环境两个方面进行全面规划，尽量减少污染物排放量；其次是合理布局，充分利用各地区的环境容量，对必须进行治理的污染物采取集中处理和分散治理相结合的原则，用最小的环境投资取得最大的环境效益，经济、有效地解决经济建设中的环境污染问题。

③ 区域环境管理及监测计划，是为保证环境功能的实施而制定的必要的环境管理措施和规定。一般可分为环境管理机构设置与监控系统建立（包括环境监测计划）、区域环境管理指标体系的建立和区域环境目标可达性分析三个方面。

二、区域环境影响评价的指标体系

区域环境指标体系包括主要环境污染指标体系、主要生态指标体系和环境经济指标体系。

1. 环境污染指标体系

一般包括大气、土壤、水和生物等方面的指标。

（1）大气质量指标　包括年平均温度、无霜期、年降雨量、年总辐射量、相对湿度、平均风速、最大风速、大气稳定度、逆温层高度等大气物理指标，以及颗粒物、SO_2、NO_x、CO、烃类化合物、氧化剂、苯并[a]芘、氟等物质含量和大气污染指数等大气化学指标。

（2）水质和水量指标　包括流域面积、年径流量、洪水次数、洪水日数、枯水日数、侵蚀模数、河流泥沙含量等水文特性指标；地下水静、动贮量，补给条件以及水温、透明度、矿化度、pH值、SS（悬浮固体）、BOD、COD、酚、氰、氮、磷农药和有毒有害重金属含量等水质指标。

（3）土壤质量指标　包括土壤有机质、pH值、土壤质地、农药、氟以及有毒有害重金属的含量等。

（4）生物受污染指标　包括生物体中农药、氟和有毒有害金属的含量等。

2. 生态指标体系

包括形态结构指标、能量结构指标、物质结构指标和生态功能指标等。

（1）形态结构指标　森林、农田、河流、湖泊及人类居住面积等生态结构指标，以及生物群落结构、物种种类、保护区面积、植被覆盖面积等。

（2）能量结构指标　如每平方千米的植物量、动物量、人口数以及每人每年的食物量等。

（3）区域物质结构指标　水体结构指标，包括区域各种水体的流入量、流出量及农业用水量和排水量。营养结构指标，包括氮、磷、钾等营养物质在区域内的各种输入量、输出量以及在生物体和土壤中的含量等。

（4）生态功能指标　如物质利用率和利用效率，包括水、氯、磷、钾等物质利用率和利用效率等；能量利用率及利用效率，包括总生物量、净生物量等；生态效益指标，包括有益生物量、水土保持效果、净化空气效果、消除噪声效果、景观、保健、游憩效果等。

3. 环境经济指标体系

（1）环境投资指标　万元投资环保费、万元产值环保管理费、万元产值劳保费等。

（2）资源、能源耗用量指标　万元投资基建费用、占地面积、万元产值生产原料和能源、劳动力耗用量、用水及用气量等。

（3）污染物排放指标　单位产值或产量的污染物排放量（排水量及其它各种水污染物排

放量、排气量、SO_2、NO_x 和其它空气污染物排放量、废渣量、各种危险废物量等)。

(4) 环境经济效益指标　万元产值产品量、成本费、纯利润，万元环保投资资源节省量、增产量、治污量、环保收入、纯利润及旅游人数等。

第三节　区域环境影响评价的因素分析

一、区域环境承载力分析

1. 区域环境承载力的概念

人类赖以生存和发展的环境是一个具有强大的维持其稳态效应的巨大系统，它既为人类活动提供空间和载体，又为人类活动提供资源并容纳废弃物。对于人类社会活动来说，环境系统的价值体现在能对人类社会生存发展活动的需求提供支持。由于环境系统的组成物质在数量上存在一定的比例关系，在空间上有一定的分布规律，所以它对人类活动的支持能力有一定的限度，或者说存在一定的阈值，把这一阈值定义为环境承载力。环境承载力是在某一时期、某种状态或条件下，某地区的环境所能承受的人类活动作用的阈值。

区域开发和可持续发展是当前区域经济发展中所面临的两个重要问题，表现为如何协调区域社会经济活动与区域环境系统结构的相互关系，这就是区域环境承载力所要解决的问题。区域环境承载力是指在一定的时期和一定区域范围内，在维持区域环境系统结构不发生质的改变，区域环境功能不朝恶性方向转变的条件下，区域环境系统所能承受的人类各种社会经济活动的能力，即区域环境系统结构与区域社会经济活动的适宜程度。

2. 区域环境承载力分析的对象和内容

环境科学是以人类环境系统为研究对象，区域环境承载力是在人们对人类环境系统有了较深刻认识的基础上提出来的。人类与环境的协调，仅从污染物的预防治理方面来考虑已经不能解决问题，必须从区域环境系统结构和区域社会经济活动两个方面来分析。因此区域环境承载力的研究对象就是区域社会经济、区域环境结构系统。其包括两个方面：一是区域环境系统的微观结构、特征和功能，二是区域社会经济活动的方向、规模。把两个方面结合起来，以量化手段表征出两个方面的协调程度，是区域环境承载力研究的目的。

区域环境承载力研究包括区域环境承载力的指标体系，表征区域环境承载力大小的模型及求解，区域环境承载力综合评估，与区域环境承载力相协调的区域社会经济活动的方向、规模和区域环境保护规划的对策措施。

3. 区域环境承载力的指标体系及建立原则

要准确客观地反映区域环境承载力，必须有一套完整的指标体系，它是分析研究区域环境承载力的根本条件和理论基础。

建立环境承载力指标体系必须遵循以下原则：①科学性原则，即环境承载力的指标体系应从为区域社会经济活动提供发展的物质基础条件以及对区域社会经济活动起限制作用的环境条件两方面来构造，并且各指标应有明确的界定；②完备性原则，即尽量全面地反映环境承载力的内涵；③可量性原则，即所选指标必须是可度量的；④区域性原则，环境承载力具有明显的区域性特征，选取指标时应重点考虑能代表明显区域特征的指标；⑤规范性原则，即必须对各项指标进行规范化处理以便于计算，并对最终结果进行比较等。

环境承载力的指标体系应该从环境系统与社会经济系统的物质、能量和信息的交换上入手。即使在同一个地区，人类的社会经济行为在层次和内容上也完全可能会有较大差异，因此不应该也不可能对环境承载力指标体系中的具体指标做硬性的统一规定，只能从环境系统、社会经济系统之间物质、能量和信息的联系角度将其分类。一般可分为三类：第一类，自然资源供给类指标，如水资源、土地资源、生物资源等；第二类，社会条件支持类指标，如经济实力、公用设施、交通条件等；第三类，污染承受能力类指标，如污染物的迁移、扩散和转化能力，绿化状况等。

4. 区域环境承载力的量化研究

区域环境承载力的指标体系建立之后，对环境承载力的研究就是对环境承载力值进行计算、分析，并提出相应的保持或提高当前环境承载力值的方法措施。一般来说，这些指标与经济开发活动之间的数量关系是很难确定的，这一方面是因为这种关系本身是非常复杂的，如大气中 SO_2 的浓度就不仅与区域的能源消耗总量有关，而且还与当地的能源结构、环保设施投资状况等有关；另一方面，所选取的指标除与人类的经济活动有关外，还可能受到许多偶然因素的影响，如降雨可将大气中的许多污染物（如 SO_2）转移到水环境中，使环境承载力的结构发生变化。这些都给环境承载力的量化研究造成了一定的困难。目前有许多学者正在研究如何使环境承载力的量化具有科学性和普适性，也有人认为不可能找到一个普遍适用的公式来计算不同区域的环境承载力。现在人们一般是针对某一具体的区域来进行环境承载力的量化研究，如在湄州湾的环境规划中，就是用下式来表示第 j 个地区环境承载力的相对大小的。

$$I_j=\sqrt{\frac{1}{n}\sum_{i=1}^{n}\widetilde{E}_y^2} \tag{11-1}$$

在式中，$\widetilde{E}_y$ 是进行归一后的第 i 个环境因素第 j 个地区的环境承载力，这里

$$\widetilde{E}_y=E_y/\sum_{i=1}^{n}E_y \tag{11-2}$$

其中，E_y 是第 i 个环境因素第 j 个地区的环境承载力，表示 E_y 所选用的指标应简单而实用，如选取风速指标来表示各区域的大气环境承载力，风速越大，则表示该区域的大气环境承载越大等。湄州湾环境规划是环境承载力理论的一个十分成功的实例。之后，人们还探讨了其它的量化研究方法，如专家打分、模加和法、灰色系统分析法、专家系统方法等，所有这些方法的关键都集中在指标的筛选、各指标权重的确定及指标值的预测等方面。

总之，环境承载力的量化研究是环境承载力理论的一个重要研究内容。环境承载力既然是某一区域环境的一个客观存在的量，所以，即使不存在一个普遍适用的计算环境承载力的公式，也应能找到合理分析环境承载力的科学方法，或找出近似表达某些类型的区域环境承载力的公式，这都会促进环境承载力理论的发展及其实际应用。

二、土地使用适宜性和生态适宜度分析

（一）土地使用适宜性分析

1. 土地使用适宜性分析的必要性

各项开发活动的迅速发展，使得对土地的需求日益加重，现有的可开发土地已不能满足长期发展的需要。因此土地的开发不得不向过去被视为不宜开发的土地扩张。但如果对此类地区与整个自然环境认识不清，而忽略其自然环境的承受能力及土地使用适宜性，过度或不当的开发行为将导致自然灾害的发生、生态体系的破坏等环境负效应。故为了更好地开发使用土地，合理使用土地资源，应当对土地使用进行适宜性分析。

土地使用适宜性分析是区域环境影响评价的主要内容，它实际上提供了区域环境的发展潜力和承载能力，对区域环境的可持续发展具有十分重要的意义，但总的来讲，环境资源的使用及其对人类影响是随着空间和时间的迁移而变化不定的。因此，要求系统而全面地对土地使用适宜性及环境影响进行精细的分析评价，目前还存在着一定的困难。不可能完全定量地把所有环境变量都结合在决策模型中，而只能按优劣序列排队，采取非参数的统计学方法或多目标半定性分析技术，求得优化解，以作为决策依据。目前具体的方法有矩阵法、图解

分析法、叠图法以及环境质量评价法等，这些方法往往结合在一起使用。下面介绍一种土地使用适宜性分析的综合方法，该方法曾被成功地应用于“中国台湾地区环境敏感地划设与土地使用适宜性分析”、“京、津、塘高速公路沿线两侧（天津段）土地使用适宜性分析”等实际工作之中。

2. 土地使用适宜性分析的过程

（1）环境敏感地的划设　环境敏感地泛指对人类具有特殊价值或具潜在天然灾害的地区，这些地区极易因人类的不当开发活动而导致负面环境效应。环境敏感地所包括的范围相当广泛，按照其资源特性与功能的差异加以区分。

（2）土地使用适宜性分析的过程如图 11-2 所示。

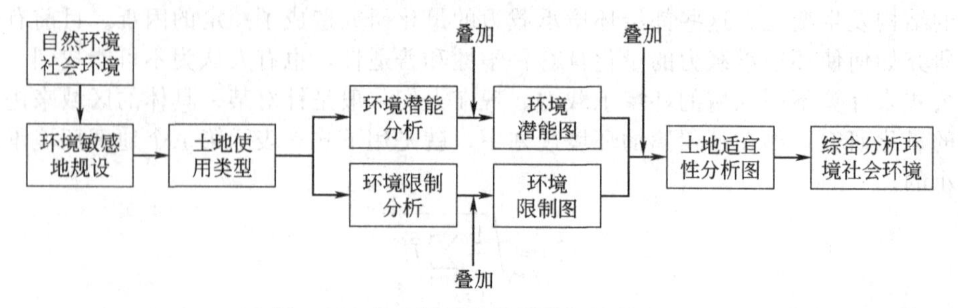

图 11-2　土地使用适宜性分析的过程图

土地使用适宜性分析可用于分析自然环境对各种土地使用的潜力和限制，确保开发行为与环境保护目标相符合，对资源进行最适宜的空间分配。因此，环境敏感地的开发使用可借助于土地使用适宜性分析，了解土地的承载开发活动和人口增长的能力，配合土地使用活动的需求，分析自然资源提供土地使用的适宜性，并将土地使用生态规划原则纳入区域规划之中，确立环境敏感地划设原则，使土地开发与环境保护协调发展。

第一，确定土地使用类型。土地使用类型一般可根据城市规划或区域总体规划中的土地使用功能进行划分。例如，可分为住宅社区、工业区、大型游乐区、金融商贸区、文化教育区等。

第二，环境潜能分析。环境潜能分析是指分析各种土地使用类别与土地使用需求以及环境潜能的关系，以了解环境特性对不同土地开发行为所具有的发展潜力条件。针对已确定的土地使用类型，可建立两个关联矩阵：①土地使用类型与土地使用需求的关联矩阵；②土地使用需求与环境潜能的关联矩阵。通过这两个关联矩阵的结果分析，可以得到土地使用类型与环境潜能的关联性，从而进行发展潜力分析。例如，若将土地使用类型分为住宅社区、工业区、大型游乐区、金融商贸区，其关联表见表 11-2。

表 11-2　环境潜能与土地使用类型关联表

类型	环境潜能											
	地形坡度	坡地稳定度	土壤排水性	水文地质	潜在土壤流失	地貌特征	植被分布	自来水供给	污水收集处理	交通可及性	距中心远近	土地使用状况
住宅社区	●	●	●	○	●			●	●	●	○	●
工业区	●	●	●					○	●	●	●	●
娱乐区	○	●	○	●		●	●		○	●		●
金融商贸区	●	●	●	○	●			●	●	●	●	●

注：●为相关；○为次相关。

通过上述环境潜能分析，可将各类土地使用类型开发的环境潜能划分为相应的级别，运用叠图法绘制出环境潜能图。

第三，环境限制分析。发展限制是指土地使用过程中由于其不当的开发活动或使用行为所导致的环境负效应。分析发展限制，正是通过分析各种土地使用类型与土地使用行为以及环境敏感性之间的关系，来了解环境特性对不同土地使用的限制。为此针对土地使用类型、开发活动、环境影响项目、环境敏感性四者之间建立了三个关联矩阵：①土地使用类型与开发活动或使用行为之间的关联矩阵；②开发活动或使用行为与环境影响项目的关联矩阵；③环境影响项目与环境敏感性关联矩阵。例如，基于上述四种土地使用类型，采用七种敏感地来研究环境影响项目与环境敏感性之间的关系，可得到土地使用类型与环境敏感性之间的关联性，从而进行环境限制分析。分析结果见表 11-3。

表 11-3　土地使用类型与环境敏感性关联表

土地使用类型	环境敏感项目						
	生态敏感区	地质灾害敏感区	洪水平原	优质良田	文化景观敏感区	地下水补给区	噪声敏感区
住宅社区	●	●	●	○	●		●
工业区	●	●	●	●	●	○	○
娱乐区	●	○	○	●	○		
金融商贸区	●	●	●	●	○		●

通过上述环境限制分析，可将各类土地使用类型的环境限制划分级别，并通过叠图法绘制成相应的环境限制图。

第四，土地使用适宜性分析。土地使用适宜性分析是综合上面环境潜能与环境限制的分析结果。根据对环境潜能和环境限制的分析，可分别将环境潜能和环境限制分级，例如，可将环境限制分为三级：环境限制大、环境限制中、环境限制小。

若将两者各分为三级，然后进行叠加，从而可将上述假设条件下的土地使用适宜性划分为四级，见表 11-4。其中环境限制中Ⅰ表示限制最小，环境潜能中Ⅰ表示潜能最大，适宜性分析中Ⅰ表示适宜性最好。

第五，综合分析。针对前述各种土地使用适宜性做综合分析，以比较区域中各种土地使用类型的适宜性分级，并进行社会、经济评价。

表 11-4　适宜性分析分级图

适宜性分析		环境潜能		
		Ⅰ	Ⅱ	Ⅲ
发展限制	Ⅰ	Ⅰ	Ⅱ	Ⅲ
	Ⅱ	Ⅱ	Ⅲ	Ⅳ
	Ⅲ	Ⅲ	Ⅳ	Ⅳ

（二）生态适宜度分析

生态适宜度分析是在城市生态登记的基础上寻求城市最佳土地利用方式的方法。目前生态适宜度分析方法还不太成熟，下面简要介绍一种方法。

1. 选择生态因子

生态适宜度分析是对土地特定用途的适宜性评价。当土地和用途确定以后，如何才能评价该块土地的适宜性呢？其方法是选择能够准确或比较准确地描述（影响）该种用途的生态因子，通过多种生态因子的评价，得出综合评价值。因此，生态因子选择得是否合适，直接影响到生态适宜度分析结果。

不同土地用途所选择的生态因子也不同。生态因子的选择必须遵守一条基本原则，这就是生态因子必须是对所确定的土地利用目的影响最大的因素。此外，在工业用地适宜度分析中，还可选择人口密度为评价因子。

2. 单因子分级评分

对特种土地利用目的选择的生态因子在综合分析前，首先必须进行单因子分级评分。单因子分级一般可分为5级：很不适宜、不适宜、基本适宜、适宜、很适宜。也可分为3级：不适宜、基本适宜、适宜。进行单因子分级评分可以从下面几个方面考虑。

① 该生态因子对给定土地利用目的的生态作用和影响程度。如人口密度对工业用地的影响很敏感，在对人口密度进行分级评分时，把工业用地的不适宜人口密度标准定得高一点，即人口密度应尽量小。

② 城市生态的基本特征。在进行单因子分级评分时，要充分考虑城市大环境的特征，各类用地单因子分级体现城市的生态特色。如风景旅游城市，适宜度的标准应尽量严格。

单因子分级评分没有完全一致的方法，同样的土地利用方式，城市的性质不同，单因子分级评分的标准也不同，因此，应做到因地制宜。

3. 生态适宜度分析

在各单因子分级评分的基础上，进行各种用地形式的综合适宜度分析。由单因子生态适宜度计算综合适宜度的方法有两种。

（1）直接叠加

$$B_y = \sum_{s=1}^{n} B_{isj} \tag{11-3}$$

式中，B_y为第i个网格、利用方式为j时的综合评价值，即j种利用方式的生态适宜度；B_{isj}为第i个网格、利用方式为j时第s个生态因子的适宜度评价值（单因子评价值）；i为网格号（或地块编号）；j为土地利用方式编号（或用地类型编号）；s为影响为j种土地利用方式的生态因子编号；n为影响为j种土地利用方式的生态因子总数。

这种直接叠加法应用的条件是各生态因子对土地的特定利用方式的影响程度基本接近。在我国城市生态规划中，直接叠加法应用较为广泛。

（2）加权叠加　各种生态因子对土地的特种利用方式的影响程度差别很明显时，就不能直接叠加求综合适宜度了，必须应用加权叠加法，对影响大的因子赋予较大的权值。计算公式如下

$$B_y = \sum_{s=1}^{n} W_s B_{isj} / \sum_{s=1}^{n} W_s \tag{11-4}$$

式中，W_s为第i个网格、利用方式为j时第s个生态因子的权重值。

其它符号意义同前。

4. 综合适宜度分级

综合适宜度分级有两种方法。

（1）分三级　根据综合适宜度的计算值分为不适宜、基本适宜、适宜三级。

（2）分五级　目前对综合适宜度分级大多数城市均采用五级分法，即很不适宜、不适宜、基本适宜、适宜、很适宜等五级。

以上叙述的是综合适宜度的一般分级方法，具体到某地区时，应充分考虑当地的条件，灵活应用。对加权叠加求综合适宜度评价的情况，应在综合适宜度分级中，考虑各单因子权值的大小进行分级。

通过环境承载力分析、土地及生态适宜度分析，可以找出区域可持续发展的限制因子，

并对土地利用进行合理的规划。在实际工作中，应根据区域开发的规模、类型、环境等，在条件允许的情况下进行这两项分析。

第四节　环境功能区划和环境目标

在区域环境影响评价中划分功能区的目的，一是合理布局，二是确定具体的环境目标；三是便于目标的管理和执行。环境功能区别是区域环境影响评价的重要前提和基础。

一、环境功能区划

环境区划是科学地进行环境功能区划的前提和依据。其基本任务是将一个区域内的各个小域（或网格）的不同的用地方式（如工业用地、居住用地、港口用地、商业用地等）进行适宜度分析，选择土地的最佳利用方式，做到布局和环境功能区划合理。环境区划不同于环境功能区划。对同一块土地，区划的结果可能有几种不同的适宜用途，经综合分析确定其最佳利用方式，然后再做环境功能区划。

1. 环境功能区划分的原则和依据

功能区是指对经济和社会发展起特定作用的地域或地理单元。事实上环境功能区也常是经济、社会与环境的综合性功能区。对于新城区或新开发区、新兴城市等来说，功能区划对其未来环境状态有决定性影响。可见，环境功能区划分是区域环境影响评价的重要前提和基础。功能区划分应遵循以下原则。

① 功能与规划相匹配。保证区域或城市总体功能的发挥，与区域或城市总体规划相匹配。

② 根据自然条件划分功能区。根据地理、气候、生态特点或环境单元的自然条件划分功能区，如自然保护区、风景旅游区、水源区或河流及其岸带、海域及其岸带等。

③ 根据环境的开发利用潜力划分功能区。如新经济开发区、绿地等。

④ 根据社会经济的现状、特点和未来发展趋势划分功能区。如工业区、居民区、科技开发区、教育文化区、开放经济区等。

⑤ 根据行政辖区划分功能区。行政辖区往往不仅反映环境的地理特点，而且也反映某些社会经济特点。按一定层次的行政辖区划分功能区，有时不仅有经济、社会和环境合理性，而且也便于管理。

⑥ 根据环境保护的重点和特点划分功能区，如污染控制区和重点污染治理区等。

2. 功能区的类型

功能区的划分和规划实质上是城市或区域的生产力布局和总体设计安排。环境影响评价应特别注重下述类型的功能区。

(1) 城市环境规划的功能区一般有：工业区、居民区、商业区、机场、港口、车站等交通枢纽区、风景旅游或文化娱乐区，特殊历史文化纪念地、水田区，卫星城，农副产品生产基地，污灌区、垃圾卫生填埋场、污水处理厂等，绿化区或绿色隔离带、文化教育区、新科技经济区、新经济开发区、旅游度假区。

(2) 区域（省区）环境规划的功能区有：工业区或工业城市、矿业开发区、新经济开发区或开放城市、水系或水域、水源保护区和水源林区，林、牧、农区，自然保护区，风景旅游区或风景旅游城市，历史文化纪念地或文化古城，其它特殊地区。

二、区域环境目标的确定

区域环境目标的确定，一般是先初步确定目标，然后编制达到目标的方案，论证方案的可行性，当可行性有问题时，反馈回去再修改目标和达标方案，直到综合平衡最后确定目标为止。

1. 基本要求

① 环境目标必须有时间限定和空间约束，并且可以计量，同时应能反映客观实际，而不是规划人员和决策者的主观要求和愿望等。

② 环境目标应与经济社会发展目标进行综合平衡。平衡中一般可能出现三种情况：a. 两种目标都可达到，发展经济和环保投入同时满足，这是协调的和理想的，b. 环保投入受经济力量限制，必须降低环境目标，这时环境目标的制定必须注重环保与经济发展的协调，并将协调的成果体现于经济社会发展总体规划中；c. 环境目标必须保证，为此必须限制经济的发展规模或速度，更新工业布局或调整产业结构。环境目标须注意与经济社会发展总体规划和其它规划的协调。

③ 目标应具有技术经济条件的可达性以及目标本身的时、空可分解性，并且要便于管理、监督、检查和实行，与现行管理体制、政策、制度相配合，特别要与责任制挂钩。

④ 目标应能保障社会经济发展和人民正常生活所必需的环境质量，同时考虑技术进步因素，使得规划的目标是经过努力方可达到的。

2. 环境目标类型和内容

环境目标，按管理层次可分为宏观目标和详细目标两类。宏观目标是对该城在规划建设期内应达到的环境目标总体上的规定；详细目标是按照环境要素、功能区划分，对开发区在规划建设期内规定的环境目标所做的具体规定。

按照规划内容来分，环境规划目标主要有质量目标、总量控制目标两类。其中，质量目标是基本目标，总量控制目标是为达到质量目标而规定的便于实施和管理的目标。

环境质量目标主要包括大气质量目标、水环境质量目标、噪声控制目标以及生态环境目标。环境质量目标依不同的地域或功能区而不同。质量目标由一系列表征环境质量的指标来体现，环境污染总量控制目标主要由工业或行业污染控制目标和区域环境污染控制目标构成。

3. 确定环境目标的方法

(1) 经验判断法　主要是根据国家和地方环境目标要求及城市的性质功能，结合环境污染预测结果和目前的环境污染治理和管理水平确定城市总环境目标，再确定各功能区的环境目标。

经验判断法确定环境目标的程序一般是先按城市的性质功能定一个应该达到的标准，然后计算达到标准所应完成的污染物削减总量，并分析总量削减的经济技术可行性和时间期限的可行性，然后反过来调整、修改和完善环境目标。经过反复平衡和综合分析，得到城市以及各区域不同时间间隔以及不同程度的环境目标（如高、中、低目标）。

(2) 最佳控制水平确定法　环境污染对城市的经济社会发展以及人群健康造成影响，这种影响可用污染损失费用来表示。而为了控制污染，改善环境条件，又需要投资，这种投资

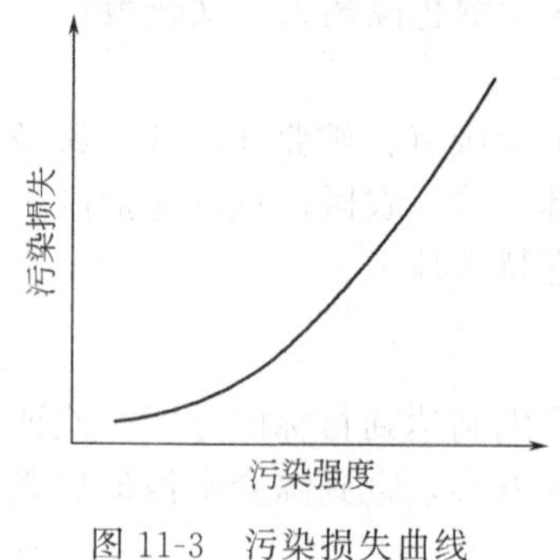

图 11-3　污染损失曲线

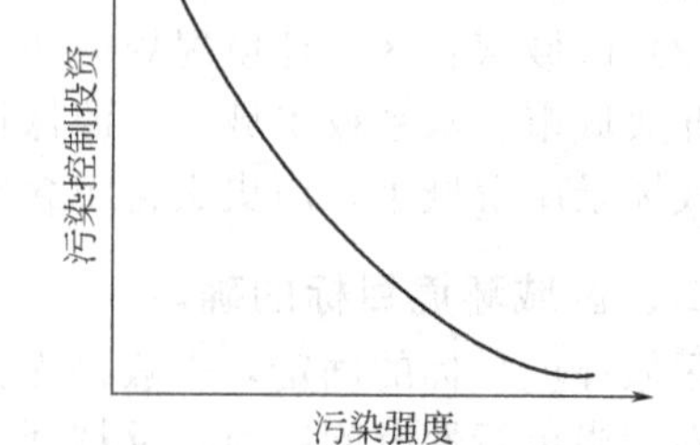

图 11-4　污染控制投资曲线

可用污染控制费用来表示。环境污染越严重，其损失越大，控制费用越小；反之，环境质量改善得越好，要求的控制费用越大，污染损失越小。因此，从整体优化的思想出发，必然能寻找到城市环境污染的最佳控制水平。要确定最佳控制水平，必须首先确定污染损失函数和污染控制费用函数。

污染损失包括生产性资源损失、人群健康的损失、游览和娱乐方面的损失等。估算出污染损失后，即可绘制污染损失曲线，如图 11-3 所示。根据污染处理投资费用绘制污染控制投资曲线，如图 11-4 所示。

将图 11-3 和图 11-4 绘于同一坐标系中，如图 11-5 所示。图中曲线 A 表示污染控制投资，曲线 B 表示污染损失，曲线 C 表示费用，它是曲线 A 和曲线 B 的直接叠加。图中 O 点即为最佳控制水平，也就是最佳控制目标。

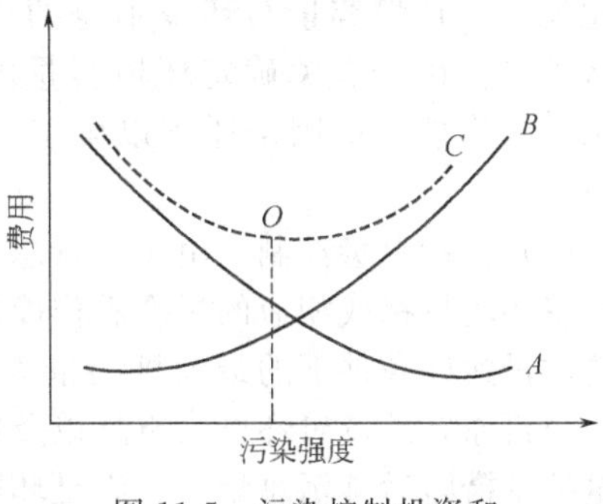

图 11-5　污染控制投资和污染损失综合分析

4. 环境目标与采用的标准

环境质量目标应根据规划区功能要求来确定，并应选择相应的环境质量标准。

确定污染控制目标，国内推行两种标准：一是污染物评分浓度控制标准，二是污染物排放总量标准。

在环境质量比较好的地区，污染源达标排放（浓度标准）可以达到环境质量要求时，可以实行浓度控制标准，在环境已被污染或污染源达标排放仍不能达到环境质量要求的地区，则实行总量控制标准。总量控制标准目前得到逐步推广，并执行排污许可证制度。

第五节　区域环境污染物总量控制

一、区域环境污染物总量控制的概念和类型

由于种种原因，中国环境管理过程中，虽然所有污染物排放完全达标，但环境质量仍不能达到国家标准，因此区域环境管理推行环境污染物总量控制，即在达到排放标准的前提下，再按总量控制原则进行区域环境单元内污染物进一步削减的优化分配。近年来，开始推行污染物总量控制，以环境质量达到环境功能所要求的质量标准为依据，控制并合理分配污染源的污染物排放量和削减总量，来满足环境质量的要求。自实行污染物排放总量控制管理制度以来取得了良好效果，在区域环境影响评价与管理中也必须实行污染物排放总量控制制度。

区域开发一般是逐步、滚动发展的，污染源种类和污染物排放量等不确定因素较多，只有区域实行污染物总量控制，才能保证区域开发过程中始终与环境质量达标要求紧密联系起来。另外，对一些老工业基地再开发，通过区域污染物总量控制分析，提出“增产不增污”、“以新带老”、“集中治理”等合理的污染物削减方案。

总量控制也是国家环保部确定环境保护工作的重点。区域开发过程中则更需要落实主要区域型污染物的排污总量治理指标，以便于环境管理，使区域开发过程中社会、经济和环境相协调，实现区域的可持续发展。

1. 概念

在一定区域范围内，为达预定环境目标，通过一定方式，核定主要污染物的环境最大允许负荷（一般指某环境单元所允许承纳污染物的最大数目），并以此合理分配，最终确定区域范围内各污染源允许的污染物排放量，即区城环境污染物总量控制。

2. 分类

目前，根据确定方法不同，总量控制分析方法总体上有以下几种形式。

（1）容量总量控制　有些学者把环境容量定义为“自然环境或环境组成要素对污染物质的承受量和负荷量”，认为环境容量是某些环境单元所允许承纳污染物的最大量。这只是从环境的同化与自净服务功能来考虑的，实际生态与环境的服务功能是全方位的，其环境容量也应是多方面的，当然这些服务功能彼此相关，相互依托，相互影响。环境容量是一个变量，包括两个组成部分：基本环境容量（或称差值容量）和变动环境容量（也称同化容量）。基本环境容量指环境标准与环境本底值的差，变动环境容量指环境对污染物的自净同化能力。环境容量与环境本身的组成、结构及其功能有关，具有明显的地带性规律和地区差异。由于有关确定环境容量的环境自净规律复杂，研究的周期长、工作量大，而且某些自净能力的因子还难以确定，因此通过环境容量来确定排放总量仍面临着很大的困难。

（2）目标总量控制　由于容量总量控制实施的困难性，目前在区域评价中通常使用的方法是将环境目标或相应的标准看作确定环境容量的基础，即一个区域的排污总量应以其保证环境质量达标条件下的最大排污量为限。一般应采用现场监测和相应的模拟模型计算的方法，分析原有总量对环境的贡献以及新增总量对环境的影响，特别是要论证采取综合整治和总量控制措施后排污总量是否满足环境质量的要求。这部分内容与现有的环境影响评价过程基本相同，这种以环境目标值推算的总量就称为目标总量控制。

（3）指令性总量控制　指令性总量控制，即国家和地方按照一定原则在一定时期内所下达的主要污染物排放总量控制指标，所做的分析工作主要是如何在总指标范围内确定各小区域的合理分担率。一般根据区域社会、经济、资源和面积等代表性指标比例关系，采用对比分析和比例分配法进行综合分析来确定。这种方法简便易行，可操作性强，见效快，目前多数城市运用这种方法，取得明显效果。

（4）最佳技术经济条件下总量控制　最佳技术经济条件下总量控制主要是分析主要排污单位在经济承受能力的范围内或是合理的经济负担下，采用最先进的工艺技术和最佳污染控制措施所能达到的最小排污总量，但要以其上限达到相应污染物排放标准为原则。它可把污染物排放量少量化的原则应用于生产工艺过程中，体现出全过程控制原则。

总量控制的类型见图 11-6。

在分析总量时，方法的采用要因地制宜、因时制宜，根据区域单元的实际情况加以决定，并配套一系列的政策、法规、经济等手段，成为制度化的管理模式。

二、区域环境污染物总量控制计划的制定方法

1. 程序和内容

制定总量控制计划程序参见图 11-7。

2. 允许排放总量的分配

因为总量控制区域包括众多的污染源和污染控制单元，如何合理地将污染物总量分解到每个污染源，是总量控制方法的核心问题。

采用容量总量控制法应利用环境质量模型计算结果确定总量或削减量。在我国，短时期内尚不可能完全用容量总量控制来制订计划，因此，应视情况综合多种方式制定分配原则，常用的分配原则如下。

（1）等比例分配原则　即在承认各污染源排污现状的基础上，将总量控制系统内的允许排放总量按各污染源核定的现在排污量，按相同百分率进行削减，各源分担等比例排放责任。这是一种在承认排污现状的基础上，一刀切的也是比较简单易行的分配方法，但不平

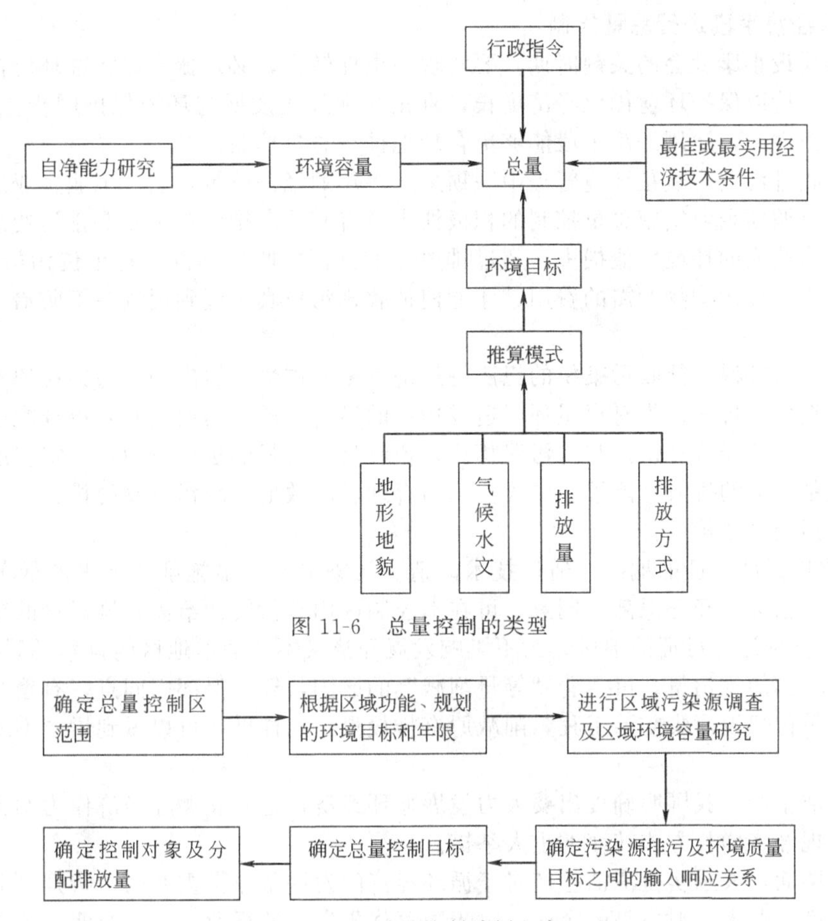

图 11-6　总量控制的类型

图 11-7　总量控制计划程序

等。因为这要求一个生产技术和管理水平高、排污少的企业要和污染物排放量大的落后企业承担相同的义务，不利于产生有效的激励机制，以促使企业进一步采用先进的技术和管理方法减少污染物的排放。但从承认现状、简单方便上讲，等比例分配原则仍可采用。

(2) 费用最小分配原则（又称经济优化规划分配原则）　即以区域为整体，以治理费用为目标函数，以环境目标值作为约束条件，使全区域的污染治理投资费用总和最小，求得各污染源的允许排放负荷。显然，此数学优化规划求得的结果反映区域污染控制系统整体的经济合理性，具有好的、整体性的经济、社会和环境效益，但并不能反映出每个污染源的负荷分担都是合理的。为了总体方案优化，有些污染源要承担超过本单位应承担的削减量。而另外一些污染源则可能承担少于应承担的削减量。这种分配结果在市场经济条件下，不利于企业间的公平竞争。

(3) 按贡献率削减排放量的分配原则　按各个污染源对总量控制区域内环境影响程度的大小（或污染物排放量大小）及其所处地理位置来削减污染负荷，即环境影响大的污染源多削减，反之少削减，它体现每个排污者公平承担损降环境资源价值的责任，对排污者来说，这是一种公平的分配原则，有利于加强企业管理、提高效率和开展竞争。但是，这种分配原则并不涉及采取什么污染防治方法及相应的污染治理费用，也不具备治理费用总和最小的优化规划特点，所以往总体上不一定合理。

因此，在进行总量控制分配时，应进行总体系统分析，综合运用上述各种原则、环境政策和管理手段进行协调，使得既保持总体合理，又使每个污染源尽量公平地承担责任。

3. 运用经济手段进行总量控制

在全面建设小康社会的关键时期，要实现历史性转变，必须摒弃以牺牲环境换取经济增长的做法，坚持以保护环境优化经济增长，真正实现经济发展与环境保护同步。实践证明，在市场经济条件下，运用经济手段能够更合理地推行总量控制。

(1) 征收排污费　这是环境管理中一项采用多年的经济政策，它与工业企业的经济效益直接相关，对调动企业实施总量控制的积极性十分有利。向排污单位收取排污费是为了补偿由排放污染物造成的环境价值损失。超过排放标准排污的收费标准（每单位污染物排放量）应高于控制或处理污染物所需的费用，才能使征收排污费真正起到促进污染防治、减少排放总量的作用。

(2) 征收污染税　征收污染税的想法是经济学家庇古最先提出的，污染税的实质是经济主体承担的超标准排放污染对自然环境造成损害的经济责任，是通过收入再分配形式对污染受害单位和个人的经济补偿。与排污费相比，税收具有更强的法律效力，一定程度上能够更为有效地控制污染的排放，能够在更大范围内合理、高效地削减污染物的排放。

(3) 排污交易政策

① 发放排污许可证的地区，通过技术改造、污染治理等措施削减下来的低于许可证规定的污染排放指标，经环保部门同意，可在本控制区内有偿转让给需要排污量的单位。

② 在没有排污许可证的地区，为不影响发展经济又不增加本地区的排污总量，新、改、扩建单位新增加的排污量，可本着“等量削减”的原则，经环保部门同意，有偿利用本控制区其它排污单位建设污染防治工程，削减原有排放量。这样做，可以做到增产不增污或增产减污。

(4) 清洁生产　我国明确提出要大力发展循环经济，把发展循环经济作为调整经济结构和布局，实现经济增长方式转变的重大举措。

在企业层面，鼓励实行清洁生产对于循环经济的发展是非常重要的，特别是那些对国家贡献大，污染欠账多、财力小的企业。对于国家优先发展的行业、支柱产业，若是通过技术改造和推行清洁生产、提高资源能源利用来发展生产、预防污染的企业，综合经济部门、财政金融部门应优先立项、优先贷款。环保补助资金也可以给予一定的贴息，综合运用各种手段解决环境问题。

思考题与习题

1. 区域环境影响评价与项目评价相比有何特点？
2. 区域开发建设环境影响评价的基本内容是什么？
3. 开展区域环境影响评价的意义有哪些？
4. 简述区域环境容量和污染物总量控制的概念。
5. 区域环境影响评价为什么要进行土地利用和生态适宜度分析？

第十二章　规划环境影响评价

第一节　概　　述

一、规划环境影响评价的工作程序

（一）规划分析阶段

根据专项规划的性质、目的和目标以及实施区域特点进行筛选，确定开展环境影响评价的具体要求。即对于项目导向性的专项规划需要编写环境影响评价工作大纲和环境影响报告书，然后进入审批阶段，监测、跟踪和评价阶段；而对于政策导向性的专项规划则只需要编写环境影响篇章或环境影响说明，然后直接进入审批阶段，监测、跟踪和评价阶段。

（二）评价工作大纲的编制阶段

对于项目导向型的专项规划，进行评价工作大纲的编制工作，通过对评价区域内经济、社会和环境的现状调查，界定评价范围，确定评价准则、标准和指标体系；而对于政策导向型规划，则直接对规划方案和替代方案进行评价，完成环境影响篇章或环境影响说明的编制工作。

（三）环境影响报告书的编制阶段

对于项目导向型的专项规划，以评价工作大纲为依据，结合规划区域的特点和规划的性质确定替代方案，重点对规划方案和替代方案进行环境影响分析、预测与评价，并根据评价结论提出减缓措施、制定环境影响监测和跟进评价工作计划，综合上述结论编写各专题报告和编制环境影响报告书。

（四）报告书的审批阶段

环保主管部门组织相关领域的专家对报告书进行审查，根据专家意见对报告书进行补充和修改。

（五）监测、跟踪和评价阶段

对于一些对环境有重大影响的规划，编制部门应组织进行跟踪评价。

二、规划环境影响评价与区域环境影响评价的区别

我国过去主要开展建设项目的环境影响评价，虽然在协调经济发展和环境保护方面收到了一定的成效，但项目环境影响评价的局限性也逐渐显露出来。项目环境影响评价一般是在规划实施后针对具体建设项目开展的，只能对有限范围内的选择方案和缓解措施进行预测和评价，而不是主动地进行前瞻性预测，往往只能针对具体的污染状况提出一些污染控制和治理措施，很难全面体现“预防为主”的环境策略。

规划开发建设活动具有建设规模较大、开发强度及经济密度高于一般地区的特点，往往使规划区域内的自然、社会、经济、人口和生态环境在短期内发生巨大变化。因此，规划开发建设活动的环境影响评价涉及因素多，层次复杂。规划环评与项目环评在评价内容和评价程序上均有差别，详见表12-1和表12-2。

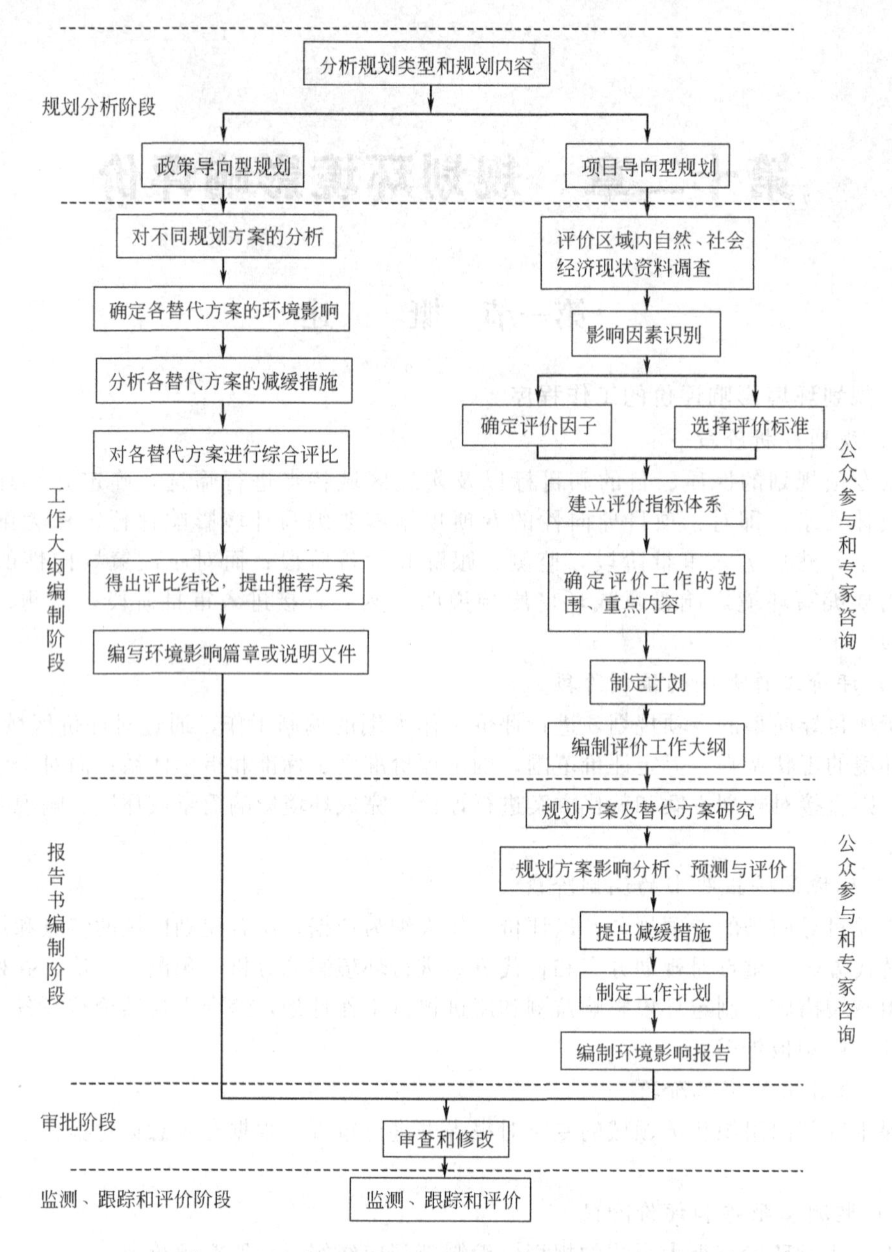

表 12-1　规划环评与项目环评在评价内容上的比较

评价内容	规划环境影响评价	建设项目环境影响评价
评价对象	包括规划方案中所有拟开发建设行为，项目多、类型复杂	单一和几个建设项目，具有单一性
评价范围	地域广、范围大，属区域性或流域性	地域小、范围小，属局域性
评价方法	多样性	单一性
评价精度	规划项目具有不确定性，只能采用系统分析方法进行宏观分析，论证规划方案的合理性，难以进行细化，评价精度要求不高	确定的建设项目，评价精度要求高，预测计算结果准确
评价时间	在规划方案确定之前，超前于开发活动	与建设项目的可行性研究同时进行，与项目建设同步
评价任务	调查规划范围内的自然、社会、环境质量状况，找出环境问题，分析规划方案中拟开发活动对环境的影响，论述规划布局中结构、资源配置的合理性，为保护、修复和塑造生态环境，提出规划优化布局的整体方案和污染综合防治措施，为制定和完善规划提供宏观的决策依据	根据建设项目性质、规模和所在地区的自然、社会、环境质量状况，通过调查分析和预测，给出项目建设对环境的影响程度，在此基础上做出项目建设的可行性结论，提出污染防治的具体对策和建议
评价指标	包括能反映规划范围内环境与经济协调发展的环境、经济、生活质量的指标体系	水、气、声等环境质量指标

表 12-2　规划环评与项目环评在评价程序上的比较

评价程序	规划环境影响评价	建设项目环境影响评价
环评组织者	规划编制机关	建设单位
环评编制者	法律未规定	委托有资质的单位编制
审核	作为规划的部分或附件报审（查）	报相应级别的环境保护行政主管部门审批（分级审批有专门规定）
审核部门	由设区的市级以上人民政府组织审查	环境保护行政主管部门分级审批
成果形式	综合性规划和指导性专项规划编制篇章或说明；非指导性规划编制报告书（单独）	按分类管理目录决定编制报告书、报告表或登记表
公众参与	非指导性专项规划中有不良环境影响和直接涉及公众环境权益的，要求公众参与，对公众意见采纳的情况作为报告书的附件	报告书要求公众参与，对公众意见的处理情况应作为报告书的必要附件
评价结果的执行	审查结果和环评结果应作为审批决策的重要依据，如不采纳应说明并存档备查	建设单位应同时实施审批意见和环评文件中提出的环境保护对策措施
实施后跟踪	对环境有重大影响的规划实施后，编制机关应组织跟踪评价	建设单位组织后评价，环保部门实施跟踪检查

第二节　规划分析及其环境影响识别

一、规划方案分析

（一）规划方案简述

规划环境影响评价应在充分理解规划的基础上进行，应阐明并简要分析规划的编制背景、规划的目标、规划对象、规划内容、实施方案及其与相关法律、法规和其它规划的关系。

对规划描述的要求包括：

① 解释规划的意义。

② 表述规划的具体内容。一般情况下，规划的层次越高越难以描述。政策的描述可能会非常粗糙，而对规划的描述也不可能要求像项目的环境影响评价那样详细。

③ 规划的描述可分类进行。即分阶段、分类别、分性质进行。

④ 描述实施规划的时间性。如规划实施的时限，规划的时间跨度越长，就越可能将可持续发展和环境的承受力相结合，但对影响的预测的不确定性也就越大，反之亦然。

⑤ 规划的描述应明确几项内容：a. 规划实施若干年后对发展状况的预期；b. 列出规划实施的保障措施清单；c. 给出详细的线性发展规划路线图；d. 用地图绘出未来发展的地带，例如城市发展土地利用的新建或扩展的区域；e. 用地图绘出环境限制区、禁止开发区等。

（二）规划目标协调性分析

按拟定的规划目标，逐项比较分析规划与所在区域/行业其它规划（包括环境保护规划）的协调性。

尤其应注意拟定规划与两类规划的协调性分析：第一类是与该规划具有相似的环境、生态问题或共同的环境影响，占用或使用共同的自然资源的规划，主要是将这些规划放置在同一环境或资源问题上分析其协调性；第二类规划是该规划与环境功能区划、生态功能保护区划、生态省（市）规划等环境保护的相关规划是否协调。

（三）规划方案的初步筛选

规划的最初方案一般是由规划编制专家提出的，评价工作组应当依照国家的环境保护政策、法规及其它有关规定，对所有的规划方案进行筛选，可以将明显违反环保原则和（或）

不符合环境目标的规划方案删去，以减少不必要的工作量。

筛选的主要步骤是：识别该规划所包含的主要经济活动，包括直接或间接影响到的经济活动，分析可能受到这些经济活动影响的环境要素；简要分析规划方案对实现环境保护目标的影响，进行筛选以初步确定环境可行的规划方案。

初步筛选的方法主要有专家咨询法、类比分析法、矩阵法、核查表法等。

二、规划环境影响识别

（一）环境影响识别的目的与意义

环境影响识别的目的是确定环境目标和评价指标。规划环境影响评价中的环境目标包括规划涉及的区域和/或行业的环境保护目标以及规划设定的环境目标。评价指标是环境目标的具体化描述。评价指标可以是定性的或定量化的，是可以进行监测、检查的。规划的环境目标和评价指标需要根据规划类型、规划层次以及涉及的区域和/或行业的发展状况和环境状况来确定。

（二）环境影响识别的内容

在对规划的目标、指标、总体方案进行分析的基础上，识别规划目标、发展指标和规划方案实施可能对自然环境（介质）和社会经济环境产生的影响。环境影响识别的内容包括对规划方案的影响因子识别、影响范围识别、时间跨度识别、影响性质识别。

规划环评中应考虑规划实施后可能的社会、经济因素的影响，并不是预测与评价规划所导致的所有的社会经济问题，而应侧重预测评价与规划的环境影响要素关系密切的社会、经济问题，比如规划环境影响的社会经济效应与规划实施的社会经济影响的环境效应，如图12-1所示。

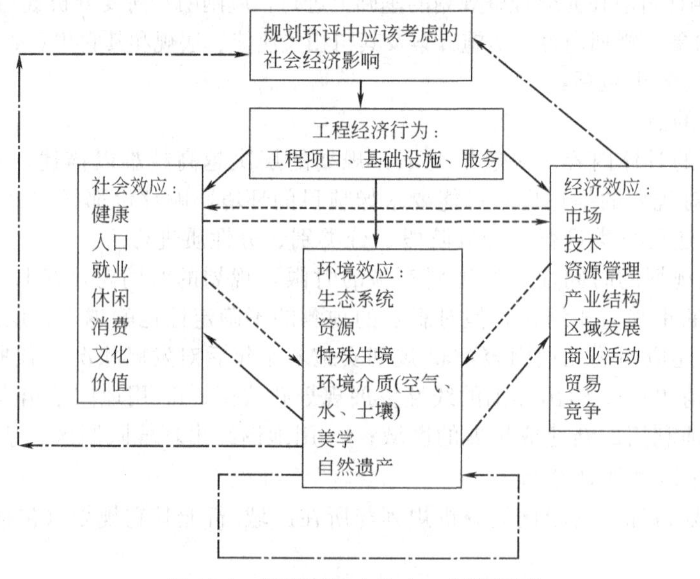

图 12-1 规划环评中社会、经济因素

（三）环境影响识别的方法

环境影响识别一般有核查表法、矩阵法、网络法、GIS 支持下的叠加图法、系统流图法、层次分析法、情景分析法等。

（四）环境影响识别的基本程序

识别环境可行的规划方案实施后可能导致的主要环境影响及其性质，编制规划的环境影响识别表，并结合环境目标选择评价指标。规划的环境影响识别与确定评价指标的关系见图 12-2。

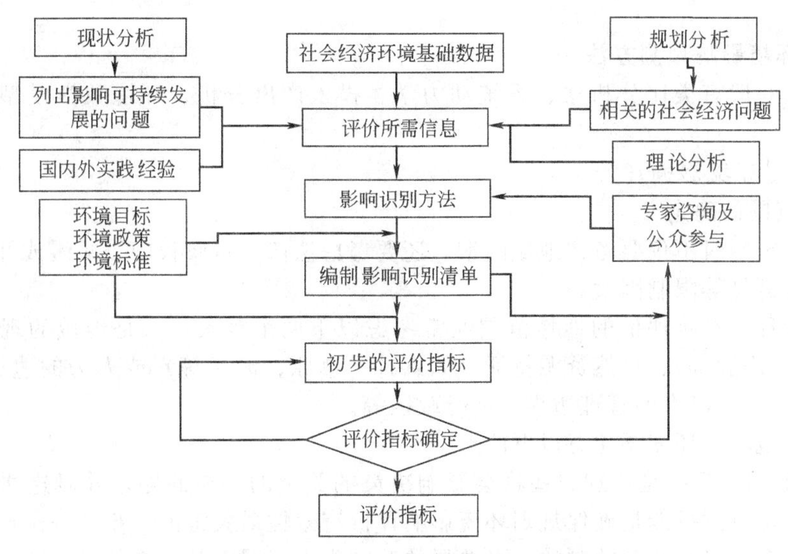

图 12-2　环境影响识别的基本程序

第三节　规划环境影响预测与评价

一、规划环境影响预测与评价的基本内容

（一）规划环境影响预测

1. 规划环境影响预测要求

应对所有规划方案的主要环境影响进行预测。这就为对规划方案的环境比较提供了基础，使得规划编制人员和决策者有更多的机会来选择环境可行、环境优化的规划方案。按国际上通行的说法，规划环评是评价多个规划方案，而不是只寻找一个推荐方案的替代方案。

2. 规划环境影响预测内容

规划环境影响预测的直接目的是识别出可能受到显著或重大影响的环境因子情况，同时还应预测在拟定规划及其替代方案引导下，不同阶段的社会经济发展环境状况与可持续发展能力，具体包括影响范围、持续时间、变化强度（大小与速率）、可逆性等方面。具体预测内容可分成如下 4 个方面。

（1）经济发展趋势预测与分析　包括经济与产业结构；产业布局；农村与城市建设；交通与运输业；能源消费总量与消费结构变化趋势等。

（2）拟定规划引导下的区域社会发展趋势预测与分析　内容包括人口规模、人口分布、教育与人口素质；城市化水平；生活水平与生活方式等。

（3）拟定规划引导下的环境影响预测　拟定规划实施的环境影响既包括其直接带来的环境影响，也包括由于该规划所导致的社会经济、城市发展等因素变化而产生的间接生态环境影响。规划环境影响评价中的规划环境影响宜用环境压力性指标，比如污染物产生与排放的量、浓度或强度表示，预测与综合评价可从水环境、大气环境、环境噪声、土壤环境、植被与生态保护等方面进行。

（4）规划方案影响下的可持续发展能力预测　将社会、经济与环境因素综合起来，分析、预测拟定规划及其各替代方案对区域可持续发展能力的影响。

此外，环境影响预测包括其直接的、间接的环境影响，特别是规划的累积影响。与建设项目相比较，由于规划可能涉及或引导一系列的经济活动，因此，累积影响是必须要考虑的。

3. 规划环境影响预测方法

预测方法一般有类比分析法、系统动力学、投入产出分析、环境数学模型、情景分析法等。

（二）规划环境影响评价

1. 评价范围的确定

确定评价范围时不仅要考虑地域因素，还要考虑法律、行政权限、减缓或补偿要求、公众和相关团体意见等限制因素。

确定规划环境影响评价的地域范围通常考虑以下两个因素：一是地域的现有地理属性（流域、盆地、山脉等）、自然资源特征（如森林、草原、渔场等）或人为的边界（如公路、铁路或运河）；二是已有的管理边界，如行政区等。

确定评价范围时还需要注意以下两点。

① 确定范围的目的是识别那些将会影响决策的关键的环境问题，并对这些问题进行评估。因此，确定范围可能是确保规划环境影响评价有效性最关键的一步。一个规划涉及多种活动，受到许多法律和政策的制约，可选择的范围很大，因而其范围的确定要比一个项目要复杂得多。尽管一个规划潜在的环境影响范围很大，但只有其中一部分会对决策起关键作用，对其它部分的研究将会耗费时间和金钱，而带来的却是很小的利益。

例如，铁路路网规划的影响可能主要是土地利用的改变、能源的消耗、空气和噪声污染以及安全，这些对决策都具有重要作用。同样，一项对危险化学品的处理规划，最重要的影响是化学物质的突然释放所造成的影响，因而只需考虑突发事件的防控。

② 不同的规划对应于不同类型的影响。一项发展规划的环境影响可分为当地的、区域的或全国的影响。因此，例如国家层次的规划环境影响评价首要的重点应放在全国问题上，区域的规划环境影响评价重点是区域的问题等。但是，大尺度的规划环境影响评价需要考虑更多的区域问题，因为这些问题在大尺度的范围内有很大的影响。例如，尽管一个国家层次规划的环境影响评价可能主要强调的是国家和特定的地点，但其更需要考虑对许多区域地点累积性的影响。同样，一个区域层次的规划环境影响评价也需要考虑全国的问题，如生物多样性，因为区域层次的行动逐渐会导致全国层次的改变。

2. 评价标准的选择

① 采用已有的国家、地方、行业或国际标准。

② 缺少相应的法定标准时，可参考国内外同类评价通常采用的标准，采用时应经过专家论证。

③ 基于评价区域社会经济发展规划目标所确定的理想值标准。

④ 通过“专家咨询”、“公众参与及协商”确定的评价依据。

（三）规划环境影响评价内容

根据规划对环境要素的影响方式、程度以及其它客观条件确定规划环境影响评价的工作内容。每个规划环境影响评价的工作内容随规划的类型、特性、层次、地点及实施主体而异。在影响预测基础上开展环境影响综合评价，其主要内容如下：

① 规划对环境保护目标的影响。

② 规划对环境质量的影响。

③ 规划方案合理性的综合分析。

根据规划环境影响评价结果，结合规划可行性论证中有关规划的社会、经济影响方面的评价结论，进行规划方案在社会、经济、环境三个方面合理性的综合分析，尤其是规划引导下的社会、经济、环境变化趋势与区域生态承载力的相容性分析。

二、规划环境影响预测与评价的指标体系

根据不同规划的特点，参照《规划环境影响评价技术导则（试行）》（HJ/T 130—2003）内容，目前已提出了六类较为成熟的规划环境影响评价的指标示范体系，分别为区域规划、土地利用、工业、农业、能源、城市建设，具体内容见表12-3～表12-8。

表12-3　区域规划的环境目标和评价指标表述示范

环境主题	环境目标	评价指标
生物多样性	•保护和扩展生物多样性 •保护和扩大特别的栖息地和种群	达到国际/国家保护目标
水	•将水污染控制在不危害自然生态系统的水平 •减少水污染物排放，水环境功能区达标 •地下水的使用处于采、补平衡水平	•河流、湖泊、近海水质达标率 •湖泊富营养化水平 •饮用水水源地水质和水量 •供水水源保证率 •污水集中处理规模和效率 •工业水污染物排放量控制
固体废物和土壤	•减少污染，并且保护土壤质量和数量 •废物最小化（回用、堆肥、能源利用）	•耕地面积 •绿地面积 •控制水土流失面积和流失量 •化肥与农药使用与管理 •生活垃圾无害化处理 •有害废物处理（危险废物与一般工业固废）
空气	•减少空气污染物排放，大气环境功能区达标	•空气质量达标天数 •空气污染物排放量控制 •空气污染物排放量减少比例 •机动车尾气排放达标情况
声环境	•减轻噪声和振动	•交通噪声达标率 •一类、二类噪声功能区的比例（区域噪声质量状况）
能源和矿产	•有效地使用能源 •提高清洁能源的比例 •减少矿产资源的消耗 •提高材料的重复利用	•集中供热的比例 •电力供应 •燃气利用 •燃煤
气候	•减少温室气体排放 •减少气候变化灾害	•能源消耗 •防洪
文化遗产和自然景观	•保护历史建筑、古迹及其它重要的文化特性 •重视和保护地理、地貌类景观（如山岳景观、峡谷景观、海滨景观、岩溶地貌、风蚀地貌等）	•列入濒危名单的建筑和古迹的比例及其历史意义、文化内涵、游乐价值（趣味性、知名度等） •美学价值（景观美感度、奇特性、完整性等） •科学价值
其它		

表12-4　土地利用规划环境目标与评价指标表述示范

主　题	环境目标	评价指标
土地资源的规划与管理	•确保对土地资源的有效规划与管理 •平衡对有限可利用土地的竞争性需求 •维护重要的城镇中心	•社会经济发展占用的土地面积占区域总面积的比例（%） •生态建设用地占区域总面积的比例（%） •人均生态建设用地面积（m^2/人） •土地利用结构（%）
土地覆盖和景观	•保护具有环境价值的自然景观及动植物栖息地	•自然保护区及其它具有特殊科学与环境价值的受保护区面积占区域面积的比例（%） •特色风景线长度（km） •水域面积占区域面积的比例（%）

续表

主　题	环境目标	评价指标
土壤	•保护土壤,维持高质量食品和其它产品的有效供应	•由于侵蚀造成的农业用地中土壤的年损失量(t/a) •土壤表土中的重金属及其它有毒物质的含量(mg/kg) •单位农田面积农药的使用量(kg/hm^2) •单位农田面积化肥的使用量(kg/hm^2)
空气	•控制空气污染 •限制可能导致全球气候变化的温室气体的排放	•单位工业用地面积工业废气年排放量[$m^3/(km^2 \cdot a)$] •烟尘控制区覆盖率(%) •单位土地面积大气污染物 SO_2、NO_2、VOCs 年排放量[$t/(km^2 \cdot a)$] •单位土地面积的 CO_2 及臭氧层损耗物质年排放量[$t/(km^2 \cdot a)$]
水环境	•维护与改善地表水和地下水水质及水生环境,确保可获得充足的符合环境标准的水资源	•单位工业用地面积工业废水年排放量[$t/(km^2 \cdot a)$] •集中式饮用水源地水质达标率(%) •水功能区水质达标率(%) •单位土地面积 COD_{Cr}、BOD_5、石油类、挥发酚、NH_3-N(氨氮)年排放量[t 或 $kg/(km^2 \cdot a)$]
其它		

表 12-5　工业规划的环境目标与评价指标表述示范

主　题	环境目标	评价指标
工业发展水平及经济效益	•促进工业健康、高效与可持续地发展,改善环境质量	•工业总产值(万元/年) •工业经济密度(工业总产值/区域总面积,万元/km^2) •工业经济效益综合指数 •高新技术产业产值占工业总产值的比例(%)
大气环境	•控制工业空气污染物排放及空气污染	•万元工业净产值废气年排放量(m^3/万元) •万元工业净产值主要大气污染物年排放量(t^3/万元) •评价区域主要空气污染物(SO_2,PM_{10},NO_2,O_3)平均浓度(mg/m^3) •烟尘控制区覆盖率(%) •空气质量超标区面积(km^2)及占区域总面积的比例(%) •暴露于超标环境中的人口数及占总人口的比例(%) •主要工业区及重大工业项目与主要住宅区的临近度
水环境	•控制工业水污染物排放及水环境污染,尤其是保护水源地的水质	•万元工业净产值工业废水年排放量(m^3/万元) •万元工业净产值主要水环境污染物(COD_{Cr}、BOD_5、石油类、NH_3-N、挥发酚等)排放量(t/a) •工业废水处理率与达标排放率(%) •区域/行业主要水环境污染物年平均浓度(COD_{Cr}、BOD_5、石油类、NH_3-N、挥发酚)(mg/L) •集中式饮用水源地及其它水功能区水质达标率(%) •主要污水排放口与集中式饮用水源地、生态敏感区的临近度

续表

主 题	环 境 目 标	评 价 指 标
噪声	•控制工业区环境噪声水平	•工业区区域噪声平均值[dB/(A)](昼/夜)
固体废物	•固体废物的生成量达到最小化、减量化及资源化	•万元工业净产值工业固体废物产生量(吨/万元) •危险固体废物年产生量(t/a) •工业固体废物综合利用率(%)
自然资源与生态保护	•减少可能造成的对生态敏感区的危害	•生物多样性指数 •主要工业区及重大工业项目与生态敏感区的临近度 •主要工业区及重大工业项目所占用的土地面积(km^2),其中占用生态敏感区的面积(km^2) •主要工业区及重大工业项目可能造成的生态区域破碎情况
资源与能源	•资源与能源消耗总量的减量化,以及鼓励更多地使用可再生资源与能源及废物的资源化利用	•矿产资源采掘量(万吨/年) •淡水资源消耗量(万吨/年) •化石能源(煤、油、天然气等)采掘量(万吨/年) •上述资源、能源综合利用率(%) •能源结构(%) •新型能源、可再生能源比例(%)
其它		

表 12-6 农业规划的环境目标与评价指标表述示范

主 题	环 境 目 标	评 价 指 标
农业经济发展及效益	•促进地区农业经济健康、高效、持续发展,尤其是提高农业经济效益和农业生产力	•农业经济总产值(亿元/年) •单位面积农业生产用地产值(万元/hm^2) •单位面积农业生产用地农用动力(kW/hm^2)
农业非点源污染与水环境	•控制农业非点源污染对水域环境和生态系统的影响	•单位农田面积农药使用量(kg/hm^2) •单位农田面积化肥使用量(折纯)(kg/hm^2) •有机肥使用率(即有机肥占农业肥料施用量的比例)(%) •禽畜排泄物的年生成量(t/a) •禽畜排泄物的综合利用率(%) •水质综合指数 •农村地区主要水环境污染物(COD_{Cr}、BOD_5、总氮、总磷)及溶解氧的年平均浓度(mg/L)
土壤	•将土壤作为一种用于食品和其它产品生产的有效资源,保护和改善土壤的质地和肥力,避免土壤退化	•土壤表层中的重金属含量(mg/kg) •农田土壤年侵蚀量(t/a)
农业固体废物	•减少农业固体废物的生成量	•单位农田面积农业固体废弃物的生成量(秸秆、农用膜等)(kg/hm^2) •农业固体废弃物的综合处理、处置与资源化利用率(%)
资源	•引导农业结构优化及农业集约化经营	•土地及耕地资源保有量(万公顷) •野生生物资源保有量及其生境面积保有量 •农田、林木、草地、湿地及自然水面等土地结构性指标(%)
其它		

表 12-7 能源规划的环境目标与评价指标表述示范

主 题	环 境 目 标	评 价 指 标
能源效益	•通过提高能源效率，促进消费者以较少的能源投入来满足其需求	•单位能源消耗的 GDP 产出（万元/标煤吨） •能源消耗弹性系数 •集中供热面积及占区域总面积的比例（%） •热电厂的能源利用率（%） •平均能源利用率（%）
能源结构	•改善能源结构，积极采用低污染高效率的能源，实现清洁能源代替	•电力在终端能源消费中的比例（%） •天然气、石油、水煤浆等清洁能源占一次能源消费总量的比例（%） •可再生能源占总能源消耗的比例（%）。包括：水力发电量占总耗电量的比例（%）；生物能源占农村能源消费量的比例（%）；太阳能源、风能、地热能与潮汐能分别占总能源消费量的比例（%）
大气环境	•控制与能源消耗有关的空气污染物的排放	•主要污染物（SO_2、NO_2、CO、PM_{10}、$NMVOC_S$）的年排放量（t/a） •温室气体（CO_2，CH_4，N_2O，HFC，PFC，SF_6）的年排放量（t/a） •主要空气污染物（SO_2，NO_2，PM_{10}，O_3）的平均浓度（mg/m^3） •空气质量超标区域的面积及占区域总面积的比例（%），暴露于超标环境中的人口数及占总人口的比例（%） •酸雨强度（pH）、频率（%）、面积（万平方千米）
生态保护	•控制与能源消耗相关的空气污染物对生态敏感区的负面影响	•生态敏感区中空气质量超标的面积及比例（%） •主要能源规划所涉及的能源建设项目及辅助设施与生态敏感区的临近度 •能源规划所涉及的建设项目及辅助设施占用的土地面积（km^2），其中占用生态敏感区的面积（km^2）
资源量	•不可再生能源的减量化及能源使用效率的提高	•化石能源的资源保有量（万公顷） •化石能源消耗量（万吨）及使用效率（%） •可替代能源的开发等
其它		

表 12-8 城市建设规划的环境目标与评价指标表述示范

主 题	环 境 目 标	评 价 指 标
水环境	•控制区域水环境污染，维持和改善地表水和地下水水质及水生环境，引导有效地利用水资源，确保可获得充足的符合环境标准的水资源	•人均生活污水排放量[升/（人·日）] •万元 GDP 工业废水排放量（m^3/万元） •主要水环境污染物年排放量（COD_{Cr}、BOD_5、石油类、NH_3-N、挥发酚）（t/a） •城市水功能区水质达标率（%） •集中式饮用水源地水质达标率（%） •主要废水排放口与生态敏感区的临近度，与水源地的临近度 •区域水环境主要污染物及溶解氧的平均浓度（mg/L） •城市污水纳管率（%） •城市生活污水处理率（%） •工业废水处理率及达标排放率（%）

续表

主　题	环境目标	评价指标
大气环境	•控制空气污染,限制可能导致全球气候变化的温室气体排放	•万元工业净产值工业废气年排放量(m^3/万元) •人均SO_2、NO_2、CO_2及臭氧层损耗物质等年排放量(kg/人) •城市空气质量指数(API) •城市烟尘控制区覆盖率(%) •路检汽车尾气达标率(%) •区域主要空气污染物(SO_2,PM_{10},NO_2,O_3)年日均或小时平均浓度(mg/m^3) •暴露于超标环境中的人口数(人)及占总人口的比例(%) •规划工业园区与居民区的临近度
噪声	•控制区域环境噪声水平和城市交通干线附近的噪声水平,保障居民住宅等噪声敏感点的声环境达标	•区域环境噪声平均值[dB(A)](昼/夜) •城市交通干线两侧噪声平均值[dB(A)](昼/夜) •城市化地区噪声达标区覆盖率(%) •规划中的居民区环境噪声预测值[dB(A])(昼/夜) •主要交通线路(道路交通干线,轨道交通线)与噪声敏感区交界面的长度(km) •暴露于超标声环境中的人口数及占总人口的比例(%)
固体废物	•使固体废物的生成量达到最小化或减量化及资源化	•人均生活垃圾年产生量[kg/(人·年)] •万元GDP工业固废产生量(t/万元) •危险固废的年产生量(t/a)及无害化处理与处置率(%) •工业固废的综合利用率(%) •生活垃圾分类收集与资源化利用率(%) •城市固废填埋场、垃圾焚烧厂等与居民区、生态敏感区的临近度
自然资源与生态保护	•保护区域自然资源与生态系统,健全城乡生态系统的结构,优化城市生态系统的功能	•森林面积(km^2)及占区域总面积的比例(%) •城市化地区绿化覆盖率(%) •人均绿地及人均公共绿地面积(m^2/人) •规划中城市发展占用的土地面积(km^2)及占区域总面积的比例(%) •自然保护区及其它具有特殊价值的受保护区面积(km^2)及占区域总面积的比例(%) •规划交通主干线与主要住宅区、生态敏感区交界面的长度(km) •规划主要工业园区与主要住宅区、生态敏感区的临近度 •年水资源供需平衡比 •水域面积占区域总面积的比例(%) •工业用水循环利用率(%) •生物多样性指数 •酸雨平均pH值及发生频率(酸雨次数占总降雨次数的比例)(%) •湿地系统滨岸带范围(指面积,km^2)及保护情况

续表

主　题	环境目标	评价指标
近海环境	•控制人为向海洋倾倒各种污染物,保护近海海域的环境	•排入近海海域的废水量(万吨/年) •排入近海海域的主要污染物质的量(油类物质、N、P等)(t/a) •近海海域主要污染物及溶解氧的平均浓度(COD_{Cr}、BOD_5、非离子氨、石油类、挥发酚)(mg/L) •海藻指数
生态环境保护与可持续发展能力建设	•强化生态环境管理,加强城市生态环境保护与建设	•环境保护投资占GDP的比例(%) •公众对城市环境的满意率(%)(抽样人口不少于万分之一) •城市环境综合整治定量考核成绩 •卫生城市与国家环保模范城个数及所占比例(%) •通过ISO 14001认证的企业占全部工业企业的百分比(%) •建设项目环境影响评价实施率(%)
其它		

第四节　规划环境影响评价的方法及要点

一、规划环境影响评价的方法

目前在规划环境影响评价中采用的技术方法大致分为两大类别，一类是在建设项目环境影响评价中采取的可适用于规划环境影响评价的方法，如识别影响的各种方法（清单、矩阵、网络分析）、描述基本现状、环境影响预测模型等；另一类是在经济部门、规划研究中使用的可用于规划环境影响评价的方法，如各种形式的情景和模拟分析、区域预测、投入产出方法、地理信息系统、投资-效益分析、环境承载力分析等。

1. 系统流图法

将环境系统描述成为一种相互关联的组成部分，通过环境成分之间的联系来识别次级的、三级的或更多级的环境影响，是描述和识别直接和间接影响的非常有用的方法。系统流图法是利用进入、通过、流出一个系统的能量通道来描述该系统与其它系统的联系和组织。

系统图指导数据收集、组织并简要提出需考虑的信息，突出所提议的规划行为与环境间的相互影响，指出那些需要更进一步分析的环境要素。

最明显的不足是简单依赖并过分注重系统中能量过程和关系，忽视了系统间的物质、信息等其它联系，可能造成系统因素被忽略。

2. 情景分析法

情景分析法是将规划方案实施前后、不同时间和条件下的环境状况按时间序列进行描绘的一种方式，可以用于规划的环境影响的识别、预测以及累积影响评价等环节。本方法具有以下特点。

可以反映出不同的规划方案（经济活动）情景下的环境影响后果以及一系列主要变化的过程，便于研究、比较和决策。

情景分析法还可以提醒评价人员注意开发行动中的某些活动或政策可能引起重大的后果和环境风险。

情景分析方法需与其它评价方法结合起来使用。因为情景分析法只是建立了一套进行环境影响评价的框架，分析每一情景下的环境影响还必须依赖于其它一些更为具体的评价方法，例如环境数学模型、矩阵法或 GIS 等。

3. 投入产出分析

在国民经济部门，投入产出分析主要是编制棋盘式的投入产出表和建立相应的线性代数方程体系，构成一个模拟现实的国民经济结构和社会产品再生产过程的经济数学模型，借助计算机，综合分析和确定国民经济各部门间错综复杂的联系和再生产的重要比例关系。投入是指产品生产所消耗的原材料、燃料、动力、固定资产折旧和劳动力；产出是指产品生产出来后所分配的去向、流向，即使用方向和数量，例如用于生产消费、生活消费和积累。

在规划环境影响评价中，投入产出分析可以用于拟定规划引导下区域经济发展趋势的预测与分析，也可以将环境污染造成的损失作为一种“投入”（外在化的成本），对整个区域经济环境系统进行综合模拟。

4. 环境数学模型

用数学形式定量表示环境系统或环境要素的时空变化过程和变化规律，多用于描述大气或水体中污染物质随空气或水等介质在空间中的输运和转化规律。在建设项目环境影响评价中和环境规划中采用的环境数学模型，同样可运用于规划环境影响评价。环境数学模型包括大气扩散模型、水文与水动力模型、水质模型、土壤侵蚀模型、沉积物迁移模型和物种栖息地模型等。

数学模型具有以下特点：较好地定量描述多个环境因子和环境影响的相互作用及其因果关系、充分反映环境扰动的空间位置和密度、可以分析空间累积效应以及时间累积效应、具有较大的灵活性、适用于多种空间范围；可用来分析单个扰动以及多个扰动的累积影响；分析物理、化学、生物等各方面的影响。

数学模型法的不足是：对基础数据要求较高，只能应用于人们了解比较充分的环境系统和建模所限定的条件范围内，费用较高以及通常只能分析对单个环境要素的影响。

5. 加权比较法

对规划方案的环境影响评价指标赋予分值，同时根据各类环境因子的相对重要程度予以加权，分值与权重的乘积即为某一规划方案对于该评价因子的实际得分；所有评价因子的实际得分累计加和就是这一规划方案的最终得分，最终得分最高的规划方案即为最优方案。分值和权重的确定可以通过 Delphy 法进行评定，权重也可以通过层次分析法（AHP 法）予以确定。

6. 对比评价法

① 前后对比分析法。是将规划执行前后的环境质量状况进行对比，从而评价规划环境影响。其优点是简单易行，缺点是可信度低。

② 有无对比法。是指将规划环境影响预测情况与若无规划执行这一假设条件下的环境质量状况进行比较，以评价规划的真实或净环境影响。

7. 环境承载力分析

环境承载力指的是在某一时期，某种状态下，某一区域环境对人类社会经济活动的支持能力的阈值。环境所承载的是人类行动，承载力的大小可用人类行动的方向、强度、规模等来表示。

环境承载力的分析方法的一般步骤为：

① 建立环境承载力指标体系。

② 确定每一指标的具体数值（通过现状调查或预测）。

③ 针对多个小型区域或同一区域的多个发展方案对指标进行归一化。m 个小型区域的

环境承载力分别为 E_1，E_2，…，E_m。每个环境承载力由 n 个指标组成 $E_j=\{E_{1j}E_{2j}\cdots E_{nj}\}$（$j=1, 2, \cdots m$）。第 j 个小型区域的环境承载力大小用归一化后的矢量的模来表示。

$$|\widetilde{E}_j|=\sqrt{\sum_{i=1}^{n}E_{ij}^2}$$

④ 选择环境承载力最大的发展方案作为优选方案。环境承载力分析常以识别限制因子作为出发点，用模型定量描述各限制因子所允许的最大行动水平，最后综合各限制因子，得出最终的承载力。承载力分析方法尤其适用于累积影响评价，是因为环境承载力可以作为一个阈值来评价累积影响的显著性。在评价下列方面的累积影响时，承载力分析较为有效可行：基础设施规划建设、空气质量和水环境质量、野生生物种群、自然娱乐区域的开发利用、土地利用规划等。

8. 累积影响评价法

包括专家咨询法、核查表法、矩阵法、网络法、系统流图法、承载力分析法、叠加图法、情景分析法等。

二、规划环境影响评价要点

（一）总体规划

1. 土地利用规划

（1）与生态环境关系密切的内容　土地利用规划包括土地资源的清查及其综合评价，合理组织土地利用，合理配置及确定各地的土地利用范围等内容。其中与环境关系密切的包括：

① 土地利用目标和方针。

② 土地利用结构调整，包括耕地、园地、林地、居民点及工矿用地、交通用地、水域、未利用土地等。

③ 土地利用分区，有农业用地区的土地利用结构与方向、建设用地区的规划与布局、生态景观保护区和水域等。

（2）土地利用规划环境影响评价要点（编写环境影响篇章）

① 土地利用现状及其相应的环境影响分析。

② 土地利用规划与产业结构、交通组织、城市建设的关系分析。

③ 土地利用结构调整方案及相应环境影响的分析、预测与评估；土地资源影响；城市生态环境影响；特殊生境的影响。

④ 生态建设与生态景观保护用地分析。

⑤ 减缓措施及对策，如通过调整土地利用结构来预防或减轻不良环境影响的对策和措施。

2. 国民经济与社会发展计划

（1）与生态环境关系密切的内容

① 经济社会发展的指导方针与奋斗目标。

② 经济发展。

③ 经济布局。

④ 城市发展。

（2）国民经济与社会发展计划环境影响评价要点

① 现状及其相应的地域型生态环境问题分析（含区域生态敏感点或敏感区域的空间特征）。

② 规划的执行情况及规划实施期间的环境状况分析。

③ 规划与区域生态环境的相容性分析。

④ 规划对编制各专项规划的指导作用。

⑤ 规划内容分析及相关地市建设、经济发展及环境保护分析。

⑥ 相应环境影响的分析、预测与评估。

⑦ 规划的环境目标与社会经济发展目标的相容性、一致性分析。

⑧ 改善、减轻相关生态环境压力的相关对策与措施。

（二）专项规划

1. 工业规划

（1）与生态环境关系密切的内容

① 目标与发展思路。

② 能源使用情况。

③ 排放与环保。

④ 产品结构调整。

⑤ 大力采用高新技术，促进产业升级：a. 扩大采用高性能、轻量、节能、环保材料的比重，促进产品的安全、环保、节能；b. 推进新产品的研究和开发，加大可回收环保材料的研究与应用。

⑥ 主要政策措施：a. 尽快健全、制定、执行日益严格的排放标准和节能的技术规则与评价体系、法规和标准；b. 带动和促进相关产业、基础设施协调发展。

（2）工业规划环境影响评价的重点

① 产品的环境影响生命周期分析。

② 产品关联产业及其相关环境影响识别。

③ 规划的环境影响识别：a. 对能源资源的影响；b. 对全球气候变化因子（CO_2CH_4）的影响；c. 对大气环境的影响分析；d. 噪声影响分析。

④ 预测与评估。

⑤ 降低、消除负面影响的措施与规划方案的调整、修订与替代方案。

2. 农业规划

（1）农业专项规划中与生态环境关系密切的内容

① 指导思想。

② 农业专项调整。其中布局结构、数量结构的调整与生态环境关系密切。

③ 具体政策措施：a. 优化资源配置，构建专项农业新体系，重点鼓励发展生态型专项农业；组织力量联合攻关，研究开发新技术、新工艺，提高建设效益；b. 加大扶持力度，加快生态农业建设；c. 研究制定鼓励投资农业专项的发展政策。

（2）农业专项规划环境影响评价要点

① 规划的执行情况分析。

② 农业生态环境问题及其与农业发展规划的相关性分析。

③ 农业规划分析及其环境影响识别（农业经济效益与农村全面进步、水污染与水环境、农业资源、土壤环境等）。

④ 环境影响的预测与评估。

⑤ 降低或减轻农业环境影响的规划性措施与对策及农业发展规划的替代方案。

3. 旅游规划

（1）旅游专项规划中与生态环境关系密切的内容

① 旅游规划的目标、产品种类、旅游人数。

② 旅游规划的指导思想、旅游业的产业定位。

③ 旅游区划。

④ 潜在的旅游资源及其开发规划。

⑤ 旅游资源与旅游环境的保护与利用。

⑥ 旅游设施建设规划。

(2) 旅游专项规划环境影响评价要点

① 旅游资源的布局与保护现状分析。

② 旅游环境的突出问题分析及旅游规划的环境影响识别（旅游资源的保护、旅游设施建设与营运期的环境影响、水环境、生活垃圾、自然生态与特殊生境保护、水源保护区的旅游资源开发）。

③ 旅游区划及其环境承载力分析。

④ 环境影响的预测与评估

⑤ 相应对策与措施。

(三) 专项规划中的指导性规划

下面以生产力布局规划为例说明专项规划中指导性规划的评价要点。

1. 生产力布局规划中与生态环境关系密切的内容

① 生产力布局调整的指导思想和原则。

② 生产力布局规划方案包括农业生产力布局规划、工业生产力布局规划、服务业布局规划、基础设施布局规划、城镇体系布局规划。

2. 生产力布局规划的环境影响评价要点

① 生产力布局现状及其相应地域性生态环境问题分析。

② 区域生态敏感点或敏感区域的空间特征。

③ 生产力布局与区域生态环境的相容性分析。

④ 生产力调整的相应环境影响的分析、预测与评估。

⑤ 调整生产力布局以改善、减轻相关生态环境压力的措施与对策。

第五节　预防和减轻不良环境影响的对策和措施

一、环境可行的规划方案与推荐方案

1. 环境可行的规划方案

根据环境影响预测与评价的结果，对符合规划目标和环境目标要求的规划方案进行排序，并概述各方案的主要环境影响以及环境保护对策和措施。

2. 环境可行的推荐方案

对环境可行的规划方案进行综合评述，提出供有关部门决策的环境可行推荐规划方案以及替代方案。

不同的国家以及不同的研究者对替代方案有不同的定义。一般认为，替代方案有两层含义：第一层含义是指为了实现某一规划目标，除推荐方案以外，其它可供比较和选择的规划方案（下文所指的“替代方案”即是此意）；第二层含义是指不去实现这一规划目标的方案，即“不做方案”。

第一层含义属于规划层次内的替代，是满足同一规划目标的规划方案之间的“小替代”；第二层含义属于规划层次上的替代，是对规划目标的“大替代”。

3. 关于拟议规划的结论性意见与建议

对拟议规划方案应得出以下评价结论中的一种。

（1）采纳环境可行的推荐方案　最初的规划设想或草案，经过分析、优化，可能会因为各种因素而被淘汰，某些符合规划的社会经济发展目标的规划方案可能因为不符合环境目标而需要修改或干脆被淘汰。在规划编制与环境评价融合的循环过程中，实际上最终结论只有两者取其一，即采纳环境可行的规划方案，或是因为规划目标不合适而无法找到环境可行的规划方案，或提出的规划方案不如所谓的“零方案”而放弃规划。

在环境专家与规划专家意见相左时，规划环评的结论可能表述为修改规划目标或规划方案，提交给决策者权衡决策。

（2）修改规划目标或规划方案　通过环境影响评价，如果认为已有的规划方案在环境上均不可行，则应当考虑修改规划目标或规划方案，并重新进行规划环境影响评价。修改规划方案应遵循如下原则。

① 目标约束性原则。新的规划方案不应偏离规划基本目标，或者偏重于规划目标的某些方面而忽视了其它方面。

② 充分性原则。应从不同角度设计新的规划方案，为决策提供更为广泛的选择空间。

③ 现实性原则。新的规划方案应在技术、资源等方面可行。

④ 广泛参与的原则。应在广泛公众参与的基础上形成新的规划方案。

（3）放弃规划　通过规划环境影响评价，如果认为所提出的规划方案在环境上均不可行，则应当放弃规划，这种情况极少发生。

二、环境保护对策与减缓措施

规划环评的目的在于将规划造成的消极影响最小化，使其不再重要，并将积极的影响最大化，尽可能提高环境质量。缓解措施可被定义为避免、减少、修复或补偿一项规划所造成的影响。广义来讲，对环境和社会最好的是避免影响，接着是减少、修复和补偿。

规划环评高于项目环评的主要特点是其在早期或是一个更为合适的决策阶段考虑大范围的缓解措施以避免影响的发生。与项目相比，在规划层次的缓解措施可能更加具有战略性和前瞻性。例如，规划环评允许敏感环境区域在制定计划期间避免影响，而不是考虑每个发展建议的现实基础，也可以将一项行为的负面影响被另一个发展积极地利用，同时还可以采取大范围的积极的缓解措施。在拟定环境保护对策与措施时，应遵循“预防为主”的原则和下列优先顺序：

① 预防措施。用以消除拟议规划的环境缺陷。

② 最小化措施。限制和约束行为的规模、强度或范围使环境影响最小化。

③ 减量化措施。通过行政措施、经济手段、技术方法等降低不良环境影响。

④ 修复补救措施。对已经受到影响的环境进行修复或补救。

⑤ 重建措施。对于无法恢复的环境，通过重建的方式替代原有的环境。

应对所有符合规划目标和环境目标的规划方案进行排序和综合分析。任何规划方案都会带来环境影响，规划环评得出的“环境可行的规划方案”是综合考虑了社会、经济和环境因素之后得出的，是环境可行的，但不一定是环境最优的。因此要求对符合环境目标的规划方案也需要提出环境影响减缓措施（在许多情况下，往往就是因为采取了减缓措施才使得规划方案符合环境目标的要求——反映了规划环评的循环优化特征）。

可能的缓解措施有：①计划未来的发展以避免破坏敏感地；②约束或为低层次的规划建立框架，这包括对低层次规划和项目的SEA的要求，或是为由规划所产生项目的实施的特别要求；③建市或是投资新的休闲和自然保护区；④为规划的实施建立管理的指导方针；⑤为敏感的或稀有的野生生物物种或栖息地和当地的适宜度重新选址。

缓解措施可由环境部门和公众来检验，有些缓解措施可能会带来另外的经济或是社会甚至是其它环境方面的代价。例如，使用公路建设废物焚化的方法可以减少废物管理的环境问题，但却又导致公路建设的环境问题，一旦缓解措施被确定，对环境的影响就应当重新被评估，这一循环一直继续到没有重要的消极影响存在为止。

三、监测与跟踪评价

对于可能产生重大环境影响的规划，在编制规划环境影响评价文件时，应拟定环境监测和跟踪评价计划和实施方案。

1. 环境监测与跟踪评价计划的基本内容

① 列出需要进行监测的环境因子或指标。

② 环境监测方案与监测方案的实施。

③ 对下一层次规划或推荐的规划方案所含具体项目环境影响评价的要求。

2. 监测

利用现有的环境标准和监测系统，监测规划实施后的环境影响，以及通过专家咨询和公众参与等监督规划实施后的环境影响。

3. 跟踪评价

① 评价规划实施后的实际环境影响。

② 规划环境影响评价及其建议的减缓措施是否达到了有效的贯彻实施。

③ 确定为进一步提高规划的环境效益所需的改进措施。

④ 总结规划环境影响评价的经验和教训。

思考题与习题

1. 简述规划方案、环境可行方案、推荐方案以及替代方案之间的关系。
2. 规划环境影响评价的目的是什么？在进行规划环评时应遵循哪些基本原则？
3. 简述规划环评与项目环评之间的关系。
4. 规划环境影响识别的主要内容有哪些？常用的识别方法是什么？
5. 什么是环境目标和评价指标？简述确定评价指标的基本步骤。
6. 规划分析的基本内容包括哪些？试述之。
7. 简述规划环境影响预测的要求与内容。
8. 规划环境影响评价中拟定环境保护对策与减缓措施应考虑哪些原则要求？
9. 论述规划环境影响评价对实施可持续发展战略的重要意义。

附录 中华人民共和国环境影响评价法

《中华人民共和国环境影响评价法》已由中华人民共和国第九届全国人民代表大会常务委员会第三十次会议于2002年10月28日通过，现予公布，自2003年9月1日起施行。

中华人民共和国主席 江泽民

2002年10月28日

中华人民共和国环境影响评价法

（2002年10月28日第九届全国人民代表大会常务委员会第三十次会议通过）

目录

第一章 总 则

第一条 为了实施可持续发展战略，预防因规划和建设项目实施后对环境造成不良影响，促进经济、社会和环境的协调发展，制定本法。

第二条 本法所称环境影响评价，是指对规划和建设项目实施后可能造成的环境影响进行分析、预测和评估，提出预防或者减轻不良环境影响的对策和措施，进行跟踪监测的方法与制度。

第三条 编制本法第九条所规定的范围内的规划，在中华人民共和国领域和中华人民共和国管辖的其它海域内建设对环境有影响的项目，应当依照本法进行环境影响评价。

第四条 环境影响评价必须客观、公开、公正，综合考虑规划或者建设项目实施后对各种环境因素及其所构成的生态系统可能造成的影响，为决策提供科学依据。

第五条 国家鼓励有关单位、专家和公众以适当方式参与环境影响评价。

第六条 国家加强环境影响评价的基础数据库和评价指标体系建设，鼓励和支持对环境影响评价的方法、技术规范进行科学研究，建立必要的环境影响评价信息共享制度，提高环境影响评价的科学性。

国务院环境保护行政主管部门应当会同国务院有关部门，组织建立和完善环境影响评价的基础数据库和评价指标体系。

第二章 规划的环境影响评价

第七条 国务院有关部门、设区的市级以上地方人民政府及其有关部门，对其组织编制的土地利用的有关规划，区域、流域、海域的建设、开发利用规划，应当在规划编制过程中组织进行环境影响评价，编写该规划有关环境影响的篇章或者说明。

规划有关环境影响的篇章或者说明，应当对规划实施后可能造成的环境影响做出分析、预测和评估，提出预防或者减轻不良环境影响的对策和措施，作为规划草案的组成部分一并报送规划审批机关。

未编写有关环境影响的篇章或者说明的规划草案，审批机关不予审批。

第八条 国务院有关部门、设区的市级以上地方人民政府及其有关部门，对其组织编制的工业、农业、畜牧业、林业、能源、水利、交通、城市建设、旅游、自然资源开发的有关专项规划（以下简称专项规划），应当在该专项规划草案上报审批前，组织进行环境影响评价，并向审批该专项规划的机关提供环境影响报告书。

前款所列专项规划中的指导性规划，按照本法第七条的规定进行环境影响评价。

第九条 依照本法第七条、第八条的规定进行环境影响评价的规划的具体范围，由国务院环境保护行政主管部门会同国务院有关部门规定，报国务院批准。

第十条 专项规划的环境影响报告书应当包括下列内容：

（一）实施该规划对环境可能造成影响的分析、预测和评估。

（二）预防或者减轻不良环境影响的对策和措施。

（三）环境影响评价的结论。

第十一条 专项规划的编制机关对可能造成不良环境影响并直接涉及公众环境权益的规划，应当在该规划草案报送审批前，举行论证会、听证会，或者采取其它形式，征求有关单位、专家和公众对环境影响报告书草案的意见。但是，国家规定需要保密的情形除外。

编制机关应当认真考虑有关单位、专家和公众对环境影响报告书草案的意见，并应当在报送审查的环境影响报告书中附具对意见采纳或者不采纳的说明。

第十二条 专项规划的编制机关在报批规划草案时，应当将环境影响报告书一并附送审批机关审查；未附送环境影响报告书的，审批机关不予审批。

第十三条 设区的市级以上人民政府在审批专项规划草案，做出决策前，应当先由人民政府指定的环境保护行政主管部门或者其它部门召集有关部门代表和专家组成审查小组，对环境影响报告书进行审查。审查小组应当提出书面审查意见。

参加前款规定的审查小组的专家，应当从按照国务院环境保护行政主管部门的规定设立的专家库内的相关专业的专家名单中，以随机抽取的方式确定。

由省级以上人民政府有关部门负责审批的专项规划，其环境影响报告书的审查办法，由国务院环境保护行政主管部门会同国务院有关部门制定。

第十四条 设区的市级以上人民政府或者省级以上人民政府有关部门在审批专项规划草案时，应当将环境影响报告书结论以及审查意见作为决策的重要依据。

在审批中未采纳环境影响报告书结论以及审查意见的，应当做出说明，并存档备查。

第十五条 对环境有重大影响的规划实施后，编制机关应当及时组织环境影响的跟踪评价，并将评价结果报告审批机关；发现有明显不良环境影响的，应当及时提出改进措施。

第三章 建设项目的环境影响评价

第十六条 国家根据建设项目对环境的影响程度，对建设项目的环境影响评价实行分类管理。

建设单位应当按照下列规定组织编制环境影响报告书、环境影响报告表或者填报环境影响登记表（以下统称环境影响评价文件）：

（一）可能造成重大环境影响的，应当编制环境影响报告书，对产生的环境影响进行全面评价。

（二）可能造成轻度环境影响的，应当编制环境影响报告表，对产生的环境影响进行分析或者专项评价。

（三）对环境影响很小、不需要进行环境影响评价的，应当填报环境影响登记表。

建设项目的环境影响评价分类管理名录，由国务院环境保护行政主管部门制定并公布。

第十七条　建设项目的环境影响报告书应当包括下列内容：

（一）建设项目概况；

（二）建设项目周围环境现状；

（三）建设项目对环境可能造成影响的分析、预测和评估；

（四）建设项目环境保护措施及其技术、经济论证；

（五）建设项目对环境影响的经济损益分析；

（六）对建设项目实施环境监测的建议；

（七）环境影响评价的结论。

涉及水土保持的建设项目，还必须有经水行政主管部门审查同意的水土保持方案。

环境影响报告表和环境影响登记表的内容和格式，由国务院环境保护行政主管部门制定。

第十八条　建设项目的环境影响评价，应当避免与规划的环境影响评价相重复。

作为一项整体建设项目的规划，按照建设项目进行环境影响评价，不进行规划的环境影响评价。

已经进行了环境影响评价的规划所包含的具体建设项目，其环境影响评价内容建设单位可以简化。

第十九条　接受委托为建设项目环境影响评价提供技术服务的机构，应当经国务院环境保护行政主管部门考核审查合格后，颁发资质证书，按照资质证书规定的等级和评价范围，从事环境影响评价服务，并对评价结论负责。为建设项目环境影响评价提供技术服务的机构的资质条件和管理办法，由国务院环境保护行政主管部门制定。

国务院环境保护行政主管部门对已取得资质证书的为建设项目环境影响评价提供技术服务的机构的名单，应当予以公布。

为建设项目环境影响评价提供技术服务的机构，不得与负责审批建设项目环境影响评价文件的环境保护行政主管部门或者其它有关审批部门存在任何利益关系。

第二十条　环境影响评价文件中的环境影响报告书或者环境影响报告表，应当由具有相应环境影响评价资质的机构编制。

任何单位和个人不得为建设单位指定对其建设项目进行环境影响评价的机构。

第二十一条　除国家规定需要保密的情形外，对环境可能造成重大影响、应当编制环境影响报告书的建设项目，建设单位应当在报批建设项目环境影响报告书前，举行论证会、听证会，或者采取其它形式，征求有关单位、专家和公众的意见。

建设单位报批的环境影响报告书应当附具对有关单位、专家和公众的意见采纳或者不采纳的说明。

第二十二条　建设项目的环境影响评价文件，由建设单位按照国务院的规定报有审批权的环境保护行政主管部门审批；建设项目有行业主管部门的，其环境影响报告书或者环境影响报告表应当经行业主管部门预审后，报有审批权的环境保护行政主管部门审批。

海洋工程建设项目的海洋环境影响报告书的审批，依照《中华人民共和国海洋环境保护法》的规定办理。

审批部门应当自收到环境影响报告书之日起六十日内，收到环境影响报告表之日起三十日内，收到环境影响登记表之日起十五日内，分别做出审批决定并书面通知建设单位。

预审、审核、审批建设项目环境影响评价文件，不得收取任何费用。

第二十三条　国务院环境保护行政主管部门负责审批下列建设项目的环境影响评价文件：

（一）核设施、绝密工程等特殊性质的建设项目；

（二）跨省、自治区、直辖市行政区域的建设项目；

（三）由国务院审批的或者由国务院授权有关部门审批的建设项目。

前款规定以外的建设项目的环境影响评价文件的审批权限，由省、自治区、直辖市人民政府规定。

建设项目可能造成跨行政区域的不良环境影响，有关环境保护行政主管部门对该项目的环境影响评价结论有争议的，其环境影响评价文件由共同的上一级环境保护行政主管部门审批。

第二十四条 建设项目的环境影响评价文件经批准后，建设项目的性质、规模、地点、采用的生产工艺或者防治污染、防止生态破坏的措施发生重大变动的，建设单位应当重新报批建设项目的环境影响评价文件。

建设项目的环境影响评价文件自批准之日起超过五年，方决定该项目开工建设的，其环境影响评价文件应当报原审批部门重新审核；原审批部门应当自收到建设项目环境影响评价文件之日起十日内，将审核意见书面通知建设单位。

第二十五条 建设项目的环境影响评价文件未经法律规定的审批部门审查或者审查后未予批准的，该项目审批部门不得批准其建设，建设单位不得开工建设。

第二十六条 建设项目建设过程中，建设单位应当同时实施环境影响报告书、环境影响报告表以及环境影响评价文件审批部门审批意见中提出的环境保护对策措施。

第二十七条 在项目建设、运行过程中产生不符合经审批的环境影响评价文件的情形的，建设单位应当组织环境影响的后评价，采取改进措施，并报原环境影响评价文件审批部门和建设项目审批部门备案；原环境影响评价文件审批部门也可以责成建设单位进行环境影响的后评价，采取改进措施。

第二十八条 环境保护行政主管部门应当对建设项目投入生产或者使用后所产生的环境影响进行跟踪检查，对造成严重环境污染或者生态破坏的，应当查清原因、查明责任。对属于为建设项目环境影响评价提供技术服务的机构编制不实的环境影响评价文件的，依照本法第三十三条的规定追究其法律责任；属于审批部门工作人员失职、渎职，对依法不应批准的建设项目环境影响评价文件予以批准的，依照本法第三十五条的规定追究其法律责任。

第四章 法律责任

第二十九条 规划编制机关违反本法规定，组织环境影响评价时弄虚作假或者有失职行为，造成环境影响评价严重失实的，对直接负责的主管人员和其它直接责任人员，由上级机关或者监察机关依法给予行政处分。

第三十条 规划审批机关对依法应当编写有关环境影响的篇章或者说明而未编写的规划草案，依法应当附送环境影响报告书而未附送的专项规划草案，违法予以批准的，对直接负责的主管人员和其它直接责任人员，由上级机关或者监察机关依法给予行政处分。

第三十一条 建设单位未依法报批建设项目环境影响评价文件，或者未依照本法第二十四条的规定重新报批或者报请重新审核环境影响评价文件，擅自开工建设的，由有权审批该项目环境影响评价文件的环境保护行政主管部门责令停止建设，限期补办手续；逾期不补办手续的，可以处五万元以上二十万元以下的罚款，对建设单位直接负责的主管人员和其它直接责任人员，依法给予行政处分。

建设项目环境影响评价文件未经批准或者未经原审批部门重新审核同意，建设单位擅自开工建设的，由有权审批该项目环境影响评价文件的环境保护行政主管部门责令停止建设，可以处五万元以上二十万元以下的罚款，对建设单位直接负责的主管人员和其它直接责任人员，依法给予行政处分。

海洋工程建设项目的建设单位有前两款所列违法行为的，依照《中华人民共和国海洋环境保护法》的规定处罚。

第三十二条　建设项目依法应当进行环境影响评价而未评价，或者环境影响评价文件未经依法批准，审批部门擅自批准该项目建设的，对直接负责的主管人员和其它直接责任人员，由上级机关或者监察机关依法给予行政处分；构成犯罪的，依法追究刑事责任。

第三十三条　接受委托为建设项目环境影响评价提供技术服务的机构在环境影响评价工作中不负责任或者弄虚作假，致使环境影响评价文件失实的，由授予环境影响评价资质的环境保护行政主管部门降低其资质等级或者吊销其资质证书，并处所收费用一倍以上三倍以下的罚款；构成犯罪的，依法追究刑事责任。

第三十四条　负责预审、审核、审批建设项目环境影响评价文件的部门在审批中收取费用的，由其上级机关或者监察机关责令退还；情节严重的，对直接负责的主管人员和其它直接责任人员依法给予行政处分。

第三十五条　环境保护行政主管部门或者其它部门的工作人员徇私舞弊，滥用职权，玩忽职守，违法批准建设项目环境影响评价文件的，依法给予行政处分；构成犯罪的，依法追究刑事责任。

第五章　附　则

第三十六条　省、自治区、直辖市人民政府可以根据本地的实际情况，要求对本辖区的县级人民政府编制的规划进行环境影响评价。具体办法由省、自治区、直辖市参照本法第二章的规定制定。

第三十七条　军事设施建设项目的环境影响评价办法，由中央军事委员会依照本法的原则制定。

第三十八条　本法自 2003 年 9 月 1 日起施行。

参 考 文 献

[1] 国家环境保护总局环境影响评价管理司. 环境影响评价岗位培训教材. 北京：化学工业出版社，2006.
[2] 国家环境保护总局环境工程评估中心. 环境影响评价技术方法. 北京：中国环境科学出版社，2009.
[3] 国家环境保护总局环境工程评估中心. 环境影响评价技术导则与标准. 北京：中国环境科学出版社，2009.
[4] 国家环境保护总局环境工程评估中心. 环境影响评价相关法律法规. 北京：中国环境科学出版社，2009.
[5] 国家环境保护总局环境工程评估中心. 环境影响评价案例分析. 北京：中国环境科学出版社，2009.
[6] 张从主编. 环境评价教程. 北京：中国环境科学出版社，2002.
[7] 马太玲，张江山主编. 环境影响评价. 武汉：华中科技大学出版社，2009.
[8] 田子贵，顾玲主编. 环境影响评价. 北京：化学工业出版社，2004.
[9] 陆书玉主编. 环境影响评价. 北京：高等教育出版社，2001.
[10] 崔莉凤主编. 环境影响评价和案例分析. 北京：中国标准出版社，2005.
[11] 丁桑岚主编. 环境评价概论. 北京：化学工业出版社，2001.
[12] 钱瑜等. 环境影响评价. 南京：南京大学出版社，2009.
[13] 何德文，李铌，柴立元等. 环境影响评价. 北京：科学出版社，2008.
[14] 毛战坡，王雨春等. 环境影响评价与管理实务大全. 北京：中国水利水电出版社，2008.
[15] 郑有飞，周宏仓等. 环境影响评价. 北京：气象出版社，2008.
[16] 朱世云，林春绵等. 环境影响评价. 北京：化学工业出版社，2007.
[17] 战友. 环境保护概论. 北京：化学工业出版社，2004.
[18] 林肇信，刘天齐，刘逸农等. 环境保护概论. 北京：高等教育出版社，1998.